普通高等教育"十二五"规划教材

Tumu Gongcheng Celiang
土木工程测量

王 颖 李仕东 主编
徐娅娅 主审

内容提要

本书为普通高等教育"十二五"规划教材。主要内容包括：绪论、水准测量、角度测量、距离测量与直线定向、全站仪与全站测量、测量误差的基本理论、控制测量、大比例尺地形图的测绘与应用、施工测量的基本工作、道路工程测量、桥梁与隧道工程测量、建筑工程施工测量和GNSS测量。

本书可作为本科、技术技能型本科、高层次职业教育土木工程专业教学用书，也可供行业从业人员参考。

图书在版编目(CIP)数据

土木工程测量 / 王颖，李仕东主编. — 北京：人民交通出版社，2014.4
普通高等教育"十二五"规划教材
ISBN 978-7-114-11165-5

Ⅰ.①土… Ⅱ.①王…②李… Ⅲ.①土木工程-工程测量-高等职业教育-教材 Ⅳ.①TU198

中国版本图书馆 CIP 数据核字(2014)第 021244 号

普通高等教育"十二五"规划教材

书　　名：	土木工程测量
著 作 者：	王　颖　李仕东
责任编辑：	卢仲贤　袁　方　尤晓昕
出版发行：	人民交通出版社股份有限公司
地　　址：	(100011)北京市朝阳区安定门外外馆斜街3号
网　　址：	http://www.ccpcl.com.cn
销售电话：	(010) 59757973
总 经 销：	人民交通出版社股份有限公司发行部
经　　销：	各地新华书店
印　　刷：	北京虎彩文化传播有限公司
开　　本：	787×1092　1/16
印　　张：	16.5
字　　数：	420 千
版　　次：	2014 年 4 月　第 1 版
印　　次：	2024 年 6 月　第 6 次印刷
书　　号：	ISBN 978-7-114-11165-5
定　　价：	49.00 元

(有印刷、装订质量问题的图书由本社负责调换)

前 言

土木工程测量是土木工程专业的一门核心专业基础课程,旨在培养学生从事土木工程测量的职业能力。为适应高等教育改革的新形势,既要顺应向土木工程专业过渡的需要,又要适应宽口径复合型人才培养的需要,这就要求专业基础课与土木工程专业课在教学内容上更好的衔接,同时也为了适应传统测量向现代测量转变的发展趋势。本书编写的主要目标是面向工程界、面向未来,培养造就一大批创新能力强、适应经济社会发展需要的具有大工程观理念的高质量各类型工程技术人才。本书适用于建筑工程、道路与桥梁工程、岩土与地下工程、工程管理专业教学用书,亦可供土木工程技术人员参考使用。

本书根据土木工程专业高级应用型人才的培养方案和目标,针对应用型本科教学大纲,在内容的选择和编写上更加注重理论与实践的紧密结合,突出介绍基本理论、基本知识、基本技能,着重论述新技术、新方法、新设备、新内容与新规范,以拓宽知识面、增强适应性。因此,本书的编写顺序由浅入深、由表及里、循序渐进地介绍测量学的系列知识,其中,第一～八章主要介绍土木工程各专业方向通用的测量学基础知识;第九～十二章主要介绍土木工程各专业方向的应用测量技术;第十三章主要介绍现代测绘技术 GNSS 的原理及应用。

本书由黑龙江工程学院王颖、鲁东大学李仕东担任主编,并负责全书统稿工作。第五、六、十三章由黑龙江工程学院王慧颖编写,第一、九、十章由王颖编写,第三、八、十一章由李仕东编写,第四、七章由黑龙江工程学院郭雷编写,第二、十二章由黑龙江工程学院吴辰龙编写。

在本书编写过程中,长安大学徐娅娅教授提出了许多宝贵的意见和建议,并对本书进行了全面仔细审核,在此表示诚挚的感谢!由于编者水平有限,书中定有不当之处,恳请读者批评指正。

编 者
2013 年 12 月

目 录

第一章 绪论 ··· 1
  第一节 测量学概述 ·· 1
  第二节 地面点位的确定 ·· 2
  第三节 地球曲率对测量工作的影响 ·· 9
  思考题 ·· 10

第二章 水准测量 ··· 11
  第一节 水准测量原理 ·· 11
  第二节 水准测量的仪器及工具 ·· 12
  第三节 水准测量的实施及成果处理 ·· 16
  第四节 微倾式水准仪的检验和校正 ·· 21
  第五节 水准测量的误差分析 ··· 24
  第六节 其他类型水准仪 ··· 26
  思考题 ·· 28

第三章 角度测量 ··· 30
  第一节 角度测量原理 ·· 30
  第二节 光学经纬仪的结构及其技术操作 ·································· 31
  第三节 水平角测量方法 ··· 34
  第四节 竖直角测量方法 ··· 37
  第五节 经纬仪的检验与校正 ··· 40
  第六节 角度测量的误差分析 ··· 44
  第七节 电子经纬仪简介 ··· 45
  思考题 ·· 47

第四章 距离测量与直线定向 ·· 49
  第一节 钢尺量距 ·· 49
  第二节 视距测量 ·· 53
  第三节 光电测距 ·· 57
  第四节 直线定向 ·· 62
  第五节 罗盘仪的构造与使用 ··· 63
  第六节 坐标计算原理 ·· 64
  思考题 ·· 66

第五章 全站仪与全站测量 ··· 67
  第一节 概述 ·· 67
  第二节 全站仪的使用方法 ·· 68
  第三节 全站仪的应用 ·· 75

第六章 测量误差的基本理论 ·· 81

第一节	测量误差与精度	81
第二节	等精度观测的最可靠值及其中误差	87
第三节	误差传播定律及其应用	89
第四节	非等精度直接观测量的最可靠值及其中误差	92
思考题		94

第七章 控制测量 … 95
- 第一节 概述 … 95
- 第二节 平面控制测量 … 96
- 第三节 高程控制测量 … 113
- 思考题 … 118

第八章 大比例尺地形图的测绘与应用 … 120
- 第一节 地形图的基本知识 … 120
- 第二节 大比例尺地形图测绘 … 128
- 第三节 数字测图的基本知识 … 132
- 第四节 地形图的应用 … 136
- 思考题 … 141

第九章 施工测量的基本工作 … 144
- 第一节 概述 … 144
- 第二节 测设的基本工作 … 144
- 思考题 … 149

第十章 道路工程测量 … 150
- 第一节 道路中线测量 … 150
- 第二节 道路纵、横断面测量 … 174
- 第三节 道路施工测量 … 183
- 思考题 … 187

第十一章 桥梁与隧道工程测量 … 189
- 第一节 概述 … 189
- 第二节 施工控制网测量 … 190
- 第三节 桥梁轴线和墩台中心定位测量 … 201
- 第四节 隧道施工测量 … 208
- 思考题 … 212

第十二章 建筑工程施工测量 … 213
- 第一节 建筑施工控制测量 … 213
- 第二节 民用建筑施工测量 … 218
- 第三节 工业建筑施工测量 … 228
- 第四节 变形测量 … 236
- 思考题 … 248

第十三章 GNSS 测量 … 249
- 第一节 概述 … 249
- 第二节 GPS 测量 … 250
- 思考题 … 256

参考文献 … 257

第一章 绪 论

第一节 测量学概述

测量学是研究整个地球及其表面上局部地区的形状和大小以及各种物体大小形状位置变化规律的一门应用科学。测量学将地表物体分为地物和地貌。

地物是地面上天然或人工形成的物体,包括湖泊、河流、海洋、房屋、道路、桥梁等。地貌是地表高低起伏的形态,包括山地、丘陵和平原等。地物和地貌总称为地形。

一、测量学的任务

测量学的任务是对地形的测定和测设。

测定是使用测量仪器和工具,通过测量和计算,得到一系列测量数据,或在图纸上按照一定比例尺、规定的符号缩绘成地形图、断面图等,供科学研究、经济建设和国防建设规划设计使用。测设是把图纸上规划设计好的建筑物轴线和特征点的位置,在地面上标定出来,作为施工的依据。

根据测量学研究的对象和应用范围不同,可以分成以下六类:

1. 大地测量学

大地测量学是研究较大的区域甚至整个地球的形状和大小,建立国家大地控制网和研究地球重力场的理论、技术和方法(在计算与绘图中要考虑地球的曲率。近年来大地测量学又分为常规大地测量学和卫星大地测量学。

2. 普通测量学

普通测量学的研究对象是小区域地球表面的形状和大小,不考虑地球曲率,用平面代替地球曲面,根据需要测绘各种比例尺的地形图。

3. 摄影测量学

摄影测量学是利用摄影相片来研究地球表面的形状和大小的测绘科学。根据摄影手法的不同,又分为地面摄影测量学、水下摄影测量学和航天摄影测量学。

4. 工程测量学

工程测量学是研究工程建设中所进行规划、设计、施工、管理各阶段的测量工作。由于研究的对象不同,可分为公路工程测量、建筑工程测量、矿山测量和水利工程测量。

5. 海洋测量学

海洋测量学是以研究海洋和陆地水域为对象所进行的测量和海图编绘工作,属于海洋测绘学的范畴。

6. 制图学

制图学是研究将地球表面的点、线经过投影变换后绘制成满足各种不同要求的地图、海图的科学。

本教材主要介绍基于普通测量学的部分工程测量学。

二、测量学的应用

在工程建设中，测量工作起着十分重要的作用。如果没有测量工作为工程建设提供图纸和数据，并及时与之配合和指导，任何工程建设都将无法实施。测量学是从人类生产实践中发展起来的一门历史悠久的科学，随着社会的发展和科学技术的进步，测绘科学也分支了若干学科，其间既相对独立又存在着必然联系。

测量工作在经济建设、国防建设和其他许多方面都发挥着重要的作用，并应该走在现代化建设的前面。在经济建设方面，如地质勘探、农田水利基本建设、城市规划、工业与民用建筑、公路与铁路设计与施工、桥梁的架设等工程都离不开测量工作。在国防建设中，战略的部署、战役的指挥和各种国防工程建设等，都是以测量工作所获得的各种图面资料和测量数据为依据，进行设计与施工。另外，在地震预测、灾情监视和科学考察等方面也都离不开测量工作。由此可见，测绘工作是实现四个现代化必不可少的一项基础工作，只有掌握测量学的理论和技能，才能更好地在土木工程乃至社会主义建设中更好的服务。

在规划设计阶段，对设计的工程综合进行经济调查和技术调查，目的在于收集设计所需要的技术经济资料。应用地形图及实地勘测数据综合设计、建筑物单项设计，并提出工程的概预算等。设计是一项涉及面广、技术复杂的整体工作。在此阶段先后要完成方案研究、初测与初步设计、定测与施工设计等工作。

在施工建设阶段，测量工作是按照设计的要求，将设计图上的建筑物、构筑物标定于地面，以指导施工，其主要任务是保证各种建筑物能按设计位置正确修建。施工前，设计单位应向施工单位进行设计交桩。设计交桩主要包括：与施工有关的初测资料和定测资料，并现场指认测量控制点。施工单位接收后，应立即对其进行复测，对复测合格的成果予以确认，不合格的成果，应仔细研究并会同设计人员共同解决。施工中，进行施工放样，即根据施工测量控制点并结合施工场地的地形情况，将图纸上设计的线路和各种建筑物按设计要求标定于地面，供施工使用。施工放样是一项经常性的工作，贯穿于整个施工过程。工程竣工后，要进行竣工测量，并编制竣工文件。竣工测量是对工程进行全面的测量，以检查其平面位置、高程位置及外形尺寸与设计相符的程度，其结果将成为竣工验收的一个依据。

在管理阶段，随着时间的推移，在各种因素的影响下，房屋、公路、桥梁、隧道等工程建筑物可能会产生变形，如位移、沉陷和倾斜等。因此，在工程建筑物的运营期间，对其进行变形观测是十分必要的。

测量学贯穿着整个工程建设的始末，是土木工程专业非常重要的专业基础学科。其综合性极强，要求学生在掌握基本理论及其分析方法的基础上，具备动手熟练操作各种测量仪器的技能；掌握大比例尺地形图测图原理和方法；对数字测图过程有所了解；在工程规划、设计、施工中，能正确应用地形图和测量信息；熟悉处理测量数据和评定测量结果精度的方法。

第二节　地面点位的确定

一、地球的形状和大小

测量学研究的对象是地球表面，首先应该对地球的形状和大小有所了解。地球自西向东自转,同时又围绕太阳公转。地球自转与公转运动的结合使其产生了地球上的昼夜交替和四季变化(地球自转和公转的速度是不均匀的)。同时,由于受到太阳、月球和附近行星的引力作用以及地球大气、海洋和地球内部物质等各种因素的影响,地球自转轴在空间和地球本体内的方向都要产生变化。地球自转产生的惯性离心力使得球形的地球由两极向赤道逐渐膨胀,成为目前略扁的旋转椭球体,极半径比赤道半径短约21km,平均半径为6371km。地球自然表面很不规则,有高山、丘陵、平原和海洋。其中最高的珠穆朗玛峰高出海水面达8844.43m (2005年国家测绘局公布),最低的马里亚纳海沟低于海水面达10923m(2012年我国蛟龙号测)。但这样的高低起伏,相对于地球半径来说是很小的。地球表面71%的面积是海洋,其余29%的面积是陆地,因此,人们把海水面所包围的地球形状看作地球的形状。

由于地球的自转运动,地球上任一点都受到离心力和地球引力的双重作用,这两个力的合力称为重力,重力的方向线称为铅垂线。铅垂线是测量工作的基准线。静止的水面称为水准面,水准面是受地球重力影响而形成的,是一个处处与重力方向垂直的连续曲面,并且是一个重力场的等位面。与水准面相切的平面称为水平面。水面可高可低,因此符合上述特点的水准面有无数多个,其中与平均海水面吻合并向大陆、岛屿内延伸而形成的闭合曲面,称为大地水准面。如图1-1所示。大地水准面是测量工作的基准面。由大地水准面所包围的地球形体,称为大地体。

用大地体表示地球形体是恰当的,但由于地球内部质量分布不均匀,引起铅垂线的方向产生不规则的变化,致使大地水准面成为一个表面稍有起伏的复杂曲面,在这曲面上进行测量数据处理非常困难。为了使用方便,通常用一个接近大地水准面,并可用数学式表示的几何形体(即地球椭圆)来代替地球的形状,作为测量计算的基准面。地球椭球是一个围绕其短轴旋转而成的形体,故地球椭球又称旋转椭球。如图1-2所示,旋转椭球体由半径 a(或短半径 b)和扁率 f $\left(f=\dfrac{a-b}{a}\right)$ 所决定。我国目前采用的元素值为:长半轴 $a=6378140\text{m}$,短半轴 $b=6356755.3\text{m}$,扁率 $f=1/298.257$。

图1-1 大地水准面　　　　　　　图1-2 参考椭球面

根据一定条件,确定参考椭球与大地水准面的相对位置所做的测量工作,称为参考椭球体的定位。具体方法如图1-3所示,在适当地面上选定一点 P(P点称为大地原点),令 P点的铅垂线与椭球面上相应 P'点的法线重合,并使该点的椭球面与大地水准面相切,而且使本国范围内的椭球面与大地水准面尽量接近,这就是参考椭球体的定位。

图1-3 参考椭球体的定位

这里 P 点称为大地原点。我国大地原点位于陕西泾阳永乐镇石际寺村境内,南距西安市区约 36km,具体位置在:北纬 34°32′27.00″,东经 108°55′25.00″。中华人民共和国大地原点是国家坐标系(1980西安坐标系)的基准点。在大地原点上进行了精密天文测量和精密水准测量,获得了大地原点的平面起算数据。这些数据在我国经济建设、国防建设和社会发展等方面发挥着重要作用。如图1-4所示。

a)

b)

图1-4 中华人民共和国大地原点

二、测量坐标系地面点位的确定

无论测定还是测设,都需要通过确定地面的空间位置来实现。确定三维空间的点,便需要空间坐标系的三个参数,确定地面点位的实质就是确定其在某个空间坐标系中的三维坐标。测量中,将空间坐标系分为参心坐标和地心坐标系。"参心"是参考椭球的中心,由于参考椭球中心一般与地球质心不重合,所以它属于非地心坐标系。参心坐标系的坐标原点设在参考椭球的中心。我国建立的1954北京坐标系和1980国家大地坐标系,都属于参心坐标系。地心坐标系的坐标原点设在地球的质心。我国近来启用的2000国家大地坐标系、GPS所采用的WGS—84坐标系都属于地心坐标系。工程测量为简化计算,通常采用参心坐标系。

1. 确定球面点位的坐标系

(1) 地理坐标系

在大区域内地面点的位置,以球面坐标系统来表示。用经度、纬度表示地面点在球面上的位置,称为地理坐标。适用于在地球椭球面上确定点位。地理坐标又因采用的基准面、基准线及测量计算坐标方法的不同而分为天文地理坐标和大地地理坐标两种。

①天文地理坐标。是表示地面点在大地水准面上的位置,通过天文测量直接测定的,其依据是大地水准面和铅垂线。用天文经度 λ 和天文纬度 φ 表示。

如图1-5所示,地面点 P 所在的天文子午面与首子午面(英国格林尼治天文台所在的起始子午面)所夹的二面角为经度 λ,取值范围为 0°~180°,从首子午面起,东经向东为正,西经向西为负。过该地面点 M 的铅垂线与赤道的夹角为纬度 φ,取值范围为 0°~90°,从赤道面算起,北纬向北为正,南纬向南为负。点 M 的天文地理坐标表示为 (λ,φ)。如图 1-5a)所示。

图 1-5 地理坐标系

②大地地理坐标。是表示地面点在参考椭球体上的位置,根据按大地测量所得的数据推算而得的,其依据是参考椭球面和法线。用大地经度 L 和大地纬度 B 表示。

地面点 P 所在的子午面与起始子午面所夹的二面角为经度 L,过该地面点 P 的法线(与旋转椭球面相垂直的线)与赤道的夹角为纬度 B。点 P 的大地地理坐标为 (L,B)。如图 1-5b)所示。

大地原点的天文地理坐标和大地地理坐标相同。地面上其他点的大地坐标按大地原点坐标推算,由此建立的大地坐标系,称为"1980 西安坐标系",简称"西安系"。另外,我国曾使用的"1954 北京坐标系",简称"54 北京系",是通过前苏联 1942 年普尔科沃坐标系联测,经过我国东北传算过来的坐标,其大地原点位于前苏联列宁格勒天文台中央。

(2)空间直角坐标系

以椭球体中心为原点,起始子午面与赤道面交线为 x 轴,赤道面上与 x 轴正交的方向为 y 轴,椭球体的旋转轴为 z 轴,指向符合右手法则,如图 1-6 所示。

(3)平面直角坐标系

① 独立平面直角坐标系。适用于测区范围较小(面积小于 $100km^2$),可将测区曲面当作平面看待。测量工作中采用的平面直角坐标规定:南北方向为纵轴 x,向北为正;以西东方向为横轴 y,向东方向为正。可以依据工作的方便性假设原点坐标,原点一般选在测区的西南角,使测区内各点的坐标均为正值,象限按顺时针方向编号,如图 1-7 所示。

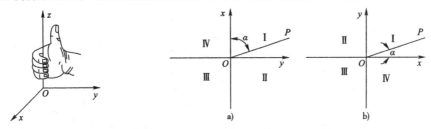

图 1-6 右手法则示意图　　图 1-7 测量学坐标系与数学坐标系

②高斯平面直角坐标系。在大地测量工作中,应考虑地球曲率对测量数据的影响。如在赤道上 $1''$ 的经度差或纬度差对应的地面距离约为 30m。但地理坐标对局部测量工作来说计算

是非常不方便的,为了方便工程的规划、设计与施工,解决的方法是采用一定的投影方法将曲面问题转化为平面问题,使得测量计算和绘图更加方便。我国采用高斯投影(高斯—克吕格投影,即横切椭圆柱投影),所建立的坐标系统即为高斯平面直角坐标。它是由德国数学家高斯在1820~1830年间,为解决德国汉诺威地区大地测量投影问题而提出的,后来由德国学者克吕格自1912年起加以整理、改进的一种分带投影方法。高斯投影的实质是椭球面上微小区域的图形投影到平面上后仍然与原图形相似,即不改变原图形的形状。

a. 投影原理。

如图1-8所示把地球看作一个椭球,设想把一个平面卷成一个横圆柱,把它套在椭球外面,使横圆柱的中心轴线通过椭球的中心,把椭球面上一根子午线与横圆柱相切,即这条子午线与横圆柱重合。如图1-8a)所示,以此子午线为中心将其左右一定带宽范围内的球面用正形投影(即高斯投影)的方法投影至圆柱面上。

中央子午线和赤道面投影至横圆柱面上都是一条直线,且互相垂直,它们构成了平面直角坐标系统的纵横轴,即x轴和y轴,因此经过这种投影后,其坐标既是平面直角坐标,又与大地坐标的经纬度发生联系,对大范围的测量工作也就适用了。如图1-8b)所示。

图1-8 高斯平面坐标系投影原理图

b. 高斯投影坐标分带方法。

为限制高斯投影离中央子午线越远,长度变形越大的缺点,从经度0°开始,将地球按经线划分为带,称为投影带。如图1-8c)所示。投影是从首子午线开始的,国际上有6°带和3°带两种方法。经度每隔6°划分一带的称为6°带,经度每隔3°划分一带的称为3°带。我国领土位于东经72°~136°之间,共包括了11个6°带,即13~23带;22个3°投影带,即24~45带。

Ⅰ.6°带投影

从经度0°开始,将整个地球分成60个带,由首子午线起自西向东每隔经差6°为一带。如图1-9所示,带号从首子午线开始,用阿拉伯数字表示。第一个带的中央子午线经度为3°,任意带的中央子午线经度L_0与投影带号N的关系为

图1-9 6°带和3°带投影高斯平面坐标系关系图

$$L_0 = 6N - 3 \tag{1-1}$$

反之,已知地面上任意一点的经度 L,要计算该点所在的 $6°$ 带带号的公式为

$$N = \text{INT}\left(\frac{L+3}{6} + 0.5\right) = \text{INT}\left(\frac{L}{6} + 1\right) \tag{1-2}$$

式中:INT——取整函数。

例如:北京中心的经度为 $116°24'$,求其所在高斯投影 $6°$ 带的带号 N 及该带的中央子午线经度 L_0。

$$N = \text{INT}(116°24'/6 + 1) = 20 \text{ 带}$$
$$L_0 = 6 \times 20 - 3 = 117°$$

因此,北京中心位于 20 带,该带中央子午线的经度为 $117°$。

Ⅱ. $3°$ 带投影

从经度 $0°$ 开始,将整个地球分成 120 个带,自东经 $1.5°$ 子午线起自西向东每隔经差 $3°$ 为一带。如图 1-9 所示,带号从首子午线开始,用阿拉伯数字表示。第一个带的中央子午线经度为 $3°$,任意带的中央子午线经度 L_0' 与投影带号 n 的关系为

$$L_0' = 3n \tag{1-3}$$

反之,已知地面上任意一点的经度 L,要计算该点所在的 $3°$ 带带号的公式为

$$n = \text{INT}\left(\frac{L}{3} + 0.5\right) \tag{1-4}$$

③国家统一坐标。由于我国位于北半球,在高斯平面直角坐标系内,x 坐标均为正值,而 y 坐标有正有负。为避免 y 坐标出现负值时带来计算的烦琐,我国规定将 x 轴向西平移 500km,即所有点的 y 坐标均加上 500km。如图 1-10 所示。此外为了区别某点位于哪个投影带内,要求在新的横坐标 y 之前标以 2 位数的带号。这种坐标称为国家统一坐标。

图 1-10 国家统一坐标转换图

例如:我国某点国家投影坐标为(51000,20637680),则其所在的带号为多少?该点所在坐标系统为几度分带方法?在带号内的自然值为多少?

带号为:20 带;分带法为:$6°$ 带法。

该点自然值为(51000,137680)。

2. 高程系统

地面点沿铅垂线方向至大地水准面的距离称为该点的绝对高程或海拔,简称高程,通常以 H 表示。地面点沿铅垂线方向至某一假定水准面的距离称为该点的相对高程,亦称相对高程,

以 H' 表示。地面两点间的绝对高程或相对高程之差称为高差,通常用 h 表示。

高程是一维坐标系,它的基准面是大地水准面。由于海水受潮汐、风浪等影响,它的高低时刻在变化。通常是在海边设立观潮站,进行长期观测,求得海水面的平均高度作为高程零点,以通过该点的水准面作为高程基准面,也即大地水准面。其面上的高程恒为零。

我国的绝对高程是以青岛港验潮站历年纪录的黄海平均海水面为基准面,1954 年在青岛市内观象山建立水准原点。如图 1-11 所示。通过水准测量将验潮站确定的高程零点引测到水准原点,求出水准原点的高程。

图 1-11 高程与高差相互关系图

1956 年我国采用青岛大港一号码头验潮站于 1950～1956 年间观测的验潮资料计算确定的大地水准面为基准,引测其高程为 72.289m。该大地水准面为高程基准建立的高程系统,称为"1956 黄海高程系统",简称"56 黄海系统"。

20 世纪 80 年代中期,我国再一次应用 1953～1979 年验潮资料,重新计算确定的大地水准面为基准,引测出水准原点的高程为 72.260m。全国布置的国家高程控制点,都是以这个水准原点为基准测算出来的,这就是我国大地法规定的"1985 国家高程基准",简称"85 高程基准"。

地面两点间的绝对高程或相对高程之差称为高差。通常用 h 表示。图 1-11 中,H_A、H_B 为 A、B 点的绝对高程,H'_A、H'_B 为相对高程,h_{AB} 为 AB 两点高差,即

$$h_{AB} = H_B - H_A = H'_B - H'_A \tag{1-5}$$

3. WGS—84 坐标系

WGS 的英文全称是 World Geogetic System(世界大地坐标系),它是美国国防部为 GPS 导航定位系统,于 1984 年建立的地心坐标系,1985 年开始投入使用。GPS 广播星历是以 WGS—84 坐标系为根据的。WGS—84 坐标系的几何意义是:坐标系的原点位于地球质心,z 轴指向 BIH(国际时间)1984.0 定义的协议地球极(CTP)方向,x 轴指向 BIH1984.0 的零度子午线和 CTP 赤道的交点,y 通过 x、y、z 符合右手法则,如图 1-12 所示。

WGS—84 地心坐标系与"1954 北京坐标系"或"1980 西安坐标系"等参心坐标系可以相互转换。

图 1-12 WGS—84 坐标系

三、地面点定位的元素及原则

1. 地面点定位的元素

欲确定地面点的位置，必须求得它在椭球面或投影在平面上的坐标和高程，无论采用何种坐标系统，都需要测出地面点间的距离 D、相关角度 β 和高程 H，则 D、β 和 H 称为地面点的定位元素。高程测量、水平角测量和距离测量是测量学的基本内容，测角、测距、测高程是测量的基本工作，也称为确定地面点位的三要素。观测、计算和绘图是测量工作的基本技能。

2. 测量工作的原则

确定地面点位时会不可避免地产生误差，甚至发生错误。测量过程中如果不加以检查和控制，势必造成由于误差传播导致点位误差逐渐增大，最后达到不可容许的程度。为了限制误差的传播和累积，测量工作必须遵循一定的原则，即布局上"从整体到局部"、在精度上"由高级到低级"、在次序上"先控制后碎部"的测量原则。并且要求步步工作有校核，在上一步工作未进行校核之前，不可进行下一步工作。

第三节 地球曲率对测量工作的影响

当测区较小时可以把投影面看作平面，即用水平面代替水准面，但是这种代替水准面是有一定限度的。

一、水准面的曲率对水平距离的影响

水准面的曲率对水平距离的影响如图 1-13 所示。水准面代替水平面的距离误差见表 1-1。

水准面代替水平面的距离误差　　　　　　　　表 1-1

距离 D(km)	距离误差 ΔD(cm)	距离相对误差 $\Delta D/D$
10	0.8	1/1200000
25	12.8	1/200000
50	102.7	1/49000
100	821.2	1/12000

由上述计算可知，当水平距离为 10km 时，以水平面代替水准面所产生的距离误差为距离的 1/1217700，现在最精密距离丈量时的容许误差为其长度的 1/1000000。因此可得出结论：在半径为 10km 的圆面积内进行长度的测量工作时，可以不必考虑地球曲率；也就是说可以把水准面当作水平面看待，即实际沿圆弧丈量所得距离作为水平距离，其误差可忽略不计。

图 1-13 水准面的曲率对水平距离的影响

二、水准面的曲率对水平角度的影响

测量工作中实测的是球面面积，绘制成图时则绘成平面图形的面积。根据球面三角学原理可知，球面上多边形内角之和与平面上多边形内角之和要大一个角超值 ε''。其值可按下式计算

$$\varepsilon'' = \rho'' \frac{P}{R^2} \qquad (1\text{-}6)$$

式中：P——球面多边形面积；

R——地球半径；

ε''——球面角。

水准面的曲率对水平角度的影响见表 1-2。

水准面的曲率对水平角度的影响　　　　　　　　表 1-2

面积 P（km²）	角度误差 ε(″)	面积 P（km²）	角度误差 ε(″)
10	0.05	400	2.03
100	0.51	2500	12.70

由此表明：对于面积在 100km² 以内的多边形，地球曲率对水平角度的影响只有在最精密的测量中才需要考虑，一般的测量工作是不必考虑的。

三、地球曲率对高差的影响

由图 1-14 得知 $(R+\Delta h)^2 = R^2 + t^2$，则有

$$2R \times \Delta h + \Delta h^2 = t^2$$

即

$$\Delta h = \frac{t^2}{2R + \Delta h}$$

因 $S \approx t$，Δh 相对于 R 可忽略不计，则：

$$\Delta h = \frac{S^2}{2R}$$

若分别取 S 为 0.1km、0.2km、0.5km、1.0km，相应的 Δh 分别为 0.8mm、3.1mm、19.6mm、78.5mm。由此可见，地球曲率的影响对高差而言，即使在很短的距离内也必须加以考虑。

图 1-14　水平面代替水准面对高程影响

1. 测量学的研究对象和基本任务是什么？
2. 测量工作的基准面和基准线分别是什么？
3. 表示地面点位的坐标系有哪些？
4. 测量学中的平面直角坐标系与数学中的平面直角坐标系有什么不同？
5. 天文坐标系与大地地理坐标系有何不同？
6. 测量工作的基本原则是什么？
7. 用水平面代替水准面，对距离、水平角、高程各有何影响？
8. 确定地面点位的三要素是什么？
9. 广东省行政区域所在的概略经度范围是东经 109°39′~东经 117°11′，分别求其在 6°投影带和 3°投影带中的代号范围。
10. 我国某点 A 的高斯平面国家统一坐标为：$x_A = 2455012.45\text{m}$，$y_A = 22712542.50\text{m}$。试求该点 A 的自然坐标、所处 6°带带号、所在带的中央子午线经度。

第二章 水准测量

确定地面点的空间位置即需要确定其平面位置和高程。测定地球表面上点的高程的工作,称为高程测量。高程测量可采用水准测量、三角高程测量和气压高程测量等方法实施,水准测量是精度较高、使用最广的一种方法。

第一节 水准测量原理

水准测量原理是:利用水准仪所提供的水平视线测定地面两点之间的高差,然后利用已知点高程推算未知点的高程。

如图2-1所示,已知地面A点的高程为H_A,欲测出B点的高程H_B,可在A、B两点之间安置一台能提供水平视线的仪器——水准仪,而在A、B两点上分别竖立标尺——水准尺,由水准仪提供的水平视线读出A点尺上的读数a及B点尺上的读数b,由图2-1可知A、B两点的高差为

$$h_{AB} = a - b \tag{2-1}$$

测量前进的方向是从已知点A向未知点B方向前进的,与其高差h_{AB}的下标AB的方向是一致的,称为A点到B点的高差。因此,A点为后视点,a为后视读数;B点为前视点,b为前视读数。高差总是等于后视读数减去前视读数,因此,若$a>b$,即后视读数大于前视读数,表明B点高于A点或上坡,此时$h_{AB}>0$;反之则B点低于A点或下坡,此时$h_{AB}<0$。所以应该注意:高差有正负之分。

图2-1 水准测量原理

高程计算的方法有以下两种:
(1)高差法。直接由高差计算高程,即

$$H_B = H_A + h_{AB} \tag{2-2}$$

此方法一般在水准路线的高程测量中应用较多。

(2)视线高法。由仪器的视线高程计算高程。由图2-1可知,A点的高程加后视读数即得仪器的水平视线的高程,用H_i表示,即

$$H_i = H_A + a \tag{2-3}$$

由此得B点的高程为

$$H_B = H_i - b = H_A + a - b \tag{2-4}$$

在工程测量中当要求安置一次仪器求若干点高程时,此方法应用较广。

第二节 水准测量的仪器及工具

水准仪是为水准测量提供水平视线的仪器,其配套工具有水准尺和尺垫。我国水准仪按其精度从高到低分为 $DS_{0.5}$、DS_1、DS_3 和 DS_{10} 四个等级。D、S 分别为"大地测量"和"水准仪"的汉语拼音第一个字母,下标数字 0.5、1、3、10 表示精度,即每公里往返测高差中数的中误差(毫米)。下标数字越小精度越高。进口水准仪型号较多,且无此规律。其中 $DS_{0.5}$ 和 DS_1 属于精密水准仪,用于国家一、二等水准测量;DS_3 和 DS_{10} 属于普通水准仪,用于普通水准测量;特别是 DS_3 水准仪应用较广,常用于国家三、四等水准测量、建筑工程测量和地形测量等。因此,本节主要介绍 DS_3 型水准仪。

一、DS_3 型水准仪的构造

水准仪主要由望远镜、水准器及基座三个主要部分组成(图 2-2)。仪器通过基座与三脚架连接,支承在三脚架上,基座装有三个脚螺旋,用以调节圆水准器气泡居中,以粗略整平仪器,使仪器竖轴竖直。望远镜旁固连一个管水准器,旋转微倾螺旋,使望远镜做微小的上下俯仰,管水准器的气泡居中,随之望远镜视线水平。因此这种具有微倾螺旋的仪器称为微倾式水准仪。

图 2-2　水准仪的构造

1. 望远镜

望远镜是用来瞄准远处目标并进行读数的。望远镜分为内对光和外对光望远镜两种,现在使用的水准仪大多为内对光望远镜。从成像的方向分有倒像望远镜和正像望远镜。如图 2-3 所示为 DS_3 水准仪望远镜,它由物镜、对光透镜、十字丝分划板和目镜等部分组成。根据几何光学原理可知,目标的光线经过物镜及对光透镜后,在十字丝分划板上形成一缩小的倒立实像,再经过目镜将倒立的实像和十字丝同时放大成虚像,眼睛在目镜中所看到的就是这个放大的虚像。其放大的虚像与用眼睛直接看到目标大小的比值,即为望远镜的放大率 V。DS_3 型水准仪望远镜的放大率一般约为 28 倍。

为精确瞄准目标进行读数,望远镜里装置了十字丝分划板,十字丝分划板是将十字丝刻在玻璃板上,如图 2-4 所示。竖丝用来瞄准目标,中间的横丝用来读取前、后视读数(图 2-1 中的 a、b),上下两根短丝用来测量视距,称为视距丝。其中十字丝的交点和物镜光心的连线,称为望远镜的视准轴,也是用以瞄准和读数的视线。

目标有远有近,所以成像位置有前有后,为使远近目标成像都落在十字丝划板上,可旋转

物镜对光螺旋移动对光透镜,改变物镜的等效焦距,使目标的影像落在十字丝分划板平面上。

图 2-3　望远镜　　　　　　　　图 2-4　十字丝分划板

为使不同视力的观测者都能观测到落在十字丝分划板上的清晰影像,目镜上也配有对光螺旋,旋转目镜对光螺旋,调节目镜与十字丝分划板的距离,以使不同视力的观测者看清十字丝。即旋转目镜看清十字丝,旋转对光螺旋,看清落在十字丝分划板上的清晰影像。因此望远镜的作用有:一方面,提供一条瞄准目标的视线;另一方面,将远处的目标放大,提高瞄准和读数的精度。

2. 水准器

水准器有管水准器和圆水准器两种。圆水准器用于仪器整平,使仪器竖轴竖直;管水准器与望远镜固连在一起,用于调节视准轴水平。

(1)管水准器。亦称水准管,是用一个内表面磨成圆弧的玻璃管制成,管内盛满加热的酒精和乙醚的混合液,经过封闭冷却后形成一个气泡,由于重力的作用,气泡总是位于管内最高处。如图 2-5 所示。管内圆弧中点 O 称为水准管的零点,O 点的切线 LL 称为水准管轴。当气泡两端与 O 点对称时,称为气泡居中,即表示水准管轴 LL 处于水平位置。零点两侧对称刻有 2mm 间隔的分划线,规定以圆弧 2mm 长度所对圆心角 γ 表示水准管的分划值。分划值越小,灵敏度越高,DS_3 型水准仪的水准管分划值一般为 $20''/2mm$,即当气泡偏离一格(2mm),水准管轴倾斜 $20''$。由于水准仪上的水准管与望远镜固连在一起,若水准管轴与望远镜视准轴互相平行,则当水准管气泡居中时,视线也就水平了。

图 2-5　水准管

水准管和望远镜是水准仪的主要部件,水准管轴 LL 与视准轴 CC 互相平行是水准仪构造的主要条件。

为了提高水准管气泡居中的精度,水准仪一般采用符合式水准器,即在水准管上方设置一组棱镜,通过棱镜的折射作用,使气泡两端的半边影像反映在直角棱镜上,如图 2-6a)所示。从望远镜旁的观察窗中可观察到气泡两端的影像。当两个半边影像错开,表明气泡未居中,如图 2-6b)所示;转动微倾螺旋使两个半边影像吻合,则表示气泡居中,如图 2-6c)所示。

(2)圆水准器。如图 2-7 所示,它是一个内壁顶面为球面的玻璃圆盒,装在金属外壳内。圆水准器中的液体与水准管中的相同。球面正中刻有一小圆圈,圆圈中心称为圆水准器零点,通过零点的球面法线称为圆水准轴。当气泡居中(气泡在小圆圈正中)时,圆水准轴处于铅垂位置,若圆水准轴与仪器的竖轴互相平行,则仪器的竖轴已基本处于铅垂位置。普通水准仪的圆水准器分划值一般是 $(8'\sim10')/2mm$。因此圆水准器精度较低,仅用于水准仪的粗略整平。整平是通过旋转基座上的三个脚螺旋实现的。

3. 基座

基座主要由轴座、脚螺旋、三角压板和底板组成。其作用是支承仪器和连接三脚架。

图 2-6　符合式水准器　　　　　　　　图 2-7　圆水准器

二、水准尺和尺垫

1. 水准尺

水准尺是水准测量中的标尺，是水准测量中的重要工具，常用干燥而良好的木材、铝合金或玻璃钢制成。尺的形式有双面尺[图 2-8a)]和塔尺[图 2-8b)]。塔尺多用于等外水准测量，其长度有 5m 和 2m 两种，用两节或三节套接在一起。尺的底部为零，尺上黑白格相间，每格宽度为 1cm，有的为 0.5cm，每一米和分米处均有注记。双面尺全长一般为 3m 或 2m。尺的两面均有刻画，一面为黑白相间称为黑面尺，另一面为红白相间称为红面尺，尺面刻画为 1cm。黑面尺底起始读数为零，红面尺底起始读数为 4.687m 或 4.787m，故称为双面水准尺。红面尺底起始读数不同的两根尺称为一对尺。双面水准尺成对使用，以检验读数有无错误，一般用于三、四等水准测量中。

2. 尺垫

又称尺台，用生铁铸成，其形式有三角形、圆形等，其顶面中央有一凸起的半球体。水准测量时，尺垫放在转点上，起临时标志作用，踏稳后，把水准尺竖立在尺垫的半球顶上，以防止尺子下沉，如图 2-8c)所示。

图 2-8　水准尺及尺垫

三、水准仪的使用

1. 安置与粗略整平

选择便于安置水准仪的点,支开三脚架使之高度适中,并使架头大致水平。利用连接螺旋使水准仪与三脚架固连。旋转脚螺旋使圆水准器的气泡居中,使仪器竖轴大致铅垂,视准轴粗略水平。旋转脚螺旋使圆水准器的气泡居中的方法如下。

如图2-9所示,气泡不在圆水准器的中心而偏到1点,这表示脚螺旋A一侧偏高,此时可用双手按箭头所指的方向对向旋转脚螺旋A和B,即降低脚螺旋A,升高脚螺旋B,则气泡便向脚螺旋B方向移动(气泡总是随着左手拇指运动的方向移动),直至气泡移至A、B两脚螺旋连线的垂直平分线上的2点位置时为止。再旋转脚螺旋C,使气泡从2点移到圆水准器的中心。这时仪器的竖轴大致竖直,亦即仪器大致水平,视准轴粗略水平。

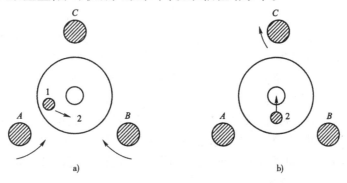

图2-9 粗略整平

2. 瞄准水准尺

当仪器粗略整平后,松开望远镜的制动螺旋,利用望远镜筒上的缺口和准星概略地瞄准水准尺,在望远镜内看到水准尺后,关紧制动螺旋。然后转动目镜调节螺旋使十字丝清晰,再转动对光螺旋,使水准尺的刻画在十字丝分划上成像清晰。最后利用微动螺旋使十字丝竖丝对准水准尺,如图2-10所示。

照准目标时必须要消除视差。当观测时把眼睛稍作上下移动,如果尺像与十字丝有相对的移动,即读数有改变,则表示有视差存在。其原因是尺像没有落在十字丝平面上。存在视差时不可能得出准确的读数。消除视差的方法是仔细进行目镜调焦和物镜调焦,直到不再出现尺像和十字丝有相对移动为止,即尺像与十字丝在同一平面上。如图2-11所示。

图2-10 瞄准水准尺　　图2-11 视差

3. 精确整平和读数

转动微倾螺旋,使水准管气泡精确居中,如图2-5所示。当水准管气泡居中并稳定后,

15

说明视准轴已成水平,此时,应迅速用十字丝中丝在水准尺上截取读数。由于水准仪望远镜有正像和倒像两种。在读数时无论何种都应从小数往大数的方向读。即望远镜为正像应从下往上读,望远镜为倒像则应从上往下读。读数方法如图2-10所示,应读米、分米、厘米,估读至毫米。在读数时,一般应先估读毫米,再读米、分米、厘米。如图2-10中,从望远镜中读数为1.548m。读数后,还需要检查一下气泡是否移动了,若有偏离需用微倾螺旋调整气泡居中后再重新读数。应当注意,瞄准任何方向的水准尺,读中丝读数前都应重新调微倾螺旋精平。

第三节 水准测量的实施及成果处理

一、水准点

用水准测量方法测定具有一定精度高程的控制点,称为水准点(Bench Mark),简记为BM。为了统一全国的高程系统和满足各种工程建设的需要,由测绘部门在全国各地测定并设置了各种等级的水准点。水准点分一、二、三、四共4个等级,其精度依次降低。

水准点有永久性和临时性两种。国家等级水准点一般用石料或混凝土制成,埋在地面冻结线以下,顶面嵌入半球形标志[图2-12a)],表示该水准点的点位。永久性水准点也可用金属标志埋设在稳定的墙脚上,称为墙上水准点[图2-12b)]。工地上的永久性水准点一般用混凝土制成。临时性水准点可选地面上突出的坚硬岩石或房屋勒脚等作为标志,也可用大木桩打入地下,桩顶钉入一半球形铁钉。

图2-12 水准点(尺寸单位:mm)

埋设好水准点后,应绘制水准点的点之记,即绘制点的位置略图,写明水准点的编号及其与周围建筑物的距离,以便日后寻找与使用。

二、水准测量的施测方法

为了统一高程系统,水准测量实施前,应向有关单位收集水准点的数据作为已知资料,以进一步测定待测高程点。当两点的高差较大或距离较远时,则需要在两点之间分成若干段,依次安置水准仪并测得各段高差,各段高差之和即为两点的高差。如图2-13所示,已知A点的高程为50.118m,欲测定B点的高程,其观测步骤如下:

将水准尺立于A点上作为后视尺,根据水准测量等级所规定的标准视线长度在施测线路合适的位置安置水准仪Ⅰ,在施测线路的前进方向上,取仪器至后视大致相等的距离处设置转

点 Z_1，放置尺垫，踏实后立尺作为前视尺。然后按照水准仪的使用方法，观测后视点 A 上的水准尺读数 a_1，旋转仪器，观测前视转点 Z_1 上的水准尺，读得前视读数 b_1，则后、前视读数之差（后一前），即为第一段的高差 h_1；然后，将水准仪迁至第Ⅱ站，转点 Z_1 的水准尺不动，旋转尺面，面向仪器作为第二站的后视，将 A 点上水准尺移至转点 Z_2，作为第二测站的前视，方法同第一步，进行观测和计算后，得到第二测站两点间的高差 h_2。这样依次沿水准线路施测至 B 点。每安置一次仪器，施测一个测站，便会得到一个高差：

$$h_1 = a_1 - b_1$$
$$h_2 = a_2 - b_2$$
$$h_3 = a_3 - b_3$$
$$h_4 = a_4 - b_4$$
$$h_5 = a_5 - b_5$$

图 2-13 水准测量的实施

由图 2-13 可知，两点间的高差为各段高差之和，即

$$h_{AB} = \Sigma h = \Sigma a - \Sigma b \tag{2-5}$$

其中，架设水准仪的地方（如Ⅰ、Ⅱ、…）称为测站点；放置尺垫的地方（如 Z_1、Z_2、…），即用来传递高程的点称为转点。

在实际测量过程中，应按一定的记录格式随测、随记、随算。以图 2-13 为例来说明记录、计算的方法。水准仪安置于Ⅰ测站时，测得 $a_1 = 2.073 \text{m}$ 和 $b_1 = 1.526 \text{m}$，分别记入表 2-1 中第一测站的后视读数及前视读数栏内，算得高差 $h_1 = +0.547 \text{m}$，记入高差栏内。水准仪搬至Ⅱ站，将测得的后、前视读数及算得的高差记入第二测站的相应各栏中。依次进行。所有观测值和计算见表 2-1，其中计算校核中算出的 Σh 与 $\Sigma a - \Sigma b$ 相等，表明计算无误，如不等则计算有错，应重算加以改正。

水 准 测 量 记 录　　　　表 2-1

测站	测点	后视读数	前视读数	高差 (m) +	高差 (m) −	高程(m)	备 注
Ⅰ	A Z_1	2.073	1.526	0.547		50.118	已知 A 点高程 = 50.118m
Ⅱ	Z_1 Z_2	1.624	1.407	0.217			
Ⅲ	Z_2 Z_3	1.678	1.392	0.286			

17

续上表

测站	测点	后视读数	前视读数	高差(m) +	高差(m) −	高程(m)	备注
Ⅳ	Z_3	1.595		0.193			
	Z_4		1.402				
Ⅴ	Z_4	0.921			0.582	50.779	
	B		1.503				
Σ		7.891	7.230	1.243	0.582		
计算检核		$\Sigma a - \Sigma b = +0.661$m　　$\Sigma h = +0.661$m　　$H_B - H_A = +0.661$m					

三、水准测量的校核方法和精度要求

在水准测量中,测得的高差总是不可避免地存在误差。为了避免观测错误、提高观测精度,必须对每一测站及水准路线进行校核。

1. 测站校核

(1)改变仪器高法

在一个测站上,测出两点间高差后,重新安置仪器(升高或降低仪器 0.1m 以上)再测一次,两次测得高差之差不超过允许值,则认为测站合格,取两次高差的平均值作为该测站的高差。对一般水准测量(等外水准)两次高差之差的绝对值应不超过 5mm,否则应重测。

(2)双面尺法

双面尺法的操作是:仪器的高度不变,立在前视点和后视点上的水准尺分别用黑面和红面各进行一次读数,得得两次高差,若两次高差之差不超过 5mm,取两次高差的平均值作为该测站的高差。

测站校核可以校核本测站的测量成果是否符合要求,但整个路线测量成果是否符合要求或有错,则不能判定。水准测量在野外作业,受着各种因素的影响,如温度、湿度、风力、大气不规则折光、尺子下沉或倾斜、仪器误差以及观测误差等。这些因素所引起的误差在一个测站上反映可能不明显,这时测站成果虽符合要求,但若干个测站的累积,使整个路线测量成果不一定符合要求,因此,还需要对水准路线进行校核。

2. 水准路线校核

水准路线的种类及其校核有以下几种:

(1)附合水准路线

设从已知起始点 BM_1 点出发,沿线进行水准测量,最后连测到另一已知高程点 BM_2 上,这样的水准路线称为附合水准路线。如图 2-14a)所示。这时测得的高差总和 $\Sigma h_{测}$ 应等于两水准点的已知高差($H_{终} - H_{始}$)。实际上,两者往往不相等,其差值 f_h 即为高差闭合差

$$f_h = \Sigma h_{测} - (H_{终} - H_{始}) \tag{2-6}$$

图 2-14 水准路线

高差闭合差 f_h 的大小反映了测量成果的质量,闭合差的允许值 $f_{h允}$ 视水准测量的等级不同而异,对于等外水准测量,则有

$$\left.\begin{array}{ll} \text{平地} & f_{h允} = \pm 40\sqrt{L} \quad \text{mm} \\ \text{山地} & f_{h允} = \pm 12\sqrt{n} \quad \text{mm} \end{array}\right\} \quad (2\text{-}7)$$

式中:L——路线长度(km),即为所有测站前后视距离之和。山地一般指每公里测站数在15个以上的地形;

n——水准路线测站总数。

若高差闭合差的绝对值大于 $f_{h允}$,说明测量成果不符合要求,应予重测。

(2)闭合水准路线

如图 2-14b)所示,设水准点 BM_5 的高程为已知,由该点出发,依次测量1、2、3、4、5,最后又回到起始点,这种路线称为闭合水准路线。理论上其高差代数之和 $\Sigma h_{理} = 0$,但由于测量含有误差,往往所观测的高差代数之和 $\Sigma h_{测} \neq 0$,而存在高差闭合差

$$f_h = \Sigma h_{测} \quad (2\text{-}8)$$

高差闭合差的允许值与式(2-7)相同。

(3)支水准路线

如图 2-14c)所示,从已知水准点 BM_8 开始。依次测定1、2点的高程后,既不附合到另一水准点,也不闭合到原水准点。为了校核,应从2点经1点返测回到 BM_8。这时往测和返测的高差的绝对值应相等,符号相反。若往返测得高差的代数和不等于零即为闭合差

$$f_h = h_{往} + h_{返} \quad (2\text{-}9)$$

高差闭合差的允许值仍按式(2-7)计算,但需要注意的是,对于往返水准路线来说,式(2-7)中的路线长度 L 和测站数 n 均按单程计算。

四、水准测量的内业计算

水准测量外业工作结束后,应对所有外业成果进行认真仔细的检查,确定无误后,方可进行水准测量的内业计算工作。水准测量的内业计算包括高差闭合差及允许闭合差的计算、高差闭合差调整和高程推算。闭合和附合水准路线高差闭合差的调整方法相同,调整后经检核无误,用改正后的高差,由起点开始,逐点推算各点高程,推算至终点,并与终点(闭合水准路线为起点)已知高程相等。

1.闭合和附合水准路线高差闭合差的调整

闭合和附合水准路线高差闭合差的调整,其方法相同,现以附合水准路线为例来说明调整方法。

例如:已知水准点 BM_1 的高程 $H_{始} = 22.459 \text{m}$,BM_2 点的高程 $H_{终} = 38.555 \text{m}$。测站数和测得的高差列于表 2-2 中,其计算方法如下:

(1)高差闭合差及允许闭合差的计算

闭合差

$$f_h = \Sigma h_{测} - (H_{终} - H_{始}) = 16.072 - (38.555 - 22.459) = -24 \text{mm}$$

允许闭合差

$$f_{h允} = \pm 12\sqrt{n} = \pm 12\sqrt{12} = \pm 41.6 \text{mm}$$

$f_h < f_{h允}$,说明精度符合要求,可进行闭合差调整。

(2)高差闭合差的调整

在同一水准路线中,其观测条件可以认为基本相同,即各测站所产生的误差相等,则水准路线测量误差与其路线长度或测站数成正比。为此将闭合差反符号,按路线或测站数成正比分配到各段高差观测值上。则高差改正值为

$$V_i = -\frac{f_h}{\sum L}L_i \text{(以路线长成正比分配)}$$
$$\text{或} \quad V_i = -\frac{f_h}{\sum n}n_i \text{(以测站数成正比分配)}$$

(2-10)

式中：$\sum L$——路线总长;

L_i——第 i 测段路线长度($i=1、2、\cdots$);

$\sum n$——测站总数;

n_i——为第 i 测段站数。

在本例中,以测站数成正比分配,则 BM_1 至第 1 点高差改正值为

$$V_i = -\frac{f_h}{\sum n}n_i = -\frac{-24}{12} \times 4 = +8mm$$

同法可求得其余各段高差的改正值为 +10mm、+6mm,列于表 2-2 中第 4 栏。然后检查高差改正值的总和是否与闭合差的数值相等而符号相反。在计算中,如因尾数取舍而不符合此条件,应通过适当取舍而令其符合。

将各段实测高差值分别加上各自的改正值,即为改正后的高差($h_{改i} = h_{测i} + V_i$)列于表中第 5 栏内。

检查改正后的高差代数和是否与 BM_1、BM_2 两点间的已知高差相等,即

$$\sum h_{改i} = H_2 - H_1$$

(3)高程计算

由已知点 BM_1 开始,依次加上各段改正后的高差,分别推算得到各点的高程,一直到 BM_2 点的高程,列于表中第 6 栏。若推算出来的 BM_2 点高程与已知的 BM_2 高程相等,则说明计算无误。计算完毕。

附合水准路线高差闭合差的调整   表 2-2

点号	测站数	实测高差(m)	改正值(mm)	改正后高差(m)	高程(m)	备注
BM_1					22.459	
	4	+7.028	+8	+7.036		
A					29.495	国家高程基准
	5	+9.758	+10	+9.768		
B					39.263	
	3	-0.714	+6	-0.708		
BM_2					38.555	
$\sum$	12	+16.072	+24	+16.096		

辅助计算：

$$f_h = -24mm \qquad -f_h/12 = +2mm \qquad f_{允} = \pm 12\sqrt{12} = \pm 41.6mm$$

2. 支水准路线高差闭合差的调整

支水准路线的高差闭合差见式(2-9),在满足容许闭合差的前提下,只取往返高差的平均

值即可,平均高差的符号与往测的高差值的符号相同。即:

$$h = \frac{\Sigma h_{往} - \Sigma h_{返}}{2} \tag{2-11}$$

第四节　微倾式水准仪的检验和校正

根据水准测量原理,要求水准仪能提供一条水平视线,那么水准仪的轴线之间应满足一定的几何关系。为此,在水准测量之前,应对水准仪进行必要的检验。如果不满足条件,并超过了规定要求,则应进行校正。

如图 2-15 所示,水准仪的轴线之间应满足的几何关系如下:

(1)圆水准器轴平行于仪器的竖轴,即 $L'L'//VV$。

(2)十字丝横丝垂直于竖轴。

(3)水准管轴平行于视准轴,即 $LL//CC$(主要条件)。

水准仪的检验校正工作应按规定顺序进行,以使前面检校项目不受后面检校项目的影响。

图 2-15　DS_3 水准仪的轴线关系

一、圆水准器轴平行于仪器的竖轴的检验和校正

圆水准器是用来粗略整平水准仪的,如果圆水准轴 $L'L'$ 与仪器竖轴 VV 不平行,则圆水准器气泡居中时,而仪器竖轴不竖直。若竖轴倾斜过大,可能导致转动微倾螺旋到了极限位置还不能使水准管气泡居中。因此,把此项校正做好,才能较快地使符合水准气泡居中。

检验方法:安置好水准仪后,转动脚螺旋使圆水准器的气泡居中,然后将望远镜旋转 180°,如果气泡仍然居中,说明满足此条件,即 $L'L'//VV$。如果气泡不居中,则需校正。

校正方法:如图 2-16 所示,设望远镜旋转 180°后,气泡不在中心而在图 2-16a)位置,这表示这一侧的校正螺钉偏高。校正时,转动脚螺旋使气泡从图 2-16a)位置朝圆水准器中心方向移动偏离量的一半,到图 2-16b)的位置,这时仪器竖轴基本竖直,然后调节 3 个校正螺钉使气泡居中。由于校正时一次难以做到准确无误,需反复检验和校正,直至仪器转至任何位置,气泡始终位于中央为止。

图 2-16　圆水准器的检验与校正

二、十字丝横丝垂直竖轴的检验与校正

水准测量是利用十字丝分划板中的横丝来读数的,当竖轴处于铅垂位置时,而横丝倾斜,显然读数将产生误差。

检验方法:安置好仪器后,将横丝的一端对准某一固定点状标志 M,如图 2-17a)所示,固定制动螺旋后,转动微动螺旋,使望远镜左右移动,若 M 点始终不离开横丝,则说明十字丝横丝垂直于仪器竖轴,条件满足;若偏离横丝,说明横丝不水平,需校正。如图 2-17b)所示。

此外,由于十字丝纵丝与横丝垂直,因此可采用挂垂球的方法进行检验,即将仪器整平后,观察十字丝纵丝是否与垂球线重合,如不重合,则需校正。

图 2-17 望远镜十字丝横丝的检验

校正方法:旋下目镜十字丝环护罩,可有两种形式:如图 2-18a)所示,为旋下目镜十字丝环护罩后看到的一种情况,这时松开十字丝分划板座四颗固定螺钉,按横丝倾斜的反方向轻轻转动十字丝分划板座,使 M 点到横丝的距离为原偏离距离的一半,再进行检验,直到使横丝水平,然后拧紧4颗螺钉,盖上护盖。另一种如图 2-18b)所示,在目镜端镜筒上有3颗固定十字丝分划板座的沉头螺钉,校正时松开其中任意两颗,轻轻转动分划板座,同法使横丝水平,再将螺钉拧紧。此项检校也需反复进行至合格为止。最后将固定螺钉拧紧,旋上护罩。

图 2-18 十字丝校正螺钉位置图

三、水准管轴平行于视准轴的检验和校正

由于水准仪上的水准管与望远镜固连在一起,若水准管轴与望远镜视准轴互相平行,则当水准管气泡居中时,视线也就水平了。因此水准管轴 LL 与视准轴 CC 互相平行是水准仪构造的主要条件。由于仪器在运输和使用的过程中,这种相互平行的关系被破坏,水准管轴 LL 与视准轴 CC 之间形成 i 角。本次检验的目的是检验 i 角是否超限。

检验方法:在平坦的地面上选择 A、B、C 三点,并使其大致在同一条直线上,且使 $AC = CB$,A、B 相距为 $60 \sim 80 \mathrm{m}$,如图 2-19 所示,在 A、B 两点处分别打下木桩或安放尺垫,并在木桩或尺垫上竖立水准尺。先将水准仪置于 C 点处,经过精平后,分别对 A、B 两点上的水准尺读数为 a_1、b_1,则 A、B 两点的高差为 $h_{AB} = a_1 - b_1$(一般应用两次仪器高法,所测结果满足要求,取高差

平均值)。假设此时水准仪的视准轴不平行于水准管轴,即视线倾斜了 i 角(此误差又称为 i 角误差),分别引起 A、B 两尺的读数误差为 Δa 和 Δb,由于此时仪器距两尺的距离相等,则根据几何原理:

$$\Delta a = \Delta b$$

由图 2-19 可得:

$$h_{AB} = a_1 - b_1 = (a + \Delta a) - (b + \Delta b) = a - b$$

图 2-19 水准管轴平行于视准轴的检验

这说明不论视准轴与水准管轴平行与否,当水准仪置于在两点中间,测出的两点高差是正确高差,不会受到 i 角误差的影响。

然后将水准仪搬到 B 点(或 A 点),置于距水准尺 2m 左右处,如图 2-19 所示,精平仪器后,分别读取 A 尺读数 a_2 和 B 尺的读数 b_2,由于仪器距 B 尺很近,故仪器对 B 尺的读数可以忽略 i 角的影响,即将 b_2 看作视线水平时的读数,这时可求得视线水平时 A 尺上应有的读数 $a'_2 = b_2 + h_{AB}$。若实际读出的读数 a_2 与计算的 a'_2 相等,则条件满足;若不相等,则水准管轴不平行于视准轴,存在 i 角,其值为

$$i = \frac{a_2 - a'_2}{D_{AB}}\rho'' \quad (\rho'' = 206265'')$$

式中:D_{AB}——A、B 两点间的距离,按规定当 $i > 20''$ 时,对于 DS_3 水准仪必须进行校正。

校正方法:保持仪器不动,转动微倾螺旋使十字丝横丝对准 A 尺上应有的读数 a'_2,此时视准轴处于水平位置,而水准管气泡不居中了,用校正拨针先旋松水准管一端的左侧或右侧的一个校正螺钉,然后拨动水准管的上、下校正螺钉,如图 2-20 所示,直至气泡居中为止。最后再旋紧先前松开的那个校正螺钉。在拨动校正螺钉时,首先要弄清是抬高还是降低靠近目镜一端的水准管,图 2-21a)是要抬高靠近目镜一端的水准管,图 2-21b)是要降低靠近目镜一端的水准管。

图 2-20 水准管校正螺钉

图 2-21 水准管的校正

注意:对待这种成对的校正螺钉,在拨动上、下校正螺钉时应"先松后紧",否则容易损坏校正螺钉。

第五节　水准测量的误差分析

水准测量的误差是不可避免的,测量误差主要来源于仪器误差、观测误差和外界条件三个方面的影响。

一、仪器误差的影响

1. 仪器校正不完善的残余误差

水准仪在经过检验校正后,还可能存在一些残余误差,这些残余误差也会对测量成果产生一定的影响。其中主要是水准管轴不平行于视准轴的误差。这种误差大多具有系统性。可在测量过程中采取一定措施予以消除或减小。

消减方法:如前所述,观测时,只要将仪器安置于距前、后视尺等距离处,计算高差时就可消除这项误差。实际上,前、后视距离完全相等是非常困难的,所以可以根据不同等级的精度要求,对每个测站前后视距差及每一段的前后视距累积差规定一个限值。

2. 调焦误差

由于仪器制造工艺不够完善,当转动调焦螺旋调焦时,对光透镜产生非直线移动而改变视线位置,因而产生调焦误差。

消减方法:只要将仪器安置于距前、后视尺等距离处测量,即可避免在前、后视读数间调焦,从而就可避免调焦误差的产生。

3. 水准尺误差

水准尺误差,包括水准尺上水准器误差、水准尺刻画误差、尺底磨损和尺身弯曲等误差,都会影响水准测量的精度。

消减方法:经常对水准尺的水准器及尺身进行检验,必要时予以更换。若在观测时使测站数成偶数,就可以消除尺底磨损的零点误差。

二、观测误差的影响

1. 整平误差

水准管居中误差,一般为水准管分划值 τ'' 的 ± 0.15 倍,即 $\pm 0.15\tau''$。当采用符合水准器时,气泡居中精度可提高一倍,故居中误差为 $\pm 0.075\tau''$,若仪器至水准尺的距离为 D,则在读数上引起的误差为

$$m_{平} = \frac{0.075\tau''}{\rho''}D \tag{2-12}$$

式中,$\rho'' = 206265''$。

由上式可知,整平误差与水准管分划值及视线长度成正比。若以 DS_3 型水准仪进行等外水准测量,视线长 $D = 100$m,气泡偏离一格($\tau'' = 20''/2$mm)时,$m_{平} = 0.73$mm。

消减方法:在晴天观测,必须打伞保护仪器,更要注意保护水准管避免太阳光的照射;必须注意使符合气泡居中,且视线不能太长;后视完毕转向前视,应注意重新转动微倾螺旋使气泡居中才能读数,但不能转动脚螺旋,否则将改变仪器高而产生错误。

2. 估读误差

水准尺上的毫米数是估读的,其估读误差与人眼的分辨能力、十字丝的粗细、望远镜放大倍率及视距长度有关。人眼的极限分辨力通常为60″,即当视角小于60″时就不能分辨尺上的两点,若用放大倍率为 V 的望远镜照准尺,则照准精度为 $60''/V$,由此照准距水准尺的估读误差为

$$m_\text{照} = \frac{60''}{V\rho''}D \tag{2-13}$$

当 $V=30$,$D=100\text{mm}$ 时,$m_\text{照} = \pm 0.97\text{mm}$。

因此,若望远镜放大倍率较小或视线过长,则尺子成像小,并显得不够清晰,估读误差将增大。

消减方法:对各等级的水准测量,必须按规定使用相应望远镜放大倍率的仪器和不超过视线的极限长度。

3. 视差

当观测者的眼睛做上下移动时,会发觉目标像与十字丝之间有相对移动现象,这种现象称为视差。

产生视差的原因是十字丝平面与水准尺影像不重合,造成眼睛位置不同,便读出不同读数,而产生读数误差,必须予以消除。

消减方法:转动目镜调节螺旋使十字丝清晰,再转动物镜对光螺旋使尺像清晰,反复几次,直至十字丝和水准尺成像均清晰,眼睛上下晃动时读数不变。

4. 水准尺竖立不直的误差

水准尺不竖直,总是使尺上读数增大。如图2-22所示,若水准尺未竖直立于地面而倾斜时,其读数 b' 或 b'' 都比尺子竖直时的读数 b 要大,而且视线越高,误差越大。例如,当倾角 $\theta=3°$,读数 $b'=2\text{m}$ 时,则产生的误差 $\Delta b = b'(1-\cos\theta) = 2.7\text{mm}$。

图2-22 水准尺倾斜的影响

消减方法:作业时应力求水准尺竖直,在山区作业时,使用带圆水准器的水准尺。

三、外界条件的影响

1. 仪器升降的误差

由于仪器的自重,引起仪器下沉,使视线降低;或由于土质的弹性,引起仪器上升,使视线升高,都会产生读数误差。如图2-23所示,若后视完毕转向前视时,仪器下沉了 Δ_1,使前视读数 b_1 小了 Δ_1,即测得的高差($h_1 = a_1 - b_1$),大了 Δ_1。设在一测站上进行两次测量,第二次先前视再后视,若从前视转向后视过程中仪器又下沉了 Δ_2,则第二次测得的高差($h_2 = a_2 - b_2$)小了 Δ_2。如果仪器随时间均匀下沉,即 $\Delta_2 \approx \Delta_1$,取两次所测高差的平均值,这项误差就可得到有效的削弱。

消减方法:在松软地面架仪器时要踩牢脚架,提高观测速度,采用"后前前后"的观测程序。

2. 尺垫升降的误差

与仪器升降情况相类似,如转站时尺垫下沉,使测高差增大,如上升则使高差减小。致使前后两站高程传递产生误差。

图2-23 仪器下沉的影响

消减方法：在观测时，选择坚固平坦的地点设置转点，将尺垫踩实，加快观测速度，降低尺垫下沉的影响；采用往返观测的方法，取成果的中数，这项误差也可以得到削弱。

3. 温度的影响

温度的变化不仅会引起大气折光的变化，而且当太阳照射水准管时，会因为水准管本身和管内液体温度的升高使气泡移动，从而影响仪器水平。

消减方法：注意撑伞遮阳，保护仪器。

4. 地球曲率影响

大地水准面是一个曲面，而水准仪的视线是水平的，由第一章可知，用水平视线代替大地水准面在尺上读数产生的影响是不能忽略的。如图2-24所示，由于水准仪提供的是水平视线，因此后视和前视读数 a 和 b 中分别含有地球曲率误差 Δ_1 和 Δ_2，则 A、B 两点的高差应为 $h_{AB} = (a - \Delta_1) - (b - \Delta_2)$。若将仪器安置于距 A 点和 B 点等距离处，这时 $\Delta_1 = \Delta_2$，则 $h_{AB} = a - b$。

消减方法：将仪器安置于距 A 点和 B 点等距离处，就可消除地球曲率的影响。

5. 大气折光的影响

光线穿过大气层时，由于密度不同将会发生折射使观测产生误差，称为大气折光差。如图2-25所示，折光差的大小与大气层竖向温差大小有关；由于地面的吸热作用，在太阳辐射下，越接近地面温差越大，折光也越大。在水准测量中，如果前、后视线折射相同，那么只要前、后视的距离相等，折光差对前、后视读数的影响也相等，在计算高差时可以互相抵消。但在一般情况下，前、后视线的离地高度往往互不一致，它们所经过地面的吸热情况也有差别。因此，前、后视线的弯曲是不同的，从而使所测高差中带有大气折光的影响，为尽量减少这种误差，视线离地面应有足够的高度，一般最小读数应大于0.3m。

消减方法：缩短视线长度，提高视线高度；前后视距离相等。

图2-24 地球曲率的影响

图2-25 大气折光的影响

第六节　其他类型水准仪

一、自动安平水准仪

自动安平水准仪的特点是只有圆水准器，用自动补偿装置代替了水准管和微倾螺旋，使用时只要水准仪的圆水准气泡居中，使仪器粗平，然后用十字丝读数便是视准轴水平的读数。优点在于：由于无需精平、操作简单，因此可以大大加快水准测量的速度；另外，减小了外界条件（如地面微小振动，仪器的不规则下沉，风力和温度的变化）对测量成果的影响，从而提高了水准测量的精度。因此自动安平水准仪在各种精度等级的水准测量中应用越来越普及，并将逐步取代微倾式水准仪。图2-26a)是DSZ₃型自动安平水准仪的外形,图2-26b)是它的剖面图。现以这种仪器为例介绍其构造原理和使用方法。

图2-26 自动安平水准仪

1. 自动安平水准仪的原理

如图2-27所示,当视线水平时,水准尺上的水平光线恰好与十字丝交点所在位置J'重合,读数正确,当视线倾斜一个α角,十字丝交点移动一段距离d到达J处,这时按十字丝交点J读数,显然有偏差。设f为物镜的等效焦距,则有

图2-27 自动安平水准仪的原理

$$d = f\alpha$$

如果在距十字丝分划s处,安装一个补偿器,使水平光线偏转角β,通过十字丝中心Z,则

$$d = s\alpha$$

即

$$f\alpha = s\beta \tag{2-14}$$

设

$$\frac{\beta}{\alpha} = \frac{f}{s} = n \tag{2-15}$$

式中:n——β与α的比值,称为补偿器的放大倍率。

在设计时,只要满足式(2-15),便可使通过补偿器点的光线仍通过十字丝中心J,从而达到自动补偿的目的。

2. 自动安平水准仪的使用

自动安平水准仪的基本操作与微倾式水准仪大致相同。首先,利用脚螺旋使圆水准器气泡居中,然后将望远镜瞄准水准尺,即可直接用十字丝横丝进行读数。为了检查补偿器是否起作用,在目镜下方安装有补偿器控制按钮,观测时,按动按钮,待补偿器稳定后,看尺上读数是否有变化,如尺上读数无变化,则说明补偿器处于正常的工作状态;如果仪器没有按钮装置,可稍微转动一下脚螺旋,如尺上读数没有变化,说明补偿器起作用,否则要进行修理。另外,补偿

器中的金属吊丝相当脆弱，使用时要防止剧烈振动，以免损坏。

二、电子水准仪

电子水准仪又称数字水准仪，它是在自动安平水准仪的基础上发展起来的。1990年首先由威特厂研制成功，标志着大地测量仪器已经完成了从精密光机仪器向光机电测一体化的高技术产品的过渡。电子水准仪具有测量速度快、精度高、读数客观、能减轻作业劳动强度、测量数据便于输入计算机和容易实现水准测量内外业一体化的优点。

目前电子水准仪采用自动电子读数的原理有相位法、相关法和几何法三种。电子水准仪是以自动安平水准仪为基础，并采用铟瓦条码标尺和图像处理电子系统构成的光机电测一体化的高科技产品。但与其配套使用的标尺为条码标尺，各厂家标尺编码的条码图案不相同，不能互换使用。

照准标尺和调焦仍需目视进行。人工完成照准和调焦之后，标尺条码一方面被成像在望远镜分划板上，供目视观测，另一方面通过望远镜的分光镜，标尺条码又被成像在光电传感器（又称探测器）上，即阵列CCD器件上，供电子读数。因此，如果使用传统水准标尺，电子水准仪又可以像普通自动安平水准仪一样使用。不过这时的测量精度低于电子测量的精度。特别是精密电子水准仪，由于没有光学测微器，当作普通自动安平水准仪使用时，其精度更低。

电子水准仪定位在中精度和高精度水准测量范围，分为两个精度等级，中等精度的标准差为：1.0～1.5mm/km，高精度的为：0.3～0.4mm/km。

它与传统仪器相比具有以下共同特点：

(1)读数客观。不存在误差、误记问题，没有人为读数误差。

(2)精度高。视线高和视距读数都是采用大量条码分划图像经处理后取平均得出来的，因此削弱了标尺分划误差的影响。多数仪器都有进行多次读数取平均的功能，可以削弱外界条件的影响。

(3)速度快。由于操作简单，而且省去了报数、听记、现场计算的时间以及人为出错的重测数量，所以测量速度大大加快了。

(4)效率高。只需调焦和按键就可以自动读数，减轻了劳动强度。视距还能自动记录、检核、处理，并能输入电子计算机进行后处理，可实线内外业一体化。如图2-28所示是蔡司DiNi10/20数字水准仪。

图2-28　蔡司DiNi10/20数字水准仪

1. 在水准测量中，计算待定点高程有哪两种基本方法？各在什么情况下应用？
2. 在水准测量中，如何规定高差的正负号？高差的正负号说明什么问题？
3. 何谓视准轴？何谓水准管轴？它们之间应满足什么几何关系？
4. 水准测量的测站校核有哪些方法？
5. 水准仪的使用包括哪些基本操作？试简述其操作要点。
6. 何谓视差？产生视差的原因是什么？如何消除视差？

7. "符合水准管气泡居中,视准轴就水平"这句话正确吗?为什么?

8. 水准测量中,在测站上观测完后视读数,转动仪器瞄准前视尺时,圆气泡有少许偏移,此时能否重新转动脚螺旋使气泡居中,然后继续读前视读数?为什么?

9. 什么是测站?什么是转点?如何正确使用尺垫?

10. 按图2-29的数据列表计算点B高程。

图 2-29

11. 水准测量的主要误差来源有哪些?采用什么方法可予以消除或减弱?

12. 图2-30是一附合路线普通水准测量的观测成果,试计算1、2、3各点高程。其中:$H_A = 65.376$m,$H_B = 68.623$m。

图 2-30

13. 按表2-3所列闭合路线观测数据,计算1、2、3、4各点高程。

闭合路线观测数据　　　　　　　　　　　　　　　表2-3

测 段	测 点	测站数	高　　差			高　程 (m)	备　注
			实测高差 (m)	改正数 (m)	改后高差 (m)		
	BM1					44.335	
1		10	+12.431				
	1						
2		12	−20.567				
	2						
3		9	−8.386				
	3						
4		11	+6.213				
	4						
5		14	+10.337				
	BM1					44.335	
Σ							
辅助计算	$f_h =$ $f_{h容} =$						

14. 在相距100m的A、B两点的中央安置水准仪,用变动仪器高度法测得A、B的高差0.558m。仪器搬到B点,B尺读数1.562,A尺读数2.130m。试计算仪器i角,如不平行,应如何校正?

第三章 角度测量

第一节 角度测量原理

角度测量是测量的三项基本工作之一,角度测量包括水平角测量和竖直角测量。测量水平角是为了确定地面点的平面位置;测量竖直角是为了间接测定地面点的高程。

一、水平角测量原理

地面上从一点出发的两射线之间的夹角,在水平面上的垂直投影所形成的夹角称为水平角。如图 3-1 所示,A、O、B 为地面上高低不同的 3 个点。O 为测站点,A、B 为两个目标点,将 OA 和 OB 沿铅垂线方向投影到同一水平面 P 上,得到 $O'A'$、$O'B'$ 之间的夹角 β 就是 OA、OB 两直线所组成的水平角。也就是说,水平角也就是通过 OA、OB 方向的两个竖直平面所夹的二面角。水平角的取值范围为 0°~360°。

图 3-1 水平角测量原理

为了测出水平角的大小,设在 O 点水平地放置一个顺时针方向的圆形度盘,度盘的刻度中心 O 通过二面角的交线,也就是位于 O 点的铅垂线上。过 OA 竖直面与度盘的交线得度数为 a,过 OB 的竖直面与度盘的交线得读数 b,则水平角为

$$\beta = a - b \tag{3-1}$$

二、竖直角测量原理

竖直角是在同一竖直面内,倾斜视线与水平线之间的夹角。当倾斜视线位于水平线之上,竖直角为仰角,取正值;反之,竖直角为俯角,取负值。如图 3-2 所示,α_1、α_2 分别为 OA 方向和 OB 方向的竖直角。α_1 为正值,是仰角;α_2 为负值,是俯角。

为了测量竖直角,可将竖直度盘放于 O 点上,视线方向与水平线在竖直度盘上的读数之差即为所求的竖直角。

由水平角和竖直角的定义,可以设想用于角度测量的经纬仪必须具有以下的基本条件:

(1)必须有一个能照准远方目标的瞄准设备望远镜,它既能上下绕横轴转动而形成一竖

图 3-2 竖直角测量原理

直平面,还可绕竖轴在水平左右方向转动。

(2)必须有一个带有分划的水平度盘测量水平角,其中心线应与竖轴相重合。为了使水平度盘处于水平位置,并使竖轴中心位于测站点的铅垂线上,应有水平整平装置和对中装置。

(3)必须有一个能处于竖直位置的竖直度盘,其中心线应与横轴中心相重合。为了能在竖直度盘上读数,应能被安置在水平位置和竖直位置。

经纬仪就是根据上述这些基本条件设计制造的。

第二节 光学经纬仪的结构及其技术操作

土木工程测量中,光学经纬仪是按精度等级分类的,其系列标准有 DJ_{07}、DJ_1、DJ_2、DJ_6、DJ_{30} 等。"D"、"J"分别是"大地测量"、"经纬仪"的汉语拼音首字母,07、1、2、6、30 分别是以秒为单位的精度指标,数字越小,其精度越高。如图 3-3 所示 DJ_6 光学经纬仪。

图 3-3 DJ_6 光学经纬仪

1-脚螺旋;2-复测器扳手;3-照准部水准管;4-读数显微镜;5-目镜;6-物镜调焦螺旋;7-物镜;8-望远镜制动扳手;9-望远镜竖直微动螺旋;10-照准部微动螺旋;11-轴座连接螺旋;12-照准部水平制动扳手;13-竖盘指标水准管微动螺旋;14-竖盘外壳;15-竖盘指标水准管;16-反光镜;17-测微轮

一、DJ_6 级光学经纬仪的基本构造

光学经纬仪主要包括照准部、水平度盘和基座三部分。

1. 照准部

照准部是基座上方可以转动部分的总称。主要由望远镜、读数显微镜、竖直度盘、水准器、照准部旋转轴、横轴和光学对中器等组成。照准部位于水平度盘的上方,望远镜用于瞄准目标,其构造与水准仪相似。望远镜和横轴固连在一起安置于支架上,支架上装有望远镜的制动螺旋和微动螺旋,以控制望远镜在竖直方向的转动来快速、准确地照准目标。竖直度盘(简称竖盘)固定在横轴的一端,用于测量竖直角。竖盘随望远镜一起转动,而竖盘读数指标不动,但可通过竖盘指标水准管微动螺旋作微小移动。调整此微动螺旋使竖盘指标水准管气泡居中,指标位于正确位置。目前,大多数经纬仪已不采用竖盘指标水准管,而以自动归零补偿器装置代替。

照准部水准管是用来整平仪器的,在一些仪器上除了有水准管外,还有圆水准器,用作粗

略整平。

读数设备,包括一个读数显微镜、测微器以及光路中一系列的棱镜、透镜等。此外还装有水平制动和微动螺旋,为了控制照准部水平方向的转动。

2. 水平度盘

水平度盘主要由水平圆盘、度盘旋转轴复测盘或拨盘手轮与轴套组成。水平圆盘是由光学玻璃制成的精密刻度盘,分划从0°～360°的等间隔分划线,并按顺时针方向注记,每格1°或30′,用来测量水平角。度盘变换手轮来控制水平度盘的转动。转动手轮,度盘即可转动,但有的一些经纬仪在使用过程中,需将手轮推压进去再转动手轮,度盘才能随之转动,这样就可以使度盘不随照准部一起转动。还有少数仪器采用复测装置,当复测扳手扳下时,照准部与度盘连为一体,照准部转动,则度盘随之转动,度盘读数不变;当复测扳手扳上时,两者分离,照准部转动时度盘就不再随之转动,度盘读数就会改变。

3. 基座

基座是仪器的底座,主要由轴座、脚螺旋和连接板等组成。使用时应检查固定螺旋是否旋紧。如果松开,测角时仪器就会带动和晃动,迁站时还容易使仪器脱落摔坏。将三脚架上的连接螺旋旋进基座的中心螺母中,可使仪器固定在三脚架上。基座上还装有三个脚螺旋用于整平仪器。转动角螺旋可使照准部水准管气泡居中。

目前生产的光学经纬仪一般均装有光学对中器,与垂球对中相比,具有精度高和不受风的影响等优点。

二、DJ₆ 级经纬仪分微尺测微器读数设备及读数方法

目前 DJ₆ 光学经纬仪多数采用分微尺测微器进行读数。这类仪器的度盘分划值为1°,按顺时针方向标注每度的度数。在读数显微镜的读数窗上装有一块带分划的分微尺,分划值为1°,分微尺全长也等于1°。分微尺等分6个大格,每大格又分为10个小格。因此,分微尺每个大格代表10′,每个小格代表1′,可以估读到0.1′,即6″。图3-4 就是读数显微镜内所看到的度盘和分微尺的影像,上面标有"H"和"V"。"H"代表水平度盘读数窗;"V"代表竖直度盘读数窗。

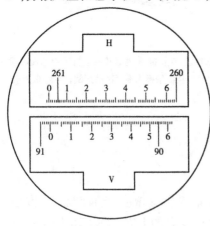

图3-4 分微尺测微器读数装置

读数前,应先调节读数显微镜目镜,使度盘分划线和分微尺的影像清晰,以消除视差。读数时,先读取与分微尺重合的度盘分划线,此时读数即为整度盘读数,然后在分微尺上由零线到度盘分划线之间读取小于整度数的分、秒数,两数之和既得度盘读数。例如,在水平度盘的读数窗中,分微尺的0分划线已超过261°多,所以其数值,要由分微尺的0分划线至度盘上261°分划线之间有多少小格来确定,图中为6.8格,故为06′48″。水平度盘的读数应时 261°06′48″。同理,在竖直度盘的读数窗中也是如此。

三、DJ₂ 光学经纬仪

DJ₂ 级光学经纬仪适用于三、四等三角测量、精密导线测量以及精密工程测量。图3-5 为北京仪器厂生产的 DJ₂ 级光学经纬仪。

DJ₂级光学经纬仪与DJ₆级的区别，主要在于读数设备及读数方法。DJ₂级光学经纬仪一般均采用对径分划线影像符合的读数装置。采用符合读数装置，可以消除照准部偏心的影响，提高读数精度。

图3-5 DJ₂级光学经纬仪

1-望远镜物镜；2-照准部水准管；3-度盘变换手轮；4-水平制动螺旋；5-固定螺旋；6-脚螺旋；7-水平度盘反光镜；8-自动归零旋钮；9-竖直度盘反光镜；10-指标差调位盖板；11-粗瞄器；12-对光螺旋；13-望远镜目镜；14-光学对中器；15-圆水准器；16-水平微动螺旋；17-换像手轮；18-望远镜微动螺旋；19-读数显示微镜；20-测微轮；21-望远镜制动螺旋

符合读数装置是在度盘对径两端分划线的光路中，各安装一个固定光楔和一个移动光楔，移动光楔与测微尺相连。入射的光线通过一系列的光学镜片，将度盘直径两端分划线的影像，同时显现在读数显微镜中。在读数显微镜中所看到的对径分划线的像位于同一平面上，并被一横线隔开形成正像与倒像。

图3-6为读数显微镜中见到的情况。读数规则可归纳为：

图3-6 DJ₂经纬仪读数窗

（1）转动测微轮，在读数显微镜中可以看到度盘对径分划线的影像（正像与倒像）在相对移动，直至精确重合为止。

（2）度盘读取正像注记，读取的度数应具备下列条件：顺着正像注记增加方向最近处能够找到与刻度数相差180°的倒像注记。

(3)正像读取的度数分划与倒像相差180°的分划线之间的格数乘以10′,即为整10′数。

(4)在测微尺上按指标线读取不足10′的分数和秒数。

为了更便于读数,近年来采用了数字化的读数方法。如图3-7所示,中间窗口为度盘对径分划线的影像,但不注记。上面窗口为度和整10′数的注记,度数读窗口两端注字中较小的一个,中间框内的注字为整10′数。下面窗口为不足10′的分数和秒数。两排注字中,上面的是分,下面的是秒,根据指标线读出。

图3-7 DJ₂经纬仪数字化读数窗

由于DJ₂级经纬仪在读数显微镜内,一次只能看到水平度盘或竖盘中的一种影像,因此在读水平度盘读数时,应将换像手轮上的刻线旋至水平位置;在读竖盘读数时,应将刻线旋至竖直位置。

第三节 水平角测量方法

水平角的观测方法有多种,现仅介绍测量中最常用的两种方法:测回法和方向观测法。

一、测回法

测回法是测角的基本方法,常用于两个方向之间的水平角观测。如图3-8a)所示,设O点为测站点(待测水平角的顶点),A、B为两个观测目标,用测回法观测OA、OB所成水平角的步骤如下:

图3-8 水平角观测与计算

1. 安置仪器

在待测水平角顶点O(称为测站点)上安置经纬仪,对中、整平。同时,在A、B点分别设置观测标志,一般是竖立花杆、测钎或觇牌。

2. 盘左观测

使仪器处于盘左状态,即当观测者面对望远镜目镜时,竖盘位于望远镜的左侧,此种仪器状态又称为正镜。观测时,先照准待测角左方目标 A,读取水平度盘的读数,如图 3-8b)所示,记为 $a_左$(如 $0°03'06''$),并记入记录手簿(表 3-1);然后,松开照准部制动螺旋,转动望远镜照准右方目标 B,读取水平度盘的读数,记为 $b_左$(如 $74°35'42''$)并记入记录手簿(表 3-1)。以上观测称为盘左半测回,又称上半测回。其水平角值按下式计算

$$\beta_左 = b_左 - a_左 \tag{3-2}$$

3. 盘右观测

纵转望远镜,使仪器处于盘右状态,即当观测者面对望远镜目镜时,竖盘位于望远镜的右侧,此种仪器状态又称为倒镜。观测时,先照准待测角右方目标 B,读取水平度盘的读数,记为 $b_右$(如 $254°35'24''$),并记入记录手簿(表 3-1);然后,松开照准部制动螺旋,转动望远镜照准左方目标 A,读取水平度盘的读数,记为 $a_右$(如 $180°03'30''$)并记入记录手簿(表 3-1)。以上观测称为盘右半测回,又称下半测回。其水平角值按下式计算

$$\beta_右 = b_右 - a_右 \tag{3-3}$$

需要指出的是,在应用式(3-2)和式(3-3)时,若 $b_左$(或 $b_右$)小于 $a_左$(或 $a_右$),则应在 $b_左$(或 $b_右$)上加 $360°$。

测回法观测记录手簿 表 3-1

测站	盘位	目标	水平度盘读数 (° ′ ″)	半测回角值 (° ′ ″)	一个测回角值 (° ′ ″)	备注
O	左	A	00 03 06	74 32 06	74 32 00	
		B	74 35 12			
	右	A	180 03 30	74 31 54		
		B	254 35 24			

4. 取平均值,求水平角

盘左、盘右两个半测回合称为一个测回。在一般工程测量中,通常要求两个半测回角值之差不得超过 $40''$(即 $\Delta\beta = |\beta_左 - \beta_右|$,$\Delta\beta \geqslant 40''$),否则,应重测。在满足要求的情况下,可取两个半测回角值的平均值作为一个测回的角值,即

$$\beta = \frac{\beta_左 + \beta_右}{2} \tag{3-4}$$

当测角精度要求较高,需要对一个角观测若干个测回时,为了减少度盘分划误差的影响,在各测回之间应进行水平度盘的配置。当观测 n 个测回时,将度盘位置依次变换为 $\frac{180°}{n}$。例如,若观测两个测回,第一测回盘左起始方向的度盘位置应配置在略大于 $0°00'00''$ 处;而第二测回盘左起始方向的度盘位置则应配置在略大于 $90°00'00''$ 处。

二、方向观测法

方向观测法通常用于一个测站上照准目标多于 3 个的观测。如图 3-9 所示,设 O 为测站点,A、B、C、D 为目标点,在此情况下通常采用方向观测法。

1. 方向观测法的观测方法

(1)安置经纬仪于测站点 O 上,对中、整平后使仪器处于盘左状态。照准起始方向(又称为零方向)A,将水平度盘配置为所需读数,松开水平制动螺旋,读取水平度盘的读数(如 $0°02'42''$),并记入记录手簿(表3-2)。

(2)按顺时针旋转照准部,照准目标 B,读取水平度盘的读数(如 $60°18'42''$),并记入记录手簿(表3-2);同样依次观测目标 C、D,并读取照准各目标时的水平度盘读数(如 $116°40'18''$、$185°17'30''$)记入记录手簿;继续顺时针转动望远镜,最后再观测零方向 A,图3-9 测站点与目标点读数(如 $0°02'30''$)记入记录手簿,此照准 A 称为归零。此次零方向的水平度盘读数与第一次照准零方向的水平度盘读数之差称为归零差,若归零差满足要求(DJ_6 限定为 $18''$),即完成了上半测回的观测。

图3-9 测站点与目标点

(3)纵转望远镜使仪器处于盘右状态,再按逆时针方向依次照准目标 A、D、C、B、A,称为下半测回。同上半测回一样,照准各目标时,分别读取水平度盘的读数并记入记录手簿。下半测回也存在归零差,若归零差满足要求,下半测回也告结束。上、下半测回合称一个测回。

为了提高测量精度,有时要观测若干个测回,各测回的观测方法相同。但是,应和测回法一样,需将各测回盘左起始方向读数进行配置,依次变换 $\dfrac{180°}{n}$(n 为测回数)。

方向观测法观测记录手簿　　　　　　　　　　　　　　　表3-2

测站点	测回数	目标点	水平度盘读数		2c ('')	平均读数 (° ′ ″)	归零方向值 (° ′ ″)	各测回平均归零方向值 (° ′ ″)	水平角值 (° ′ ″)
			盘左 (° ′ ″)	盘右 (° ′ ″)					
1	2	3	4	5	6	7	8	9	10
O	1	A	00 02 42	180 02 42	0	(00 02 38) 00 02 42	00 00 00	00 00 00	60 15 56
		B	60 18 42	240 18 30	+12	60 18 36	60 15 58	60 15 56	56 21 32
		C	116 40 18	296 40 12	+6	116 40 15	116 37 37	116 37 28	68 37 19
		D	185 17 30	05 17 36	-6	185 17 33	185 14 55	185 14 47	
		A	00 02 30	180 02 36	-6	00 02 33			
	2	A	90 01 00	270 01 06	-6	(90 01 09) 90 01 03	00 00 00		
		B	150 17 06	330 17 00	+6	150 17 03	60 15 54		
		C	206 38 30	26 38 24	+6	206 38 27	116 37 18		
		D	275 15 48	95 15 48	0	275 15 48	185 14 39		
		A	90 01 12	270 01 18	-6	90 01 15			

2. 方向观测法的角值计算

观测完成后,需进行角值计算,现结合表3-2说明方向观测法的计算步骤:

(1)计算两倍照准误差 $2c$ 值

$$2c 值 = 盘左读数 - (盘右读数 \pm 180°)$$

上式中,盘左读数大于 180°时取"+"号,盘左读数小于 180°时取"-"号。按各方向计算出 $2c$ 值后,填入表 3-2 的第 6 栏。$2c$ 变动范围是衡量观测质量的一个指标,由于 DJ_6 光学经纬仪的读数受到度盘偏心差的影响,故对 DJ_6 经纬仪 $2c$ 的变动范围只供参考,不作限差规定。

(2)计算各目标的方向值的平均读数

照准某一目标时,水平度盘的读数,称为该目标的方向值。

方向值的平均读数 = [盘左读数 + (盘右读数 ± 180°)]/2(式中的加减号取法同前),计算的结果填入表 3-2 中的第 7 栏。

需要说明的是,起始方向有两个平均值,应将此两均值再次平均,所得值作为起始方向的方向值的平均读数,填入表 3-2 中的第 7 栏的上方,并括以括号,如本例中的 0°02′38″和 90°01′09″。

(3)计算归零后的方向值(又称为归零方向值)

将起始目标的方向值作为 0°00′00″,此时其他各目标对应的方向值称为归零方向值。计算方法可将各目标方向值的平均读数减去起始方向方向值的平均读数(括号内的数),即得各方向的归零方向值,填入表 3-2 中的第 8 栏。

(4)计算各测回归零方向值的平均值

当测回数为两个或两个以上时,从理论上讲,不同测回的同一方向归零后的方向值应相等,但由于误差的原因导致各测回之间有一定的差数,如该差数在限差(DJ_6 定为 24″)之内,可取其平均值作为该方向的最后方向值,填入表 3-2 中的第 9 栏。

(5)计算各目标间的水平角值

在表 3-2 中的第 9 栏中,显然,后一目标的平均归零方向值减去前一目标的平均归零方向值,即为两目标间的水平角之值,填入表 3-2 中的第 10 栏。

第四节 竖直角测量方法

一、竖直度盘的构造

光学经纬仪竖直度盘部分包括竖盘、竖盘指标水准管和竖盘指标水准管微动螺旋,如图 3-10 所示竖盘固定在望远镜横轴的一端,其面与横轴垂直。望远镜绕横轴旋转时,竖盘亦随之转动,而竖盘指标不动。竖盘指标为分(测)微尺的零分划线,它与竖盘指标水准管固连在一起,当旋转竖盘指标水准管微动螺旋使指标水准管气泡居中时,竖盘指标即处于正确位置。无论竖盘位置是盘左还是盘右,竖盘读数都是正值,即正常状态的应该是 90°的整数倍。

竖盘的刻画注记形式有顺时针和逆时针两种。当仪器望远镜视线处于水平,竖盘指标水准管气泡居中时,盘左竖盘读数应为 90°,盘右竖盘读数则为 270°。

图 3-10 竖直度盘

二、竖直角计算公式

根据竖直角测量原理,竖直角为同一竖面内目标视线方向与水平线的夹角。在竖直角观测中,照准目标时的竖盘读数并非竖直角,应根据盘左、盘右的读数值来计算竖直角。但由于竖盘的注记形式不同,其竖直角的计算公式也不一样,应根据竖盘的具体注记形式推导其相应的计算公式。

以仰角为例,将望远镜放在大致水平的位置,观察一个读数,然后逐渐抬高望远镜,观察读数是增加还是减少,即可得出计算公式。

如果增加,则 α = 瞄准目标读数 – 视线水平读数;

如果减少,则 α = 视线水平读数 – 瞄准目标读数。

1. 顺时针注记形式

图 3-11 为顺时针注记竖盘。盘左时,视线水平的读数为 90°,当望远镜逐渐抬高(仰角),竖盘读数在减少,因此竖直角为:

$$\alpha_{左} = 90° - L \tag{3-5}$$

同理

$$\alpha_{右} = R - 270° \tag{3-6}$$

式中:L、R——盘左、盘右瞄准目标的竖盘读数。

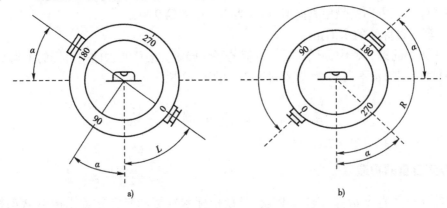

图 3-11 顺时针注记竖盘形式

一测回的竖直角值为

$$\alpha = \frac{1}{2}(\alpha_{左} + \alpha_{右}) \tag{3-7}$$

或者

$$\alpha = \frac{1}{2}(R - L - 180°) \tag{3-8}$$

2. 逆时针注记形式

同样,仿照顺时针注记的推求方法,可得到竖直角的计算公式:

$$\alpha_{左} = L - 90° \tag{3-9}$$

$$\alpha_{右} = 270° - R \tag{3-10}$$

一测回的竖直角值为

$$\alpha = \frac{1}{2}(\alpha_{左} + \alpha_{右}) \tag{3-11}$$

或者

$$\alpha = \frac{1}{2}(L - R + 180°) \tag{3-12}$$

三、竖盘指标差

上面竖直角的计算是一种理想的情况,即当视线水平、竖盘指标水准管气泡居中时,竖盘读数为90°或270°。但实际上这个条件往往无法实现,而是竖盘指标水准管气泡居中时,竖盘指标不是恰好指在90°或270°整数上,而是与90°或270°相差一个 x 角,其称为竖盘指标差。竖盘指标的偏移方向与竖盘注记增加方向一致时,x 为正值,相反为负值。如图3-12所示。

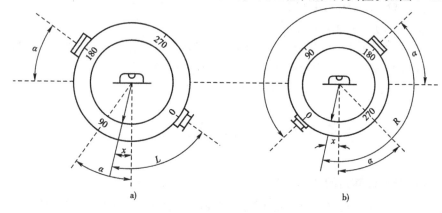

图3-12 逆时针注记的竖盘形式

由于竖盘指标差的存在,以顺时针注记竖盘为例,则计算竖直角的公式应改写为

$$\alpha = 90° - L + x \tag{3-13}$$
$$\alpha = R - 270° - x \tag{3-14}$$

将以上两式相加,可得

$$\alpha = \frac{1}{2}(R - L - 180°) \tag{3-15}$$

这与式(3-8)完全相同,说明用盘左和盘右各观测一次竖直角,取其平均值作为最后结果,可以消除指标差的影响。

如结合式(3-13)和式(3-14),可得

$$x = \frac{1}{2}(L + R - 360°) \tag{3-16}$$

此式即为竖盘指标差的计算公式。对于逆时针注记竖盘同样适用。

四、竖直角观测与计算

竖直角的基本观测方法是:将经纬仪安置在测站点上,对中、整平及判定竖盘注记形式后,按下述步骤进行观测。

(1)盘左精确照准目标,使十字丝的中丝与目标相切。转动竖盘指标水准管微动螺旋,使竖盘指标水准管气泡居中。读取竖盘读数 L,并记入记录手簿,见表3-3。

(2)盘右精确照准原目标,使十字丝的中丝与目标相切。转动竖盘指标水准管微动螺旋,

使竖盘指标水准管气泡居中。读取竖盘读数 R，并记入记录手簿，见表3-3。

（3）根据竖盘注记形式选用竖直角计算公式，计算竖直角和指标差。

竖直角观测记录手簿　　　　　　　　　　　　　表3-3

测站	目标	竖盘	竖盘读数 (° ′ ″)	竖直角 (° ′ ″)	指标差 (″)	平均竖直角 (° ′ ″)	备　注
M	1	左	68 18 30	21 41 30	33	21 42 03	
		右	291 42 36	21 42 36			
	2	左	97 20 42	-7 20 42	30	-7 20 12	
		右	262 40 18	-7 19 42			

（4）竖直角观测的有关规定如下：

① 测定竖直角时应确保目标成像清晰稳定。

② 盘左、盘右两盘位照准目标时，其目标成像应分别位于竖丝左、右附近的对称位置。

③ 观测过程中，若指标差绝对值大于30″时，应注意予以校正。

④ J_6 级经纬仪竖盘指标差的变化范围不应超过15″。

第五节　经纬仪的检验与校正

一、经纬仪轴线应满足的条件

如图3-13所示，经纬仪的主要轴线有：竖轴 VV、横轴 HH、望远镜视准轴 CC 和照准部水准管轴 LL。根据角度测量原理，这些轴线之间应满足以下条件：

图3-13　经纬仪主要轴线

（1）照准部水准管轴垂直于仪器的竖轴（$LL \perp VV$）。

（2）十字丝竖丝垂直于仪器的横轴。

（3）望远镜的视准轴垂直于仪器的横轴（$CC \perp HH$）。

（4）仪器的横轴垂直于仪器的竖轴（$HH \perp VV$）。

（5）竖盘指标处于正确位置（$x=0$）。

（6）光学对中器的视准轴经棱镜折射后，应与仪器的竖轴重合。

二、经纬仪的检验与校正

1. 照准部水准管轴的检验校正

（1）检校目的

使照准部水准管轴垂直于仪器的竖轴，这样可以利用调整照准部水准管气泡居中的方法使竖轴铅垂，从而整平仪器。

（2）检校方法

用照准部水准管将仪器大致整平。转动照准部使水准管平行于任意两脚螺旋的连线，转动两脚螺旋使气泡居中。然后将照准部旋转180°，如果此时气泡仍居中，则说明水准管轴垂直于竖轴；否则应进行校正。

如图3-14所示，水准管轴不垂直于竖轴，而相差一个 α 角，当气泡居中时，水准管轴水平，竖轴却偏离铅垂线方向一个角 α［图3-14b）］。仪器绕竖轴旋转180°后，竖轴仍位于原来的位置,而水准管两端却交换了位置,此时的水准管轴与水平线的夹角为 2α[图3-14c)],气泡不再居中,其偏移量代表了水准管轴的倾斜角 2α。为了使水准管轴垂直于竖轴,只须校正一个 α[图3-14d)],因此,用校正针拨动水准管一端的校正螺钉,此时水准管轴水平,气泡向中央退回偏离格数的一半,水准管轴即垂直于竖轴[图3-14e)]。

图3-14 照准部水准管轴检校

校正后,应再次将照准部旋转180°,若气泡仍不居中,应按上法再进行校正,如此反复,直至照准部在任意位置时,气泡均居中为止。

2. 十字丝竖丝的检验校正

(1) 检校目的

竖丝垂直于横轴。这样观测水平角时,可用竖丝的任何部位照准目标;观测竖直角时,可用横丝的任何部位照准目标。

(2) 检校方法

仪器严格整平后,用十字丝交点精确瞄准一清晰目标点,旋紧水平制动螺旋和望远镜制动螺旋,再用望远镜微动螺旋使望远镜上下移动,若目标点始终在竖丝上移动,表明条件已满足,否则应进行校正。

校正时,卸下位于目镜一端的十字丝护盖,旋松十字丝环的 4 个固定螺钉,如图 3-15 所示,转动十字丝环,直至望远镜上下移动时,目标点始终沿竖丝移动为止。最后将 4 个固定螺钉拧紧,装上十字丝护盖。

图 3-15 十字丝竖丝检校

3. 视准轴的检验校正

(1) 检校目的

使视准轴垂直于横轴,这样才能使视准面成为平面,为其成为铅垂面奠定基础。否则,视准面将成为锥面。

(2) 检校方法

视准轴是物镜光心与十字丝交点的连线。仪器的物镜光心是固定的,而十字丝交点的位置是可以变动的。所以,视准轴是否垂直于横轴,取决于十字丝交点是否处于正确位置。当十字丝交点偏向一边时,视准轴与横轴不垂直,形成视准轴误差。即视准轴与横轴间的交角与 $90°$ 的差值,称为视准轴误差,通常用 c 表示。

如图 3-16 所示,在一平坦场地上,选择一直线 AB,长约 100m。经纬仪安置在 AB 的中点 O 上,在 A 点竖立一标志,在 B 点横置一个刻有毫米分划的小尺,并使其垂直于 AB。以盘左瞄准 A,倒转望远镜在 B 点尺上读数 B_1。旋转照准部以盘右再瞄准 A,倒转望远镜在 B 点尺上读数 B_2。如果 B_2 与 B_1 重合,表明视准轴垂直于横轴,否则应进行校正。

图 3-16 视准轴检校

由图 3-16 可以明显看出,由于视准轴误差 c 的存在,盘左瞄准 A 点倒镜后,视线偏离 AB 直线的角度为 $2c$,而盘右瞄准 A 点倒镜后视线偏离 AB 直线的角度亦为 $2c$,但偏离方向与盘左相反,因此 B_1 与 B_2 两个读数之差所对的角度为 $4c$。为了消除视准轴误差 c,只需在尺上定出一点 B_3,该点与盘右读数 B_2 的距离为 B_1B_2 长度的 1/4,用校正针拨动十字丝左右两个校正螺钉,拨动时应先松一个再紧一个,使读数由 B_2 移至 B_3,然后固定两校正螺钉。

此项检校亦需反复进行,直至 c 值不大于 $10″$ 为止。

4. 横轴的检验校正

(1) 检校目的

使横轴垂直于竖轴。这样,当仪器整平后竖轴铅垂、横轴水平,视准面为一个铅垂面,否则,视准面将成为倾斜面。

(2)检校方法

如图3-17所示,在距一较高墙壁20～30m处安置仪器,在墙上选择仰角大于30°的一目标点P,盘左瞄准P点,然后将望远镜放平,在墙上定出一点P_1。倒转望远镜以盘右瞄准P点,再将望远镜放平,在墙上又定出一点P_2。如果P_1和P_2重合,表明经纬仪横轴垂直于竖轴,否则应该进行校正。

由于横轴不垂直于竖轴,仪器整平后,竖轴处于铅垂位置,横轴就不水平,倾斜一个i角。当以盘左、盘右瞄准P点而将望远镜放平时,其视准面不是竖直面,而是分别向两侧各倾斜一个i角的斜平面。因此,在同一水平线上的P_1、P_2偏离竖直面的距离相等而方向相反,直线P_1、P_2的中点M必然与P点位于同一铅垂线上。

图3-17 横轴的检验校正

校正时,用水平微动螺旋使十字丝交点瞄准P_M点,固定照准部,转动望远镜抬高物镜,此时的视线必然偏离了目标点P点。打开支架处横轴一端的护盖,调整支撑横轴的偏心轴环,抬高或降低横轴一端,直至十字丝交点瞄准P点。

光学经纬仪的横轴是密封的,一般仪器均能保证横轴垂直于竖轴的正确关系,若发现较大的横轴误差,一般应送仪器至检修部门校正。

5.竖盘指标差的检验与校正

(1)检校目的

使光学对中器的视准轴经棱镜折射后与仪器的竖轴重合,否则产生对中误差。

(2)检校方法

经纬仪整平后,以盘左、盘右先后瞄准同一明显目标,在竖盘指标水准管气泡居中的情况下,读取竖盘读数L和R。计算指标差。

校正是先计算盘右的正确读数$R_0 = R - x$,保持望远镜在盘右位置瞄准原目标不变,旋转竖盘指标水准管气泡不再居中,用校正针拨动竖盘指标水准管的校正螺丝使气泡居中。此项检校需反复进行,直至指标差x不超过限差为止。J_6级仪器限差30″。

6.光学对中器的检验校正

(1)检校目的

使光学对中器的视准轴经棱镜折射后与仪器的竖轴重合,否则产生对中误差。

光学对中器由目镜、分划板、物镜及转向棱镜组成。分划板上圆圈中心与物镜光心的连线为光学对中器的视准轴。视准轴经转向棱镜折射后与仪器的竖轴相重合。如不重合,使光学对中器对中将产生对中误差。

(2)检校方法

将仪器安置在平坦的地面上,严格地整平仪器,在三脚架正下方地面上固定一张白纸,旋转对中器的目镜,使分划板圆圈看清楚,抽动目镜使地面上白纸看清楚。根据分划板上圆圈中心在纸上标出一点。将照准部旋转180°,如果该点仍位于圆圈中心,说明对中器视准轴与竖轴重合的条件满足;否则应将旋转180°后圆圈中心位置在纸上标出,取两点的中点,校正转向棱镜的位置,直至圆圈中心对准中点位置为止。

第六节　角度测量的误差分析

在实际角度测量中,各种原因产生的误差往往对角度的精确观测有一定的影响,所以为了提高测量角度的精确性,必须了解产生误差的原因与规律,分析这些误差的影响,采用相应的措施,将误差消除或降到允许范围内。

一、水平角度观测的误差

水平角测设工程中的误差主要有仪器自身的误差、观测误差、外界条件影响三个方面。

1. 仪器误差

仪器误差来源主要有两方面:一是仪器检校不完善产生的误差;二是仪器制造加工不完善产生的误差。第一种主要是视准轴与横轴不垂直所引起的误差,是横轴与竖轴不垂直所引起的误差等,可通过盘左盘右观测取平均值的方法解决误差问题。第二种主要是度盘偏心误差,度盘刻画不均匀所引起的误差等,可通过改变各测回度盘起始位置的办法加以降低误差。但照准部水准管轴与仪器竖轴不垂直引起的误差,是无法经盘左、盘右观测取平均值的方法加以降低的。

2. 观测误差

观测误差是指观测人员在观测操作过程中产生的误差。主要包括仪器对中误差、整平误差、目标偏心误差、瞄准误差和读数误差等。

(1)对中误差

在测站点处安置仪器,必须进行对中。仪器对中完毕后,仪器的中心未位于测站点铅垂线上所产生的误差,称为对中误差。对中误差对水平角观测的影响与偏心距成正比,与距离成反比。因此当测量水平角的边长较短时,特别应该注意对中,从而减少误差。

(2)整平误差

整平是经纬仪使用的一个必要步骤。仪器安置没有严格整平而产生的误差就是整平误差。整平误差引起水平度盘不能严格水平和竖轴倾斜而给所测的水平角带来误差。它对测角的影响与目标的高度、竖直角有关,目标与仪器的高差越大,误差的影响将会越大。同样竖直角越大时,误差的影响也会越大。所以在山区、丘陵地带观测时,应更加注意仪器的整平。

(3)目标偏心误差

目标偏心误差是指在观测中,照准标志倾斜或偏离地面标志点而产生的误差。该误差对观测方向的影响与目标偏心距成正比,与距离成反比。因此在水平角观测时,照准的标志应竖直,并尽量照准目标根部。边长较短时,应更加注意目标偏心差的影响。

(4)照准误差

影响照准精度的因素包括人眼分辨能力、望远镜放大率、目标形状及大小、亮度、颜色等。通常情况人眼可以分辨的两个点的最小视角为60″,望远镜的照准误差为 $m_v = \dfrac{60''}{v}$,其中 v 是望远镜的放大率,一般经纬仪的望远镜的放大率为28。此项误差很难被消除,只能选择适宜的照准目标,改进照准方法,认真完成操作,才能有效的减少误差的影响。

(5)读数误差

主要是指估读最小分划所引起的误差,一般误差值为测微器的最小格值的1/10。观测人员也要仔细认真操作,否则会增加误差值。

3. 外界条件的影响

外界条件的影响因素相对较多,也比较复杂。如大气折光会导致光线的方向改变;温度变化影响仪器的精度;地面土质的松软将影响仪器竖向的位置高度;风力造成仪器和标杆的不稳定等。这些问题在实地测量时都是不可避免的,只能通过测量人员进行某些措施,如选取测量时间、安置仪器位置、提高地面硬实度等,来降低对观测的影响。

二、竖直角度观测的误差

测量竖直角时,同样受到仪器误差、观测误差及外界条件的影响而产生测角的误差。

1. 仪器误差

仪器误差主要是竖盘的指标差。如果考虑指标差的改正,则影响测角精度的是指标差的测定误差。当用盘左、盘右观测取平均值时,则指标差的影响可以自动消除。

2. 观测误差

观测误差主要是指标水准管的整平误差、照准误差及读数误差。在每次读数时,都要十分注意指标水准管的气泡是否居中。因为气泡偏移的角值,就是竖直角观测误差的相应影响值。关于照准和读数误差,与水平角的影响相同。

3. 外界条件的影响

除了与水平角测量的一些共同因素外,主要是地面的竖直折光。因为视线通过不同高度的大气层时,由于大气密度的变化会引起视线的弯曲,产生竖直折光差。

第七节 电子经纬仪简介

电子经纬仪与光学经纬仪具有相似的结构和外形,操作上也具有相同之处,主要不同点在于读数系统,它采用光电度盘,利用光电扫描度盘获得照准方向的电信号,通过电路直接计算出相应的角度值显示在显示屏上,并存入存储器,以便送入电子计算机作进一步计算处理。图 3-18 是瑞士 WILD 厂生产的 T2000 电子经纬仪。

电子经纬仪的关键部分是光电度盘,仪器获取电信号与光电度盘的形式有关,电子度盘主要有光栅度盘、编码度盘和动态测角度盘三种形式。下面分述其测角原理。

图 3-18 电子经纬仪

1-目镜;2-望远镜制动、微动螺旋;3-水平制动、微动螺旋;4-操纵面板;5-望远镜;6-瞄准器;7-内嵌式电池盒;8-管水准器;9-轴座连接螺旋;10-概略定向度盘;11-脚螺旋

一、光栅度盘测角原理

如图 3-19c)所示,在光学玻璃圆盘上沿半径方向均匀且密集地划出一圈刻线,如图 3-19a)所示,就构成了明暗相间的条纹——光栅,称为光栅度盘。通常光栅度盘的刻线宽度与缝隙宽度相等,两者之和称为栅距。栅距所对应的圆心角就是光栅度盘的分划值,光栅的刻线不透光,缝隙透光。当电子经纬仪的照明管和光电接收管随照准部相对于光栅度盘转动时,即可把光信号转换成电信号,由计数器记下转动所累积的栅距数,就可以得到角度值。

图 3-19 光栅

由上述可知,栅距的大小影响着测角精度。但栅距不能过小,一般分划值为 1′43.8″,不能满足精度要求。为了提高精度,就采用了一种电子细分方法,也就是莫尔(Moire)技术。方法就是将两块光栅[通常称其中作为标准器的一块为主光栅,而另一块为指示光栅,如图 3-20b)所示]叠合,并使它们的栅线有很小的交角,这样就可以看到明暗相间的粗条纹,即莫尔条纹,如图 3-20a)所示。莫尔条纹运动与光栅移动具有对应关系。当光栅对准任一光栅并沿着垂直刻画方向移动时,莫尔条纹就沿近于垂直光栅移动的方向移动。当光栅移过一个栅距时,莫尔条纹将移动一个周期,即一个条纹宽度 B。当光栅运动方向改变,莫尔条纹运动方向也随之改变。因此,光栅的位移量可用莫尔条纹移过的数目来度量。

图 3-20 光栅度盘测角原理

为了提高测角精度和角度分辨率,仪器工作时,在每个周期内再均匀的添加 N 个脉冲信号,计数器对脉冲进行计数,就相当于光栅刻画线的条数又增加了 N 倍,角度分辨率就提高了 N 倍。

二、编码度盘测角原理

编码度盘就是在光学圆盘上刻制多道同心圆环,每一个同心圆环称为一个码道,为确定各个码区在度盘上的绝对位置,将码道由内向外按码区赋予二进制代码,且每个代码表示不同的方向值。编码度盘各码区中有黑色和白色空隙,分别属于不透光和透光区域,在编码度盘的一侧安有电源,另一侧直接对光源安有光传感器,如图 3-21 所示。

电子测角就是通过光传感器来识别和获取度盘位置信息。当光线通过度盘的透光区并被光传感器接收时表示为逻辑 0,当光线被挡住而没有被光传感器接收时表示为逻辑 1,因此当望远镜照准某一方向时,度盘位置信息通过各码道的传感器,再经过光电转换后以电信号输出,这样就获得了一组二进制代码;当望远镜照准另一方向时,又获得一组二进制代码。有了两组方向代码,就得到了两方向间的夹角。

三、动态测角原理

该仪器的度盘仍为玻璃圆环,测角时,由微型马达带动而旋转。度盘分成 1024 个分划,每一分划由一对黑白条纹组成,相当于栅线和缝隙,其栅距设为 φ_0,如图 3-22 所示。

图 3-21 二进制编码度盘

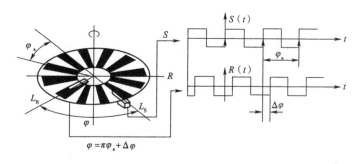

图 3-22 动态测角原理

固定光栅 L_S 固定在基座上,相当于光学度盘的零分划。活动光栅 L_R 在度盘内侧,随照准部转动,相当于光学度盘的指标线。它们之间的夹角即为要测的角度值。因此这种方法称为绝对式测角系统。两种光栅距度盘中心远近不同,照准部旋转以瞄准不同目标时,彼此互不影响。为消除度盘偏心差,同名光栅按对径位置设置,共两对,图中只绘出一对。竖直度盘的固定光栅指向天顶方向。

光栅上装有发光二极管和光电二极管,分别处于度盘上、下侧。发光二极管发射红外光线,通过光栅孔隙照到度盘上。当微型马达带动度盘旋转时,因度盘上明暗条纹而形成透光量的不断变化,这些光信号被设置在度盘另一侧的光电二极管接收,转换成正弦波的电信号输出,用以测角。

1. 什么是水平角? 水平角的观测方法主要有哪几种?
2. 经纬仪的安置工作主要包括哪些?
3. 什么是竖直角? 观测水平角与竖直角有哪些不同?
4. 经纬仪对中、整平目的是什么? 并说明其方法。

5. 简述测回法观测水平角的步骤。

6. 整理表3-4所示测回法观测水平角的记录手册。

测回法观测记录手册　　　　　　　　表3-4

测　站	盘　位	目　标	水平度盘读数 (° ′ ″)	半测回角值 (° ′ ″)	一测回角值 (° ′ ″)
O	左	A	0　12　48		
		B	73　48　06		
	右	A	180　13　00		
		B	253　48　36		

7. 为什么测水平角时要在两个方向上读数？竖直角要在一个方向上读数？

8. 什么是竖直角指标差？如何计算？

9. 经纬仪主要有哪几条轴线？各轴线间应该满足什么条件？

10. 水平角测量的误差主要有哪些？

11. 电子经纬仪与光学经纬仪有何不同？

第四章　距离测量与直线定向

距离测量是测量的基本工作之一。常用的距离测量方法有钢尺量距、视距测量和光电测距。根据不同的测距精度要求和作业条件(仪器、地形)选用测距方法,本章主要介绍钢尺量距、视距测量和光电测距。

第一节　钢尺量距

一、量距工具

1. 钢尺

钢尺是距离丈量的主要工具,尺身一般由宽 10～15mm、厚 0.2～0.4mm 钢带制成,长度有 20m、30m、50m 等几种,钢尺卷放在圆形盒内或金属架上。钢尺的基本分划为厘米,最小分划为毫米,如图 4-1 所示。由于钢尺由钢制成,伸缩系数较小,所以一般适用于较高精度的距离测量工作。

图 4-1　钢尺

根据测尺零点位置注记形式的不同,有端点尺和刻线尺之分。端点尺是以尺身拉环的最外端作为尺的零点,如图 4-2a)所示,因拉环易变形,所以端点尺的丈量精度不高;刻线尺是以尺前端的某一刻线(通常有指向箭头)作为尺的零点,相对端点尺来讲,刻线尺精度较高,如图 4-2b)所示。当从建筑物墙边开始丈量时,使用端点尺比较方便。

图 4-2　端点尺与刻线尺

2. 辅助工具

丈量距离的工具,除钢尺外,还有标杆(图4-3)、测钎(图4-4)、垂球、弹簧秤和温度计等。标杆一般由木材或合金制成,长度一般为2～3m,每间隔20cm刻画为红白相间的颜色,在长距离丈量时用于直线定线,也可用于低精度的距离丈量。在地面起伏较大时,常用垂球及标杆组成的垂球架作为垂直投点和瞄准的标志,测钎一般由铁丝制成,长度在30～40cm。在长距离直线丈量时,用来标定点位和计算整尺段的数目。

图4-3　测杆　　　　　　　　图4-4　测钎

二、钢尺量距

1. 直线定线

如果地面两点之间的距离大于整尺的长度或地形起伏较大时,需要分段对直线进行测量。为了保证丈量结果的准确性,必须使所量各尺段在同一条直线上,即需要将每一尺段首尾的标杆标定在待测直线上,这种在直线上标定若干点位以标定直线方向的工作称为直线定线。其方法主要有目测法和仪器法两种。

(1) 目测定线

目测定线适用于一般钢尺量距,包括两点间定线和延长线定线等多种,其基本原理均来自数学上的两点成一条直线的理论。目测两点间定线方法如图4-5所示,设A、B两点互相通视,要在A、B两点的直线上标出分段点1、2点。先在A、B上竖立测杆,甲站在A点测杆后约1m处,指挥乙左右移动测杆,直到甲从A点沿测杆的同一侧看到A、2、B三支测杆在一条线上为止,然后将标杆竖直的插下。直线定线一般由远到近,先定点1,再定点2。为了不挡住甲的视线,乙持标杆时,应站立在直线的左侧或右侧。

图4-5　目测定线

(2)仪器定线

将经纬仪安置在直线起点,精确照准直线终点的测杆,制动照准部,上下转动望远镜,指挥在两点间某一点上的助手,左右移动标杆,直至标杆像为纵丝所平分。该法适用于较精密的量距工作。

经纬仪定线适用于钢尺量距的精密方法。如图4-6所示,设 A、B 两点互相通视,将经纬仪安置在 A 点,用望远镜瞄准 B 点上所插的测钎,固定照准部,另一名测量员在距 B 点略短于一个整尺段长度的地方,按经纬仪观测者的指挥,左右移动标杆或测钎,直至测钎的像为纵丝所平分,得 AB 直线上的1点。同理可得其他各点。为减少照准误差,精密定线时,可以用直径更细的测钎或垂球线代替标杆。

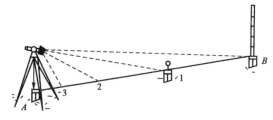

图4-6 经纬仪定线

2. 钢尺量距的方法

(1)平坦地面的距离丈量

丈量工作一般由两人合作进行。如图4-7所示,清除待量直线上的障碍物后,在直线两地点 A、B 竖立测杆,后尺手持钢尺的零端位于 B 点,前尺手持钢尺的末端和一组测钎沿 BA 方向前进,行至一个尺段处停下。后尺手将钢尺的零点对准 B 点,两人同时把钢尺拉紧后,前尺手在钢尺末端的整尺段长刻画处竖立插下一根测钎得到1点,即量完一个,两人同时抬起钢尺,沿定线方向依次前进,重复上述操作,直至量完直线上的最后一段为止。

图4-7 平坦地面的距离丈量

丈量时应注意沿着直线方向进行,钢尺必须拉紧伸直且无卷曲。直线丈量时,尽量以整尺段丈量,最后丈量余长,以方便计算。丈量时应记清楚整尺段数,或用测钎数表示整尺段数。然后逐段丈量,则 AB 直线的水平距离 D 按下式计算

$$D = nL + q \tag{4-1}$$

式中:L——钢尺的一整尺段长(m);

n——整尺段数或测钎数;

q——不足一整尺的零尺段的长(m)。

在平坦地面,钢尺沿地面丈量的结果可视为水平距离。

(2)倾斜地面的距离丈量

①平量法。如图4-8所示,当山区的地面坡度不大时,可将钢尺抬平丈量。欲丈量 AB 间的距离,甲测量员立于 A 点,指挥乙测量员将尺拉在 AB 方向线上,甲将尺的零点对准 A 点,乙将尺抬高,并由记录者目估使钢尺水平,然后用垂球将尺的末端投于地面上,再插以测钎,若地面倾斜度较大,将整尺段拉平有困难时,可将一尺段分成几段来平量,如图4-8a)中的 MN 段。为了减少垂球投点误差,可借助于垂球架上的垂球线。如图4-8b)所示。

图 4-8 水平量距

②斜量法。如图 4-9 所示,当地面倾斜的坡度较大且坡面均匀时。可以沿斜坡量出 AB 的斜距 S,然后计算 AB 的水平距离 D。为了计算水平距离 D,可测出 AB 两点的高差 h,或测出倾斜角 α,则水平距离 D 为

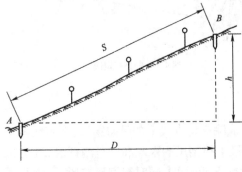

$$D = \sqrt{S^2 - h^2} \quad (4\text{-}2)$$

或

$$D = S \cdot \cos\alpha \quad (4\text{-}3)$$

图 4-9 倾斜量距

3. 成果整理

无论是平坦地面还是倾斜地面的距离丈量,由于客观条件的限制总会产生不可避免的误差。因此为提高丈量精度,避免错误的发生,距离测量工作要求距离要往返测量,并用相对误差 K 来衡量观测质量的好坏。所谓的相对误差,是以往、返丈量的距离之差的绝对值 ΔD 与往返测距的平均值之比化成分子为 1 的分数,称为相对误差 K,可用它来衡量丈量结果的精度。即为

$$K = \frac{|D_{AB} - D_{BA}|}{\overline{D}_{AB}} = \frac{\Delta D}{\overline{D}_{AB}} = \frac{1}{\dfrac{\overline{D}}{\Delta D}} \quad (4\text{-}4)$$

可以看出,相对误差的分母越大,则 K 值越高,说明量距的精度越高。反之,精度越低。量距精度取决于工程的要求和地面起伏的情况。在平坦地区,钢尺量距的相对误差一般不小于 1/3000;在量距较困难的地区,其相对误差也应不小于 1/1000。如果量距的相对误差没有超过上述规定,即符合精度要求时,取往、返距离的平均值作为丈量结果。

【例 4-1】 A、B 的往测距离为 126.72m,返测距离为 126.76m,往返平均值为 126.74m,求丈量的相对误差 K。

解:相对误差 K 的计算如下:

$$K = \frac{|126.72 - 126.76|}{126.74} = \frac{1}{3751} < \frac{1}{1000}$$

三、钢尺量距误差分析及注意事项

1. 量距误差分析

钢尺量距的主要误差来源有下列几种。

(1) 尺长误差

如果钢尺的名义长度和实际长度不符,则产生尺长误差。尺长误差是积累的,误差累积的大小与丈量距离成正比。往返丈量不能消除尺长误差,只有加入尺长改正才能消除。因此,新购置的钢尺必须经过鉴定,以求尺长改正值。

(2)温度误差

钢尺的长度随温度而变化,当丈量时温度和标准温度不一致时,将产生温度误差。钢的膨胀系数按 1.25×10^{-5} 计算,温度每变化1℃其影响为丈量长度的1/80000。一般量距时,当温度变化小于10℃时,可以不加改正,但精密量距时,必须加温度改正。

(3)尺子倾斜和垂曲误差

由于地面高低不平,钢尺沿地面丈量时,尺面出现垂曲而成曲线,将使量得的长度比实际要大。因此,丈量时,必须注意尺子水平,整尺段悬空时,中间应有人托一下尺子,否则会产生不容忽视的垂曲误差。

(4)定线误差

由于丈量时的尺子没有准确地放在所量距离的直线方向上,使所丈量距离不是直线而是一组折线的误差称为定线误差。一般丈量时,要求花杆定线偏差不大于0.1m,仪器定线偏差不大于7cm。

(5)拉力误差

钢尺在丈量时所受拉力应与检定时拉力相同。否则将产生拉力误差,拉力的大小将影响尺长的变化。对于钢尺若拉力变化70N,尺长将改变1/10000,故在一般丈量中,只要保持拉力均匀即可。而对较精密的丈量工作,则需使用弹簧秤。

(6)对点误差

丈量时,若用测钎在地面上标志尺端点位置时,插测钎不准,或前、后尺手配合不佳,或余长读数不准,都会引起丈量误差,这种误差对丈量结果的影响可正可负,大小不定,故在丈量中应尽力做到对点准确,配合协调。

2.钢尺的维护

(1)钢尺易生锈,工作结束后,应用软布擦去尺上的泥和水,涂上机油,以防生锈。

(2)钢尺易折断,如果钢尺出现卷曲,切不可用力硬拉。

(3)在行人和车辆多的地区量距时,中间要有专人保护,严防尺被车辆压过而折断。

(4)不准将尺子沿地面拖拉,以免磨损尺面刻画。

(5)收卷钢尺时,应按顺时针方向转动钢尺摇柄,切不可逆转,以免折断钢尺。

第二节 视距测量

视距测量是使用视距仪和视距尺,利用光学和几何学原理间接测距的方法。视距测量一次照准目标可同时测定两点间的距离和高差,因此观测速度快,同时操作简单方便,而且同钢尺量距相比具有不受地形限制的优点。采用专门的视距仪和视距尺进行的视距测量精度可以达到 1/2000~1/3000,在实际应用中,一般采用经纬仪和水准尺代替视距仪和视距尺,虽然仅能达到1/300左右的精度,远低于钢尺的精度;测定高差的精度低于水准测量和三角高程测量。但是足以满足地形测量的要求,因此视距测量在地形测量工作中被广泛使用。

一、视线水平时视距测量计算公式

1.视线水平时距离计算公式

如图4-10所示,AB 为待测距离,A 点安置经纬仪,B 点竖立视距尺,设置望远镜视线水平,瞄准 B 点的视距尺,此时视线与视距尺垂直。

$p=\overline{nm}$ 为望远镜十字丝分划板上、下视距丝的间距,$l=\overline{MN}$ 为水准尺上的视距间隔,f 为望远镜物镜的焦距,δ 为物镜中心到仪器中心的距离。

图 4-10 视线水平时距离测量原理

由于望远镜上、下视距丝的间距 p 是固定的,因此从这两根丝引出去的视线在竖直面内的夹角 φ 也是固定的。设由上、下视距丝 n、m 引出去的视线在标尺上的交点分别为 N、M,则在望远镜视场内可以通过读取交点的读数 N、M 求出视距间隔 l。

根据光学原理,经过上、下视距丝 n、m 并平行于物镜光轴的光线经折射必然通过物镜的前焦点 F,而与水准尺相交于 N、M 两点,则可通过望远镜读取交点的读数 N、M,从而可计算得出 $l=M-N$,一般称 l 为视距间隔或尺间隔。图 4-10b)所示的视距间隔为:$l=1.385-1.188=0.197$m(注:图示为倒像望远镜的视距,应从上往下读数)。

由于 $\triangle n'Fm'$ 与 $\triangle NFM$ 相似,所以有

$$\frac{d}{f}=\frac{l}{p}$$

移项后得望远镜前焦距到水准尺的水平距离为:

$$d=\frac{f}{p}l$$

因此,通过图 4-10 可以看出,仪器中心至水准尺的水平距离(即 AB 间水平距离)为:

$$D=d+f+\delta=\frac{f}{p}l+(f+\delta) \tag{4-5}$$

令 $\frac{f}{p}=K$,$f+s=C$,则有

$$D=Kl+C \tag{4-6}$$

式中,K 为视距乘常数,目前测绘仪器在望远镜设计时通常使 $K=100$。C 为视距加常数,对于内调焦的望远镜来讲,其值很小,在实际应用时可以忽略视距加常数的影响,视其值为零。因此,视线水平时水平距离的计算公式可表达为:

$$D=Kl=100\cdot l \tag{4-7}$$

2. 视线水平时高差计算公式

由图 4-11 可以看出,视线水平时的经纬仪,此时相当于后视读数为 i,前视读数为 v 的水准测量,因此 AB 两点间的高差为:

$$H=i-v \tag{4-8}$$

式中:i——仪器高,由仪器横轴到地面标志点的垂直距离;

v——目标高,即十字丝中丝在水准尺上的读数。

图 4-11 视线水平时高差测量原理

二、视线倾斜时视距测量计算公式

1. 视线倾斜时距离计算公式

视距测量如果仅能在视线水平时使用,则其应用必然受到很大的限制。如果地面坡度较大,则必须在视线倾斜的状态下完成视距测量。如图 4-12 所示,此时视线与水准尺不垂直,因此除应观测尺间隔 l 外还应测定竖直角 α,此时,水平距离的计算公式推导过程如下:

图 4-12 视线倾斜时的视距测量原理图

假设将水准尺绕与望远镜视线的交点 O' 旋转图示的 α 角后就能与视线垂直,由于 φ 角(上、下丝间隔所对应的夹角)很小(一般为 $34'20''$),所以 $\angle M'MO'$ 与 $\angle N'NO'$ 均可视为直角,故有

$$l' = l\cos\alpha \tag{4-9}$$

则望远镜旋转中心 O 与视距尺旋转中心 O' 之间的距离为

$$S = Kl' = Kl\cos\alpha \tag{4-10}$$

最后,根据三角学原理可得 A、B 间的水平距离为

$$D = S\cos\alpha = Kl\cos^2\alpha \tag{4-11}$$

2. 视线倾斜时高差计算公式

由图 4-12 可得

$$h + v = h' + i \tag{4-12}$$

$$h' = S\sin\alpha = Kl\cos\alpha\sin\alpha = \frac{1}{2}Kl\sin2\alpha \tag{4-13}$$

将式(4-13)代入式(4-12)后,可得 A、B 间的高差为

$$h = h' + i - v = \frac{1}{2}Kl\sin2\alpha + i - v \tag{4-14}$$

【例 4-2】 用视距测量的方法进行碎部测量时,已知测站点 A 的高程 $H_A = 42.372\text{m}$,仪器高 $i = 1.400\text{m}$,碎步点 B 视距测量读数:上丝读数 0.832,中丝读数 0.720,下丝读数 0.611,经纬仪盘左观测的竖盘读数 $L = 83°18'00''$(度盘顺时针注记)。求 AB 水平距离及碎部点 B 的高程。

解:视距间隔: $l = 0.832 - 0.611 = 0.221\text{m}$

竖直角: $\alpha = 90° - L = 90° - 83°18'00'' = 6°42'$

两点间水平距离: $D = Kl\cos^2\alpha = 21.80\text{m}$

两点间高差: $h = \frac{1}{2}Kl\sin2\alpha + i - v = +3.24\text{m}$

B 点高程: $H_B = H_A + h = 45.61\text{m}$

三、视距测量的实施

若欲求得 AB 两点间的水平距离和高差,则具体操作步骤为:

(1)在测站点 A 上安置经纬仪,对中、整平后,量取仪器高 i,在待测点 B 上竖立水准尺。

(2)转动仪器照准部,照准 B 点上竖立的水准尺,先将中丝照准尺上某处附近,并将上丝对准附近一整分米数,由上、下丝读数直接读取视距。

(3)调竖盘指标水准管气泡居中(有竖盘指标自动补偿器的经纬仪,无需此项操作),读取竖盘读数,再计算竖直角。

(4)将有关数据代入式(4-11)、式(4-14),即可计算得到相应的水平距离和高差。

(5)由于视距测量目前大多应用在精度要求不高的模拟法测图工作中,所以在观测时一般仅观测半个测回即可。

将所有观测数据记入观测手簿,并在表中完成相应的计算工作,具体示例见表4-1。

视距测量记录计算　　　　　　　　表 4-1

观测点	视距尺读数(m)			中丝读数 (m)	竖直角 α (° ')	仪器高 i (m)	$i - l$ (m)	高差 h (m)	测站高程 (m)	测点高程 (m)	水平距离 D (m)
	上丝读数	下丝读数	视距间隔								
1	0.660	2.182	1.522	1.420	+5 27	1.42	0	14.39	21.40	35.79	150.83
2	1.377	1.627	0.250	1.502	+2 45	1.42	−0.082	+1.12	21.40	22.52	24.94
3	1.862	2.440	0.578	2.151	−1 35	1.42	−0.731	−2.33	21.40	19.07	57.76

四、视距测量注意事项

(1)使用的仪器,必须进行竖盘指标差的检验和校正。

(2)必须严格消除视差。视距丝的读数不宜太小,以减小竖直折光差的影响。

(3)上、下丝读数应尽可能快速,由于空气对流、风力影响或扶尺不稳等影响,致使标尺影像不稳定。因此,在不能同时读取上、下丝读数时,应尽快地读数,以减小对 n 值的影响。

(4)标尺应竖直,标尺倾斜必然影响视距测量的精度,视线的竖直角 α 越大,其影响就越大。例如当 $n = 1\text{m}$,$\alpha = 30°$时,若标尺倾斜 $2°$,则所测距离的相对误差约为 1/50。因此在山区

测量更应严格将尺扶直,最好使用装有水准器的标尺。

(5)当观测的精度要求较高时(如进行导线边的测定),n 与 α 应盘左、盘右各观测一次,取其平均值作为结果。

视距测量的计算工作,一般使用电子计算器直接按视距公式进行计算。使用微型电子计算机时,若把计算程序编好,可提高运算的速度。

第三节 光电测距

由前述可知,钢尺量距工作量大、效率低,尤其在地形复杂的山区、沼泽区等甚至无法工作,而视距测量虽然解决了钢尺量距工作量大、效率低的缺陷,但由于其精度较低,很难在高精度的距离测量中应用。因此在很长一个时期,测距成为制约测量工作的一个重要因素,在传统测量工作中人们不得不采用角度测量的方法作为测量工作的主要手段。

为了提高测距工作的精度和效率,测绘科技人员开始致力于更精密高效的测距仪器研究工作,终于在20世纪40年代研制出了第一台光电测距仪。但由于当时科学技术的限制,首台光电测距仪主要采用白炽灯、高压汞灯等普通光源作为载波,电子元器件也较大,所以仪器较重不宜于运输,操作和计算也比较复杂,而且仅能在夜间观测,测程也很短,难以在测量工作中得到普遍应用。20世纪60年代以后,随着激光技术和微电子技术的飞速发展,各种类型的光电测距仪相继出现,使电磁波测距由理论研究向实际应用转化,从而极大地提高了测绘工作的精度和效率。

一、电磁波测距仪分类

电磁波测距(Electro-magnetic Distance Measuring,简写 EDM)是用电磁波(电波、光波或微波)作为载波传输测距信号,以测量两点间距离的一种方法。电磁波测距仪具有精度高、速度快、不受地形限制等优点,因此一经问世立刻受到了测绘工作者的普遍关注和青睐。电磁波测距技术的研制成功使传统的测绘工作发生了一次本质性的变化,电磁波测距仪按照用途、载波、测程等有着不同的分类方法。

1. 按照载波分类

(1)激光测距仪

利用激光作为测距载波信号来完成距离测量工作的仪器,主要用于远程的距离测量。

(2)红外测距仪

利用红外波段的光源作为测距载波信号来完成距离测量工作的仪器,主要用于中、短程的距离测量。

(3)微波测距仪

利用微波作为测距载波信号来完成距离测量工作的仪器。微波测距仪的优点是不需要精确照准,同时可以实现通信功能,但是测距精度不高,而且长距离测距需要中继站。所以由于技术因素的限制,目前没有在测绘工作中得到普及应用。

2. 按照时间测定形式分类

(1)脉冲式测距仪

通过直接测定测距仪发出的脉冲信号往返于被测距离的传播时间,进而求得距离值的测距仪。

(2)相位式测距仪

通过测定仪器发射的测距信号往返于被测距离的滞后相位来间接推算信号的传播时间 t，从而求得所测距离的测距仪。

3. 按照测程分类

（1）短程测距仪

测程在3km之内的测距仪。

（2）中程测距仪

测程为3~15km的测距仪。

（3）长程测距仪

测程在15km以上的测距仪。

4. 按照精度分类

（1）Ⅰ级测距仪

测距精度不大于5mm的测距仪。

（2）Ⅱ级测距仪

测距精度在5~10mm之间的测距仪。

（3）Ⅲ级测距仪

测距精度在10~20mm之间的测距仪。

5. 按照合作目标分类

（1）有合作目标测距仪

该类测距仪采用平面反射棱镜或角反射棱角作为合作目标，测距信号经棱镜反射后计算出两点间距离，测程相对较长。

（2）无合作目标测距仪

该类测距仪不需要合作目标，通过自然物体的漫反射来接收测距信号，从而计算出两点间距离，测程相对较短，但在竣工测量、高压线高测量等不易到达或危险较大的测量工作中具有很普遍的应用。

二、电磁波测距原理

电磁波测距是通过测量电磁波在待测距离上往返一次所经历的时间以及已知的电磁波速度来计算两点之间的距离的。如图4-13所示，在 A 点安置测距仪，在 B 点安置反射棱镜，测距仪发射的调制波到达反射棱镜后又被返回到测距仪。设光速 c 为已知，如果调制波在待测距离 D 上的往返传播时间为 t_{2D}，则距离 D 的计算式为

图4-13　电磁波测距原理

$$D = \frac{1}{2}ct_{2D} \tag{4-15}$$

式中,c 为电磁波在大气中的传播速度,其由电磁波在真空中的传播速度和大气折射率所决定。电磁波在真空的传播速度 c_0 为:$c_0 = 299792458 \pm 1.2 m/s$,是波长、大气温度、气压和湿度的函数。因此,要获得精确的距离在测距时还需测定气象元素,以对所测距离进行气象改正。

假设电磁波在大气中的传播速度为已知,则距离的获取主要取决于时间 t。根据时间测定的方式不同,测距仪又分为脉冲法测距和相位法测距。

1. 脉冲法测距原理

脉冲法测距是指由计时装置直接测定测距信号往返传播于测距仪和反射棱镜之间的时间,从而利用式(4-1)求得距离。该类测距仪若要达到 $\pm 1cm$ 的测距精度,则需要对时间的测量精度达到 $6.7 \times 10^{-11}s$。而通常的时间计量装置很难达到如此高的精度,所以脉冲测距仪一般应用由于在激光雷达、微波雷达等远距离测距上,测距精度只能达到 $0.5 \sim 1m$。

随着科学技术的发展,20 世纪 80 年代出现了由直接测定时间,转变成测定精密电容充电次数,然后用电容放电来间接测定时间的方法,使脉冲式测距仪的测量精度可达到毫米级。其中,最具代表的是在 1985 年由徕卡公司推出的测程为 14km、标称测距精度为($3 \sim 5mm + 1ppm$)的 DI3000 红外测距仪,它是目前世界上测距精度最高的脉冲式光电测距仪。目前,测绘研究者们也正致力于高精度、短测程脉冲测距仪的研究工作,并有望在未来几年里得到突破性进展。

2. 相位法测距

相位法测距是将发射光调制成正弦波的形式,通过测量正弦光波在待测距离上往返传播的相位差来间接解算距离。红外测距仪就是典型的相位式测距仪。

如图 4-14 所示,测距仪在 A 点发射的调制光在待测距离上传播,被 B 点反射棱镜反射后又回到 A 点而被接收机接收。然后由相位计将发射信号与接收信号进行相位比较,得到调制光在待测距离上往返传播所产生的相位变化 φ,据此即可计算得出其相应的往返传播时间 t_{2D}。

假设调制光的角频率为 ω,周期为 2π,则发射的调制波经过时间 t_{2D} 传播 $2D$ 距离后的相位移 φ 应为

$$\varphi = \omega t_{2D} = 2\pi f t_{2D} \tag{4-16}$$

由图 4-14 可知,φ 又由 N 个 2π 整周期和一个不足整周期相位移 $\Delta\varphi$ 共同组成,即

$$\varphi = 2\pi N + \Delta\varphi \tag{4-17}$$

图 4-14 相位法测距原理

将式(4-17)代入式(4-16),并移项得

$$t_{2D} = \frac{2\pi N + \Delta\varphi}{2\pi f} = \frac{1}{f}(N + \frac{\Delta\varphi}{2\pi}) = \frac{1}{f}(N + \Delta N) \tag{4-18}$$

式中:$\Delta N = \frac{\Delta\varphi}{2\pi}$。

将式(4-18)代入测距基本公式(4-15)得

$$D = \frac{c}{2f}(N + \Delta N) = \frac{\lambda}{2}(N + \Delta N) \tag{4-19}$$

式中,$\lambda = \frac{c}{f}$ 为正弦波波长,通常令 $L = \frac{\lambda}{2}$,称其为测距仪的测尺长度,即式(4-19)可书写为

$$D = L(N + \Delta N) \tag{4-20}$$

需要指出的是,测距仪的测相装置只能测出不足整周期(2π)的尾数相位值 $\Delta\varphi$,而不能测定整周数 N。就好比钢尺量距时,司尺员仅记住了零尺段的数值,却忘记了一共丈量了多少个整尺数,而致使距离测量的结果产生不确定解。

由以上原理可知,只有当待测距离小于测尺长度时才有确定解,但仪器测相装置的测相精度一般为1/1000。也就是说测尺越大,测距越长,但误差也越大,这就使测程和测距精度产生了一对不可避免的矛盾。在实际工作中,一般通过在相位式测距仪中设置多个测尺,用精测尺(长度最短的测尺)保证精度,用粗测尺(测尺长度大于精测尺的其他测尺)保证测程,这样既解决了测程和测距精度之间的矛盾,又解决了距离测量中的多值解问题。见表4-2。

测尺长度、测尺频率与测距精度　　　　　　　　　　　　表4-2

测尺长度($\lambda/2$)	10m	20m	100m	1km	2km	10km
测尺频率(f)	15MHz	7.5MHz	1.5MHz	150kHz	75kHz	15kHz
测距精度	1cm	2cm	10cm	1m	2m	10m

例如:某测程为1km的光电测距仪设置了10m和1000m两把测尺,以10m作精尺,显示米及米以下的距离值,以1000m作粗尺,显示百米位、十米位距离值。如实际距离为816.118m,则粗测尺测距结果:810,精测尺测距结果:6.12,显示距离值:816.12m。

三、电磁波测距仪误差分析及注意事项

由于国家大地测量已经完成,高精度的测距仪目前已经很少使用,尤其是在土木工程专业中,应用更少,所以在本书中不再介绍具体的测距仪使用方法。全站仪中的测距功能与电磁波测距仪原理完全相同,故本书仅对电磁波测距仪的误差以及使用时应注意的事项加以介绍。

1. 电磁波测距的误差分析

前面曾介绍电磁波测距仪的分级,而级别是以测距中误差的大小来划分的。测距中误差的数学表达式为

$$m_D = \pm(a + b \cdot D) \tag{4-21}$$

式中:m_D——测距中误差;
　　　a——固定误差;
　　　b——比例误差;
　　　D——测距边长。

所谓一级测距仪即 $|m_D| \leq 5mm$,$5mm < |m_D| \leq 10mm$ 为二级测距仪,同理,$10mm < |m_D| \leq 20mm$ 为三级测距仪。

(1)固定误差

固定误差是指与距离无关,每进行一次测距数值大小固定的误差因素。其主要包括:

①真空中光速的测定误差。真空中的光速值是用一定的物理实验方法求得的,光电测距

仪中采用的是1975年8月国际大地测量第十六届全会建议采用的真空光速值，即
$$c_0 = 299792458 \pm 1.2 \text{m/s}$$

由于c_0的测定误差为10^{-8}，对测距的成果影响很小，约为0.01mm/km，所以可以忽略不计。

②大气折射率误差。在测距时广播的传播速度c需要根据已知的真空中光速值c_0和当时的大气折射率来计算，而大气折射率又是温、压、湿的函数。实验表明：温度对大气折射率的影响最大，其次是压力，湿度对大气折射率的影响最小。通过大量的实验统计数据显示：若要使测距仪达到mm级的精度，则温度的测定误差应不超过±1℃，压力测定误差应小于±283.3Pa，湿度测定误差不大于±266.6Pa。

③测尺频率误差。仪器的调制频率决定了测尺的长度，也就是说频率误差直接影响测尺长度。误差的大小与距离长度成正比，在使用过程中，电子元件的老化会使设计的标准频率发生变化，因此只有对仪器进行检测，以求得对距离的改正才能获取更为准确的测量值。

（2）比例误差

比例误差是指在测距过程中，随着距离的增加数值也随之变化的误差。其主要包括：

①仪器加常数的测定误差。一般仪器出厂前厂家要精确测定仪器加常数，并利用逻辑电路进行预置，以便对测距成果进行改正。但是随着仪器的长时间使用、振动以及电子元器件的老化等原因，会引起仪器加常数的变化，因此需要定期对仪器加常数进行鉴定，以便对最终测距成果进行改正。

②仪器对中误差。电磁波测距是指观测测距仪主机中心与反光镜中心距离，因此，对中误差包括了测距仪和反光镜的对中误差，其大小与测距长度无关，在短距离测量中必须注意对中，一般应控制在2mm范围内。

③测相误差。包括自动数字测相系统误差和测距信号的大气传输中的信噪比误差（信噪比是指接收到的测距信号强度与大气杂散光的强度之比），前者由测距仪的性能和精度确定，而后者与测距时的自然环境如空气透明度、视线离障碍物及地面距离等有关。

2．测距仪使用注意事项

（1）应对仪器的比例误差进行严格检验，并在测距成果中加以改正。

（2）应使用经过鉴定的温度计和压力计测定气象元素，以确保测距精度。

（3）对仪器进行严格对中。

（4）测距仪如在大气严重扰动环境中作业（如炎热的中午）精度要下降，这时应选用平均值测量方式，适当增加平均次数，直到读数的毫米位稳定后记下距离值。

（5）在横跨河流、沼泽地区和树林、山谷或仰俯角很大的条件下测量，应尽量减小气象代表性误差带来的影响。首先选择在微风、阴天或早、晚时间作业，或增加气象参数观测。

（6）测站和置棱镜处的周围不能有其他光源或良好反光物，以免这些物体反射的信号进入接收系统，产生干扰信号。

（7）测距仪还应避开高压线、变压器等强电场的干扰。

（8）任何时候都不允许物镜直对太阳，以避免强光损坏发射、接收二极管。

（9）作业时应打伞遮阳，避免强光曝晒；任何时候仪器不得淋雨，以免发生短路烧毁电子元件。

（10）运输中避免撞击和振动，迁站时要停机断电装机。

（11）进行正常保养和检修。

（12）仪器应存放在通风干燥处。

（13）停止使用期间应每1~2个月通电1次，每次1~3h。

第四节 直 线 定 向

要确定直线的方向,首先要选定一个标准方向作为直线定向的基本方向。确定一条直线与一基本方向之间的水平夹角的工作称为直线定向。在工程测量工作中,通常是以子午线作为基本方向。子午线分为真子午线、磁子午线、轴子午线三种。

一、基本方向

1. 真子午线

通过地面上一点指向地球南北极的方向线就是该点的真子午线,过该点真子午线的切线北端所指示的方向称为真北方向,它一般是用天文测量的方法测定,也可以用陀螺经纬仪测定。地球表面上任何一点都有它自己的真子午线方向,各点的真子午线都向两极收敛而相交于两极。地面上两点真子午线间的夹角称为子午线收敛角,如图4-15中的 γ 角。收敛角的大小与两点所在的纬度及东西方向的距离有关。

2. 磁子午线

地面上某点当磁针静止时所指的方向称为该点的磁子午线方向,过该点磁子午线的切线北端所指示的方向称为磁北方向,磁子午线方向可用罗盘仪测定。由于地球的磁南、北极与地球南、北极并不重合,因此地面上同一点的真子午线与磁子午线虽然相近但并不重合,其夹角称为磁偏角,用 δ 表示。当磁子午线在真子午线东侧,称为东偏,δ 为正;磁子午线在真子午线西侧,称为西偏,δ 为负。磁偏角 δ 是随地点不同而变化,因此磁子午线不宜作为精密定向的基本方向线。但是,由于确定磁子午线的方向比较方便,因而在独立地区和低等级公路仍可以利用它作为基本方向线。

图4-15 子午线收敛角

3. 轴子午线(坐标子午线)

直角坐标系中的坐标纵轴所指的方向,为轴子午线方向或称为坐标子午线。坐标纵轴(X轴)正向所指的方向称为坐标北方向。由于地面上各点真子午线都是指向地球的南北极,所以不同点的真子午线方向不是互相平行的,这给计算工作带来不便。因此在普通测量中一般均采用轴子午线作为基本方向。这样测区内地面各点的基本方向都是互相平行的。

在中央子午线上,其真子午线方向和轴子午线方向一致,在其他地区,真子午线与轴子午线不重合,两者所夹的角即为中央子午线与某地方子午线所夹的收敛角 γ。如图4-15b)所示,当轴子午线在真子午线以东时,γ 为正;反之,轴子午线在真子午线以西时,γ 为负。

二、方位角

如图4-16所示,直线方向一般用方位角来表示。由子午线北方向顺时针旋转至直线方向的水平夹角称为该直线的方位角。方位角的角值范围为0°~360°。

以真子午线北端起算的方位角称为真方位角,用 A 表示;
以磁子午线北端起算的方位角称为磁方位角,用 A_m 表示;
由坐标子午线(坐标纵轴)起算的方位角,称为坐标方位角,用 α 表示。

如图4-17所示,根据真子午线方向、磁子午线方向、轴子午线方向三者的关系,三种方位角有以下关系

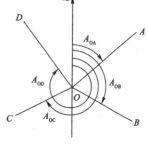

图4-16 方位角

$$A = A_m + \delta (\delta \text{东偏为正,西偏为负}) \quad (4-22)$$
$$A = \alpha + \gamma (\gamma \text{以东为正,以西为负}) \quad (4-23)$$

因此
$$A_m + \delta = \alpha + \gamma$$

所以
$$\alpha = A_m + \delta - \gamma \quad (4-24)$$

设直线 AB 前进方向的方位角 α_{AB} 为正坐标方位角,如图4-18所示,其相反方向的方位角 α_{BA} 则为反坐标方位角,同一直线正、反坐标方位角相差180°,即

$$\alpha_{AB} = \alpha_{BA} \pm 180°$$

或
$$\alpha_{正} = \alpha_{反} \pm 180° \quad (4-25)$$

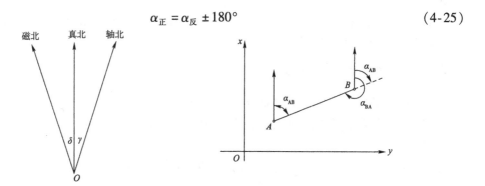

图4-17 真子午线、磁子午线和轴子午线　　　图4-18 正、反方位角

第五节 罗盘仪的构造与使用

一、罗盘仪的构造

罗盘仪是利用磁针测定直线磁方位角的一种仪器。通常用于独立测区的近似定向以及线路和森林勘测中。如图4-19所示为DQL-1型罗盘仪。它主要由望远镜、罗盘盒和基座三部分组成。

1. 望远镜

瞄准设备与水准仪上的望远镜相似,部件有物镜、目镜及十字丝。望远镜的一侧附有一个竖直度盘,可以测得竖直角。

2. 罗盘盒

罗盘盒有磁针和刻度盘。磁针安装在度盘中心顶针上,可自由转动,为减少顶针的磨损,

不使用时可用固定螺旋将磁针升起固定在玻璃盖上。刻度盘为金属圆盘,全圆刻画360°,最小刻画为1°,从0°起逆时针方向每隔10°注一数字。刻度盘0°与180°连线与望远镜的视准轴一致。

3. 基座

基座是一种球臼结构,松开球臼接头螺旋,摆动罗盘盒使水准器气泡居中,再旋紧球臼连接螺旋,度盘处于水平位置。

图 4-19 DQL-1 型罗盘仪

二、罗盘仪的使用

用罗盘仪测定某一直线的磁方位角的方法是:

(1)安置罗盘仪于直线的一端点上。

(2)对中。用垂球进行对中。

(3)整平。半松开球臼接头螺旋,摆动罗盘盒使水准器气泡居中后,再旋紧球臼连接螺旋,使度盘处于水平位置。

(4)照准。望远镜瞄准直线的另一端点,其步骤同水准仪的望远镜瞄准相同。

(5)松开磁针固定螺旋,使它自由转动待磁针静止时,读出磁针所指的度盘读数,即为该直线的磁方位角。

读数时,如果度盘上的0°位于望远镜物镜端时,应按磁针北端读取读数;当0°位于望远镜目镜端时,则按磁针南端读取读数

三、使用罗盘仪应注意事项

(1)罗盘仪不能在高压线、铁矿区、铁路旁等使用。

(2)罗盘仪使用完毕后,应将磁针升起,固定在顶盖上。

第六节 坐标计算原理

一、正、反坐标方位角

直线是有向线段。在平面上一直线的正、反坐标方位角,如图4-20所示,地面上 A、B 两点之间的直线 AB,可以在两个端点上分别进行直线定向。在 A 点上确定 AB 直线的方位角为 α_{AB},在 B 点上确定 BA 直线的方位角为 α_{BA},若确定直线 AB 的方位角 α_{AB} 为正方位角的话,则直线 BA 的方位角 α_{BA} 就称为反方位角,反之亦然。在平面直角坐标系中通过直线两端点的坐标纵轴方向彼此平行,因此正、反坐标方位角之间的关系为

$$\alpha_{反} = \alpha_{正} \pm 180° \quad (4-26)$$

当 $\alpha_{正} < 180°$ 时,上式用加 180°;当 $\alpha_{正} > 180°$ 时,上式用减 180°。以保证方位角的最终取值在 0°~360°之间。

图 4-20 坐标方位角

二、坐标方位角的推算

如图 4-21 所示,已知直线 AB 的方位角 α_{AB},用经纬仪观测了左夹角 $\beta_左$(测量前进方向左侧的角),现要求推算直线 BC 的坐标方位角 α_{BC},α_{BC} 可根据下式推算

$$\alpha_{BC} = \alpha_{AB} + \beta_左 - 180° \tag{4-27}$$

如图 4-22 所示,经纬仪观测了右夹角 $\beta_右$(测量前进方向右侧的角),则直线 BC 的坐标方位角 α_{BC} 为

$$\alpha_{BC} = \alpha_{AB} - \beta_右 + 180° \tag{4-28}$$

式中 ±180° 前的符号选择规律是:当 $\alpha_{AB} + \beta_左$(或 $\alpha_{AB} + \beta_右$)> 180° 时,取"−"号,$\alpha_{AB} + \beta_左$(或 $\alpha_{AB} + \beta_右$)< 180° 时,取"+"号。

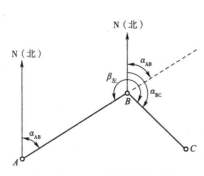

图 4-21 由 $\beta_左$ 推算坐标方位角

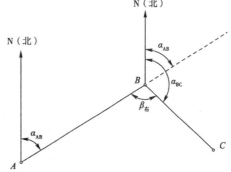

图 4-22 由 $\beta_右$ 推算坐标方位角

三、坐标正算

所谓坐标正算,就是根据直线的边长、坐标方位角和一个端点的坐标,计算直线另一个端点的坐标的工作。

坐标增量是指两点相应坐标的差值,如图 4-23 所示。由于在测量工作中两点坐标未知,所以坐标增量可采用如下的形式求得

$$\left.\begin{array}{l}\Delta x_{AB} = D_{AB}\cos\alpha_{AB}\\ \Delta y_{AB} = D_{AB}\sin\alpha_{AB}\end{array}\right\} \tag{4-29}$$

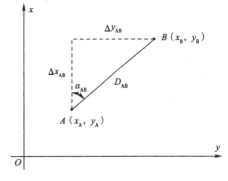

图 4-23 坐标增量和方位角之间的关系

B 点平面坐标为

$$\left.\begin{array}{l}x_B = x_A + \Delta x_{AB}\\ y_B = y_A + \Delta y_{AB}\end{array}\right\} \tag{4-30}$$

四、坐标反算

已知地面两点的平面坐标求坐标方位角其距离的过程称为坐标反算。如果 A、B 的平面坐标已知,可以求出其边长的坐标增量为

$$\left.\begin{array}{l}\Delta x_{AB} = x_B - x_A\\ \Delta y_{AB} = y_B - y_A\end{array}\right\} \tag{4-31}$$

水平距离为

$$D_{AB} = \sqrt{\Delta x_{AB}^2 + \Delta y_{AB}^2} \tag{4-32}$$

在讨论由 Δx_{AB} 和 Δy_{AB} 计算坐标方位角 α_{AB} 之前，先引入象限角 R_{AB} 的概念。

从基本方向的北端或南端起算，逆时针或顺时针量至直线所构成的锐角，称为象限角，用 R 表示，其取值范围是 $0°\sim 90°$，如图 4-24 所示，直线 OA、OB、OC、OD 的象限角分别为 R_{OA}、R_{OB}、R_{OC}、R_{OD}。R_{AB} 使用反正切函数计算象限角的公式为

$$R_{AB} = \arctan\frac{\Delta y_{AB}}{\Delta x_{AB}} \tag{4-33}$$

使用计算器的反正切函数 $\tan^{-1}$ 求出的象限角 R_{AB} 取值为 $0°\sim\pm 90°$。当计算出的 $R_{AB}>0$ 时，则直线方向可能位于 Ⅰ、Ⅲ 象限；当计算出的 $R_{AB}<0$ 时，则直线方向可能位于 Ⅱ、Ⅳ 象限。直线的方向具体位于哪个象限，需要根据直线的坐标增量 Δx_{AB} 和 Δy_{AB} 的正负来判断。直线方向位于不同象限时，象限角 R_{AB} 与坐标方位角 α_{AB} 的关系列于表 4-3。

图 4-24 象限角及其与方位角的关系

方位角和象限角的关系　　　　　　　　　　　　　　　　　　　　表 4-3

象　限	由方位角换算象限角	由象限角换算方位角
象限 Ⅰ	$R=\alpha$	$\alpha=R$
象限 Ⅱ	$R=180°-\alpha$	$\alpha=180°-R$
象限 Ⅲ	$R=\alpha-180°$	$\alpha=180°+R$
象限 Ⅳ	$R=360°-\alpha$	$\alpha=360°-R$

1. 直线定线的目的什么？一般都有哪些方法？
2. 直线定向的目的什么？三北方向指的是什么？
3. 视距测量的原理是什么？如何实测？
4. 电磁波测距仪有哪些种类？
5. 电磁波测距原理是什么？
6. 衡量距离测量的精度为什么用相对误差？

第五章 全站仪与全站测量

第一节 概　述

全站仪是一种可以同时进行角度(如水平角、竖直角)测量、距离(如斜距、平距、高差)测量和数据处理,由机械、光学、电子元件组合而成的测量仪器。由于只需一次安置,仪器便可以完成测站上所有的测量工作,故被称为"全站仪"。全站仪上半部分包含有测量的四大光电系统,即水平角测量系统、竖直角测量系统、水平补偿系统和测距系统。通过键盘可以输入操作指令、数据和设置参数。以上各系统通过 I/O 接口接入总线与微处理机联系起来。

微处理机(CPU)是全站仪的核心部件,主要有寄存器系列(缓冲寄存器、数据寄存器、指令寄存器)、运算器和控制器组成。微处理机的主要功能是根据键盘指令启动仪器进行测量工作,执行测量过程中的检核和数据传输、处理、显示、储存等工作,保证整个光电测量工作有条不紊地进行。输入输出设备是与外部设备连接的装置(接口),输入输出设备使全站仪能与磁卡和微机等设备交互通讯、传输数据。

全站仪按其外观结构可分为以下两类:

(1)积木型(Modular,又称组合型)

早期的全站仪,大都是积木型结构,即电子速测仪、电子经纬仪、电子记录器各是一个整体,可以分离使用,也可以通过电缆或接口把它们组合起来,形成完整的全站仪。

(2)整体型(Integral)

随着电子测距仪进一步的轻巧化,现代的全站仪大都把测距、测角和记录单元在光学、机械等方面设计成一个不可分割的整体,其中测距仪的发射轴、接收轴和望远镜的视准轴为同轴结构。这对保证较大垂直角条件下的距离测量精度非常有利。

全站仪按测量功能分类,可分为以下 4 类:

(1)经典型全站仪(Classical total station)

经典型全站仪也称为常规全站仪,它具备全站仪电子测角、电子测距和数据自动记录等基本功能,有的还可以运行厂家或用户自主开发的机载测量程序。其经典代表为徕卡公司的 TC 系列全站仪。

(2)机动型全站仪(Motorized total station)

在经典全站仪的基础上安装轴系步进电机,可自动驱动全站仪照准部和望远镜的旋转。在计算机的在线控制下,机动型系列全站仪可按计算机给定的方向值自动照准目标,并可实现自动正、倒镜测量。徕卡 TCM 系列全站仪就是典型的机动型全站仪。

(3)无合作目标型全站仪(Reflectorless total station)

无合作目标型全站仪是指在无反射棱镜的条件下,可对一般的目标直接测距的全站仪。因此,对不便安置反射棱镜的目标进行测量,无合作目标型全站仪具有明显优势。如徕卡 TCR 系列全站仪,无合作目标距离测程可达 200m,可广泛用于地籍测量、房产测量和施工测量等。

(4)智能型全站仪(Robotic total station)

在机动化全站仪的基础上,仪器安装自动目标识别与照准的新功能,因此在自动化的进程中,全站仪进一步克服了需要人工照准目标的重大缺陷,实现了全站仪的智能化。在相关软件的控制下,智能型全站仪在无人干预的条件下可自动完成多个目标的识别、照准与测量,因此,智能型全站仪又称为"测量机器人",典型的代表有徕卡的TCA型全站仪等。

第二节 全站仪的使用方法

一、全站仪构造

全站仪各部分构造如图5-1所示。

图5-1 全站仪构造

二、全站仪使用方法

1. 全站仪安置

将仪器安装在三脚架上,精确对中和整平,以保证测量成果的精度,应使用专用的中心连接螺旋三脚架。

(1)安置三脚架

首先,将三脚架打开,伸到适当高度,脚架置于测站点上,并使脚架头大致水平拧紧三个固定螺旋。

(2)安置仪器

将仪器小心地安置到三脚架上,打开电源,打开激光对中开关,移动脚架使激光束对准测站点标志中心,然后轻轻拧紧连接螺旋,踩紧脚架。

(3)利用圆水准器粗平仪器

上下伸缩脚架,使圆水准器气泡居中。

(4)利用光学对点器对中

根据观测者的视力调节光学对中器望远镜的目镜。松开中心连接螺旋、轻移仪器,将光学对中器的中心标志对准测站点,然后拧紧连接螺旋。在轻移仪器时不要让仪器在架头上有转动,以尽可能减少气泡的偏移。

(5)利用激光对点器对中(选配)

开机后启动激光对点器。松开中心连接螺旋、轻移仪器,将激学对点器的光斑对准测站点,然后拧紧连接螺旋。在轻移仪器时不要让仪器在架头上有转动,以尽可能减少气泡的偏移。按 ESC 键退出,激光对点器自动关闭。

(6)利用管水准器精平仪器

①松开水平制动螺旋、转动仪器使管水准器平行于某一对脚螺旋 A、B 的连线。再旋转脚螺旋 A、B,使管水准器气泡居中。

②将仪器绕竖轴旋转 90°,再旋转另一个脚螺旋 C,使管水准器气泡居中。

③再次旋转 90°,重复①、②步骤,直至 4 个位置上气泡居中为止。

(7)精平仪器

按第(4)步精确整平仪器,直到仪器旋转到任何位置时,管水准气泡始终居中为止,然后拧紧连接螺旋。

(8)检查对中

在粗平、精平结束后,应再次检查对中,如若对中超出界限,应重新调整以上步骤。直至对中、整平同时满足要求。

2. 全站仪基本设置

(1)显示屏

全站仪开机后显示屏主菜单显示一般上面几行显示观测数据,底行显示软键功能,它随测量模式的不同而变化。图 5-2 所示为徕卡公司出产的 TPS1200 型全站仪显示屏幕,可以利用键盘中 F1～F6 六个功能键控制,对于触屏全站仪,亦可直接在显示屏上操作。屏幕中出现的字母的含义通常如表 5-1 所示。

图 5-2 全站仪显示屏

显 示 符 号 含 义　　　　　　　表 5-1

符　号	含　义	符　号	含　义
V	垂直角	*	电子测距正在进行
V%	百分度	m	以米为单位
HR	水平角(左角)	ft	以英尺为单位
HL	水平角(右角)	F	精测模式
HD	平距	T	跟踪模式
VD	高差	R	重复模式
SD	斜距	S	单次测量

续上表

符　号	含　义	符　号	含　义
N	北向坐标	N	N 次测量
E	东向坐标	ppm	大气改正值
Z	天顶方向坐标	psm	棱镜常数值

（2）操作键盘

全站仪操作键盘各功能区分布如图 5-3 所示。

图 5-3　全站仪操作键盘

①当前操作区。当前有效的操作工作区。

②图标。显示窗中的图标包括测距类型状态符号、电池容量状态符号、补偿器状态符号、字符数字输入状态符号等。图标功能见表 5-2。

图　标　功　能　　　　　　　　　　　　　　　表 5-2

图标类别	显示图标	功　　能
测距类型状态符号	☽	红外光测距,有反射棱镜作为合作目标
电池容量状态符号	▮	表示电池剩余容量的符号
补偿器状态符号	✉	表示补偿器打开
	✉̸	表示补偿器关闭
字符数字输入状态符号	01	数字模式
	AB	字符模式
水平角度盘状态符号	↻	水平度盘顺时针读数增大
	↺	水平度盘逆时针读数增大
望远镜工作面状态	Ⅰ	表示望远镜(照准部)位于Ⅰ面位置
	Ⅱ	表示望远镜(照准部)位于Ⅱ面位置

③固定键。具有相应的固定功能,详细功能见表 5-3。

固定键功能　　　　　　　　　　　　　　　表5-3

固定键	功能	说明
【F7~F12】	热键	可从"常用功能"菜单中选择自定义该功能键。如照明、整平、高程传递、偏置、编码、距离单位、角度单位、隐蔽点、删除记录、跟踪、检查对边、设置等
【CE】	清除字符	可在输入字符的起始端和输入过程中清除字符
【SHIFT】	切换功能键	在第一层功能键和第二层功能键中切换
【导航键】	导向	在屏幕上移动光标
【ESC】	退出、返回	退出对话框或退出编辑模式,保留先前值不变。返回上一菜单
【回车键】	确认	确认输入,进入下一输入区
【PROG】	开关机	长按2s,在开机和关机状态中切换
【UFER】	自定义键	用户可自定义其功能
【F1~F6】	功能键	在屏幕被激活后,对应代表着软键的功能

④字符数字键。可以直接输入数字0~9,字母A~Z,标点 。、· 、?、!,符号$、%、@、&、*、+、-。

⑤导航键。在编辑或输入模式中控制输入光标,或控制当前操作光标的位置。

⑥软功能键。功能随屏幕底行显示的模式相应变化,可通过软功能键将对应的功能激活。不同厂家或型号的全站仪,软功能键数量不同,一般为4~6个。每一个软功能键所代表的实际意义依赖于当前激活的应用程序及功能。

⑦软功能。显示软功能键对应的操作功能,用于启动相应功能。有的还用于启动输入数字、字符功能。部分功能见表5-4。

一般软功能区功能　　　　　　　　　　　　　表5-4

按键	含义
【测存】	启动角度及距离测量,并将测量值记录到相应的记录设备中
【测距】	启动角度及距离测量,但不记录数据
【记录】	记录当前显示的测量数据
【坐标】	打开坐标输入模式
【列表】	显示所有可用选项的列表
【检索】	对已输入的点名启动搜索功能
【EDM】	显示EDM设置
【返回】	退回到前一个激活的对话框
【继续】	继续到下一个对话框
【←】	返回到第一页软按键
【↓】	继续到下一页软按键
【确认】	设置显示信息或对话框并退出对话框

⑧测量热触发键。是全站仪的重要按键,分为两个层次,第一个层次是F7、F8、…、F12键,第二个层次是SHIFT键+F7、F8、…、F12键可自定义设置其应用程序中的直接执行功能。可在任何情况下按快捷功能热键,但是有些时候别配置功能的热键不能执行其程序。

⑨电源开关键。仪器有固定开关键,也可设定自动关机功能。

3.全站仪系统设置

全站仪系统设置的各项功能详细说明见表5-5。

全站仪系统设置各项功能详细说明　　　　　　　表5-5

功　能	选　项	说　明
对比度	1~8	液晶对比度的设置,间隔10%来设置显示屏对比度
测量触发键	测存/测距/关闭	测存:热键与【测存】键功能相同 测距:热键与【测距】键功能相同 关闭:热键关闭
自定义键	照明/整平/高程传递/偏置/编码/距离单位/角度单位/隐蔽点/删除记录/跟踪/检查对边/设置	可根据操作者的使用频率和使用习惯选择设置
垂直角设置	天顶距/水平零/斜度	垂直度盘的"0"位置 天顶0:天顶=0°,水平=90° 水平0:天顶=90°,水平=0° 斜度%:45°=100%,水平=0°
倾斜补偿设置	单轴补偿/双轴补偿/关闭	关闭:关闭补偿器 单轴补偿:垂直角得到补偿 双轴补偿:垂直角和水平角都得到补偿
水平角改正	打开/关闭	打开:视准差改正开关打开 关闭:视准差改正开关关闭
象限声	打开/关闭	打开:打开象限声在正确的范围[0°,90°,180°,270°或100,200,300哥恩(400 Gon制)或密位(6400 Mil制)]发出蜂鸣声 关闭:关闭象限声提示
蜂鸣声	打开/关闭	打开:每次按键,蜂鸣器发出声音 关闭:每次按键,蜂鸣器不发出声音
水平角〈=〉	左角/右角	水平角增量方向: 右:设置水平角"右角测量"(顺时针方向) 左:设置水平角"左角测量"(逆时针方向)
坐标系统	数学坐系/大地坐标系/大地经纬度	可以选择下面坐标系统 X↑→Y 数学坐标系 Y↑→X 大地坐标系 N↑→E 大地经纬度
数据输出	输出到内存/输出到串口	内存:将数据记录到全站仪的内存中 串口:通过串口向外设备发送数据,必须接上外接存储器
自动关机	打开/关闭	打开:在一定时间内仪器没有任何操作,将自动关闭电源 关闭:仪器不自动关闭电源,可一直工作,但耗电较快
角度单位	度/哥恩/密位	选择测角单位,分别为度(360°制) 哥恩(400 Gon制)或密位(6400 Mil制)
距离单位	米/美国英尺/国际英尺/英尺-英寸	m:米 ft:美制英尺 fi:国际英尺 ft-in:美制英尺-英寸
温度单位	℃/℉	℃:摄氏度 ℉:华氏度

续上表

功 能	选 项	说 明
气压单位	mmHg/ inHg/ hPa/mbar	hPa:百帕 mbar:毫巴 mmHg:毫米汞柱 inHg:英寸汞柱
折光改正	关/0.14/0.20	设置大气折光和地球曲率改正,可选择的折光系数有关(不加改正),$K=0.14$ 或 $K=0.20$
最小读数	关/开	选择最小角度读数开或关 [开:1″或关:5″]

菜单结构如图 5-4 所示,依次为测量、程序、管理、配置、工具目录下的显示菜单。

a)

b)

c)

d)

e)

f)

图 5-4 系统菜单

4. 气象改正参数设置

显示的距离只有经过大气比例 ppm(mm/km)改正后才是正确的。这个气象比例改正数是根据测量时输入的气象参数(如温度、湿度、气压等)计算所得。如果进行高精度距离测量,气象改正必须准确到 1ppm,有关气象参数在测距时必须重新测定,空气温度精确到 1℃,大气压精确到 3mbar。

光在空气中的传播速度并非常数,而是随大气的温度和压力而变,一般仪器一旦设置了气象改正值即可自动对观测结果实施气象改正。当温度为 15℃/59 ℉,气压为 1013.25hPa/760mmHg/29.9inHg 标准值时,其气象改正值为 0ppm。即使仪器关机,气象改正值仍被保存。

三、全站仪辅助设备

全站仪要完成预定的测量工作,必须借助于必要的辅助设备。全站仪常用的辅助设备有:三脚架、反射棱镜或反射片、垂球、管式罗盘、温度计和气压表、打印机连接电缆、数据通信电缆、阳光滤色镜以及电池及充电器等。

1. 三脚架

用于测站上架设仪器,其操作与经纬仪相同。

2. 反射棱镜或反射片

用于测量时立于测点,供望远镜照准,其形式如图 5-5 所示。其中,图 5-5a)为在三脚架上安置棱镜;图 5-5b)为测杆棱镜。在工程测量中,根据测程的不同,可选用三棱镜、九棱镜等。

3. 垂球

在无风天气下,垂球可用于仪器的对中,使用同经纬仪。

4. 管式罗盘

供望远镜照准磁北方向,使用时,将其插入仪器提柄上的管式罗盘插口即可,松开指针的制动螺旋,旋转全站仪照准部,使罗盘指针平分指标线,此时望远镜指向磁北方向。

5. 打印机连接电缆

用于连接仪器和打印机,可直接打印输出仪器内数据。

6. 温度计和气压表

提供工作现场的温度和气压,用于仪器参数设置。

7. 数据通信电缆

用于连接仪器和计算机进行数据通信。

8. 阳光滤色镜

对着太阳进行观测时,为了避免阳光造成对观测者视力的伤害和仪器的损坏,可将翻转式阳光滤色镜安装在望远镜的物镜上。

9. 电池及充电器

为仪器提供电源。

全站仪在进行距离测量等作业时,需在目标处放置反射棱镜。反射棱镜有单棱镜、三棱镜组,可通过基座连接器将棱镜组与基座连接,再安置到三角架上,也可直接安置对中杆上。棱镜组由用户根据作业需要自行配置。

使用前,应预先设置相应的棱镜常数 psm,不同厂家生产棱镜常数需在说明书中查找。一旦设置了棱镜常数,关机后该常数将自动保存。如我国南方测绘及三鼎光电仪器公司生产的

棱镜常数均取 -30mm,日本拓普康公司生产的棱镜的常数值为 0 或 -30mm,德国徕卡公司生产的标准棱镜常数是 0mm、360°棱镜常数是 +23.1mm、微型 360°棱镜常数是 +30mm。棱镜组如图 5-5 所示。

图 5-5 反射棱镜

第三节 全站仪的应用

全站仪可以完成角度(水平角、垂直角)测量、距离(斜距、平距、高差)测量、坐标测量、放样测量、交会测量及对边测量等 10 多项测量工作。这里仅介绍水平角、距离、高程、坐标及放样测量等基本方法。

一、水平角测量

1. 基本操作方法

(1) 选择水平角显示方式

水平角显示具有左角 HAL(逆时针角)和右角 HAR(顺时针角)两种形式可供选择。进行测量前,应首先将显示方式进行定义。

(2) 进行水平度盘读数设置

①水平方向置零。测定两条直线间的夹角,先将其中任一点作为起始方向,并通过键盘 0Set 操作,将望远镜照准该方向时水平度盘的读数设置为 0°00′00″,简称为水平方向置零。

②方位角设置(水平度盘定向)。当在已知点上设站,照准另一已知点时,则该方向的坐标方位角是已知量,此时可设置水平度盘的读数为已知坐标方位角值,称为水平度盘定向。此后,照准其他方向时,水平度盘显示的读数即为该方向的坐标方位角值。

2. 水平角测量

用全站仪测水平角时,首先选择水平角显示方式。然后精确照准后视点并进行水平方向置零(水平度盘的读数设置为 0°00′00″),再旋转望远镜精确照准前视点,此时显示屏幕上的读数,便是要测的水平角值,记入测量手簿即可。

3. 竖直角测量

如图 5-6 所示,一条视线与通过该视线的竖直面内的水平线的夹角称为竖直角,通常以 α 表示。视线在水平线之上称为仰角,符号为正[图 5-6a)]。反之称为俯角,符号为负 [图 5-6b)]。角值范围为 0°~90°。

竖直角也可以天顶距表示。天顶距是指视线所在竖面内,天顶方向(即竖直方向)与视线的夹角,通常以 z 表示,天顶距无负值,角值范围为 $0°\sim180°$。

图 5-6 竖直角测量

由图 5-6 可知

$$z = 90° - \alpha$$

二、距离测量

1. 参数设置

(1) 棱镜常数

由于光在玻璃中的折射率为 $1.5\sim1.6$,而光在空气中的折射率近似等于 1,也就是说,光在玻璃中的传播要比空气中慢,因此光在反射棱镜中传播所用的超量时间会使所测距离增大某一数值,通常我们称为棱镜常数。棱镜常数(PC)的大小与棱镜直角玻璃锥体的尺寸和玻璃的类型有关,可按下式确定

$$\mathrm{PC} = -\left(\frac{N_\mathrm{C}}{N_\mathrm{R}}a - b\right) \tag{5-1}$$

式中:N_C——光通过棱镜玻璃的群折射率;

N_R——光在空气中的群折射率;

a——棱镜前平面(透射面)到棱镜锥顶的高;

b——棱镜前平面到棱镜装配支架竖轴之间的距离。

实际上,棱镜常数已在厂家所附的说明书或在棱镜上标出,供测距时使用。如我国南方测绘及三鼎光电仪器公司生产的棱镜常数均取 $-30\mathrm{mm}$,日本拓普康公司生产的棱镜的常数值为 0 或 $-30\mathrm{mm}$,德国徕卡公司生产的标准棱镜常数是 $0\mathrm{mm}$、$360°$棱镜常数是 $+23.1\mathrm{mm}$、微型 $360°$棱镜常数是 $+30\mathrm{mm}$。

(2) 大气改正

由于仪器作业时的大气条件一般不与仪器选定的基准大气条件(通常称为气象参考点)相同,光尺长度会发生变化,使测距产生误差,因此必须进行气象改正(或称大气改正)。大气条件主要是指大气的温度和气压。精密的测距,还应考虑大气湿度,SET C 系列选用的气象参考点是:当温度 $t = +15℃$、气压 $P = 1013\mathrm{mb}$ 时,大气改正的值(ppm)为零。SET C 可采用两种方式插入:输入温度和气压;或直接输入 ppm 值。通常选用输入温度和气压较为方便。

2. 返回信号检测

当精确地瞄准目标点上的棱镜时,即可检查返回信号的强度。在基本模式或角度测量模

式的情况下进行距离切换(如果仪器参数"返回信号音响"设在开启上,则同时发出音响)。如返回信号无音响,则表明信号弱,先检查棱镜是否瞄准,如果已精确瞄准,应考虑增加棱镜数。这对长距离测量尤为重要。

3. 距离测量

(1)测距模式的选择

全站仪距离测量有精测、速测(或称粗测)和跟踪测等模式可供选择,故应根据测距的要求通过键盘预先设定。

(2)开始测距(斜距 S,平距 H,高差 V)

精确照准棱镜中心,按距离测量键,开始距离测量,此时有关测量信息(距离类型、棱镜常数改正、气象改正和测距模式等)将闪烁显示在屏幕上。短暂时间后,仪器发出一短声响,提示测量完成,屏幕上显示出有关距离值(斜距 S,平距 H,高差 V)。

三、三维坐标测量

全站仪进行三维坐标测量,需在输入测站点坐标、仪器高、目标高和后视方向坐标方位角(或后视点坐标)后,用其坐标测量功能可以测定目标点的三维坐标。

如图 5-7 所示,O 为测站点,A 为后视点,1 点为待定点(目标点)。已知 A 点的坐标为 N_A、E_A、Z_A,O 点的坐标为 N_O、E_O、Z_O,并设 1 点的坐标为 N_1、E_1、Z_1。据此,可由坐标反算公式:$\alpha_{OA} = \arctan \dfrac{E_A - E_O}{N_A - N_O}$,计算 OA 边的坐标方位角 α_{OA}(称后视方位角)。

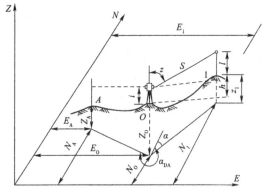

图 5-7 坐标测量计算原理图

由图 5-7 可以计算出待定点(目标点)1 的三维坐标为

$$\begin{cases} N_1 = N_0 + S \cdot \sin z \cdot \cos\alpha \\ E_1 = E_0 + S \cdot \sin z \cdot \sin\alpha \\ Z_1 = Z_0 + S \cdot \cos z + i - l \end{cases} \quad (5-2)$$

式中:N_1、E_1、Z_1——待测点坐标;

N_0、E_0、Z_0——测站点坐标;

N_A、E_A、Z_A——后视点坐标;

S——测站点至待测点的斜距;

z——棱镜中心的天顶距;

α——测站点至待测点方向的坐标方位角;

i——仪器高;

l——目标高(棱镜中心高)。

对于全站仪来说,上述计算通过操作键盘输入已知数据后,可由仪器内的计算系统自动完成,测量者通过操作键盘即可直接得到待测点的坐标。

坐标测量可按以下程序进行:

(1)坐标测量前的准备工作。仪器已正确地安置在测点上,电池电量充足,仪器参数已按观测条件设置好,度盘定标已完成,测距模式已准确设置,返回信号检验已完成,并适宜测量。

(2)输入仪器高。仪器高是指仪器的横轴中心(一般仪器上设有标志标明位置)至测站点的垂直高度。一般用2m钢卷尺量出。测前通过操作键盘输入。

(3)输入棱镜高。棱镜高是指棱镜中心至测站点的垂直高度。测前通过操作键盘输入。

(4)输入测站点数据。在进行坐标测量前,需将测站点坐标N、E、Z通过操作键盘依次输入。

(5)输入后视点坐标。在进行坐标测量前,需将后视点坐标N、E、Z通过操作键盘依次输入。

(6)设置气象改正数。在进行坐标测量前,应输入当时的大气温度和气压。

(7)设置后视方向坐标方位角。照准后视点,输入测站点和后视点坐标后,通过键盘操作确定后,水平度盘读数所显示的数值,就是后视方向坐标方位角。如果后视方向坐标方位角已知(可以通过测站点坐标和后视点坐标反算得到),此时仪器可先照准后视点,然后直接输入后视方向坐标方位角数值。在此情况下,就无需输入后视点坐标。

(8)三维坐标测量。精确照准立于待测点的棱镜中心,按坐标测量键,短暂时间后,坐标测量完成,屏幕显示出待测点(目标点)的坐标值。测量完成。

四、放样测量

放样测量用于实地上测设出所要求的点。在放样过程中,通过对照准点角度、距离或者坐标的测量,仪器将显示出预先输入的放样数据与实测值之差以指导放样进行。显示的差值由下式计算:

$$水平角差值 = 水平角实测值 - 水平角放样值$$
$$斜距差值 = 斜距实测值 - 斜距放样值$$
$$平距差值 = 平距实测值 - 平距放样值$$
$$高差差值 = 高差实测值 - 高差放样值$$

全站仪均有按角度和距离放样及按坐标放样的功能。下面作一简要介绍。

1. 按角度和距离放样测量(又称为极坐标放样测量)

角度和距离放样是根据相对于某参考方向转过的角度和至测站点的距离测设出所需要的点位,如图5-8所示。

其放样步骤为:

图5-8 角度和距离放样测量

①全站仪安置于测站,精确照准选定的参考方向;并将水平度盘读数设置为0°00′00″。

②选择放样模式,依次输入距离和水平角的放样数值。

③进行水平角放样。在水平角放样模式下,转动照准部,当转过的角度值与放样角度值的差值显示为零时,固定照准部。此时仪器的视线方向即为角度放样值的方向。

④进行距离放样。在望远镜的视线方向上安置棱

镜,并移动棱镜被望远镜照准,选取距离放样测量模式,按照屏幕显示的距离放样引导,朝向或背离仪器方向移动棱镜,直至距离实测值与放样值的差值为零时,定出待放样的点位。

一般全站仪距离放样测量模式有:$\boxed{\text{SDIST}}$(斜距放样测量)、$\boxed{\text{HDIST}}$(平距放样测量)、$\boxed{\text{VDIST}}$(高差放样测量)供选择。

2. 坐标放样测量

如图5-7所示,O为测站点,坐标(N_0,E_0,Z_0)为已知,1点为放样点,坐标(N_1,E_1,Z_1)也已给定。根据坐标反算公式计算出$O1$直线的坐标方位角和O、1两点的水平距离为

$$\alpha_{01} = \arctan\frac{E_1 - E_0}{N_1 - N_0} \tag{5-3}$$

$$D_{01} = \sqrt{(N_1 - N_0)^2 + (E_1 - E_0)^2} = \frac{N_1 - N_0}{\cos\alpha_{01}} = \frac{E_1 - E_0}{\sin\alpha_{01}} \tag{5-4}$$

α_{01}和D_{01}计算出后,即可定出放样点1的位置。实际上上述的计算是通过仪器内软件完成的,无需测量者计算。

按坐标进行放样测量的步骤可归纳为:

①按坐标测量程序中的(1)~(7)步进行操作。

②输入放样点坐标。将放样点坐标(N_1,E_1,Z_1)通过操作键盘依次输入。

③参照按水平角和距离进行放样的步骤,将放样点1的平面位置定出。

④高程放样,将棱镜置于放样点1上,在坐标放样模式下,测量1点的坐标Z,根据其与已知Z_1的差值,上、下移动棱镜,直至差值显示为零时,放样点1的位置即确定。

五、对边测量

对边测量是一种用于计算两个目标点的斜距、平距、高差以及方位角的应用程序,目标点可以通过测量获得也可以在内存中选择或使用键盘输入。对边测量分为折线测量和射线测量两种形式。图5-9所示P_1、P_2、P_3、P_4为4个目标点,分别在目标点上树立棱镜,在P_0处安置全站仪。在全站仪对边测量模式下选择折线测量或射线形式,定位全站仪方向。全站仪望远镜分别照准目标点棱镜,测出相邻目标点距离d(平距、斜距、高差)及每条导线边方位角α;射线测量如图5-10所示,测出P_1点与P_2、P_3、P_4的距离d,以及P_1目标点与其连线的方位角α。完成测量操作后,仪器会出现对边测量结果的显示。

图5-9 折线测量

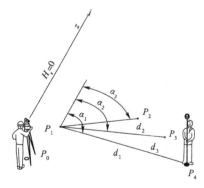

图5-10 射线测量

六、面积测量

用于即时地计算面积,该面最多可以由 50 个点用直线连接而成。目标点可以通过测量获得,也可以从内存中选择或者按顺时针方向通过键盘输入。计算的面是投影到水平面上(2D)或者投影到倾斜的参考平面上(3D)。如图 5-11 所示,在 P_0 点处安置仪器,进入程序菜单中的面积 & 体积模式。分别在目标点 P_1、P_2、P_3、P_4 点上竖立棱镜,依顺序照准各目标点,测量结果可显示目标点所围成图形的面积,附加周长结果。若增加新的目标点,则自动更新结果。

图 5-11 面积测量

七、全站仪使用注意事项

(1)日光下测量应避免将物镜直接对准太阳。建议使用太阳滤光镜以减弱这一影响。

(2)避免在高温和低温下存放仪器,亦应避免温度骤变(使用时气温变化除外)。

(3)仪器不使用时,应将其装入箱内,置于干燥处,并注意防振、防尘和防潮。

(4)若仪器工作处的温度与存放处的温度差异太大,应先将仪器留在箱内,直至适应环境温度后再使用。

(5)若仪器长期不使用,应将电池卸下分开存放。并且电池应每月充电一次。

(6)运输仪器时应将其装于箱内进行,运输过程中要小心,避免挤压、碰撞和剧烈振动。长途运输最好在箱子周围使用软垫。

(7)架设仪器时,尽可能使用木脚架。因为使用金属脚架可能会引起震动影响测量精度。

(8)外露光学器件需要清洁时,应用脱脂棉或镜头纸轻轻擦净,切不可用其他物品擦拭。

(9)仪器使用完毕后,应用绒布或毛刷清除仪器表面灰尘。仪器被雨水淋湿后,切勿通电开机,应用干净软布擦干并在通风处放一段时间。

(10)作业前应仔细全面检查仪器,确定仪器各项指标、功能、电源、初始设置和改正参数均符合要求时再进行作业。

(11)若发现仪器功能异常,非专业维修人员不可擅自拆开仪器,以免发生不必要的损坏。

第六章 测量误差的基本理论

第一节 测量误差与精度

一、测量误差的概念

研究测量误差的来源、性质及其产生和传播的规律,解决测量工作中遇到的实际问题而建立起来的概念和原理的体系,称为测量误差理论。

在实际的测量工作中发现:当对某个确定的量进行多次观测时,所得到的各个结果之间往往存在着一些差异,如重复观测两点的高差,或者是多次观测一个角或丈量若干次一段距离,其结果都互有差异。另一种情况是,当对若干个量进行观测时,如果已经知道在这几个量之间应该满足某一理论值,实际观测结果往往不等于其理论上的应有值。如一个平面三角形的内角和等于 180°,但三个实测内角的结果之和并不等于 180°,而是有一差异。这些差异称为不符值。这种差异是测量工作中经常而又普遍发生的现象,这是由于观测值中包含有各种误差的缘故。这种误差是在对变量进行观测和量测的过程中反映出来的,称为测量误差。

二、测量误差及其来源

1. 测量误差的定义

测量中的被观测值,客观上都存在着一个真实值,称为真值。对该量进行观测得到观测值。观测值与真值之差,称为真误差,即

$$真误差 = 观测值 - 真值 \tag{6-1}$$

2. 测量误差的反映

测量中的误差是不可避免的。如为确定某段距离或某个角度,我们会进行多次观测,但是重复测量的各数据结果都存在着差异。又如,为求某平面三角形的三个内角,只要对其中的两个内角进行观测就可以得出第三个内角值。但为了保证检验测量结果的精度,我们对第三个内角也进行了角度观测。这样三个内角和往往与真值 180°存在差异。第三个内角的观测是"多余观测"。这些"多余观测"导致的差异事实上就是测量误差。换句话说,测量误差是通过"多余观测"产生的差异反映出来的。

3. 测量误差的来源

任何测量都是利用特制的仪器、工具进行的,由于每一种仪器只具有一定限度的精密度,因此测量结果的精确度受到了一定的限制。且各个仪器本身也有一定的误差,使测量结果产生误差。测量是在一定的外界环境条件下进行的,客观环境包括温度、湿度、风力、大气折光等因素。客观环境的差异和变化也使测量的结果产生误差。测量是由观测者完成的,人的感觉器官的鉴别能力有一定的限度,人们在仪器的安置、照准、读数等

方面都会产生误差。此外,观测者的工作态度、操作技能也会对测量结果的质量(精度)产生影响。

观测值中存在观测误差有以下三方面原因:

(1)观测者。由于观测者感觉器官的鉴别能力的局限性,在仪器安置、照准、读数等工作中都会产生误差。同时,观测者的技术水平及工作态度也会对观测结果产生影响。

(2)测量仪器。测量工作所使用的测量仪器都具有一定的精密度,从而使观测结果的精度受到限制。另外,仪器本身构造上的缺陷,也会使观测结果产生误差。

(3)外界观测条件。外界观测条件是指野外观测过程中外界条件的因素,如天气的变化、植被的不同、地面土质松紧的差异、地形的起伏、周围建筑物的状况,以及太阳光线的强弱、照射的角度大小等。

有风会使测量仪器不稳,地面松软可使测量仪器下沉,强烈阳光照射会使水准管变形,太阳的高度角、地形和地面植被决定了地面大气温度梯度,观测视线穿过不同温度梯度的大气介质或靠近反光物体,都会使视线弯曲,产生折光现象,因此,外界观测条件是保证野外测量质量的一个重要要素。

三、观测与观测值的分类

1. 同精度观测和不同精度观测

观测者、测量仪器和观测时的外界条件是引起观测误差的主要因素,通常称为观测条件。观测条件相同的各次观测,称为同精度观测。观测条件不同的各次观测,称为不同精度观测。任何观测都不可避免地要产生误差。为了获得观测值的正确结果,就必须对误差进行分析研究,以便采取适当的措施来消除或削弱其影响。

2. 直接观测和间接观测

按照观测量与未知量之间的关系,观测可分为直接观测和间接观测,相应的观测值称为直接观测值和间接观测值。

为确定某未知量而直接进行观测,即被观测量就是所求未知量本身,称为直接观测,其观测值称为直接观测值。通过被观测量与未知量的函数关系来确定未知量的观测称为间接观测,其观测值称为间接观测值。例如,为确定两点间的距离,用钢尺直接丈量属于直接观测;而视距测量则属于间接观测。

3. 独立观测和非独立观测

按各观测值之间相互独立或依存关系可分为独立观测和非独立观测。

各观测之间无任何依存关系,是相互独立的观测,称为独立观测,其观测值称为独立观测值。若各观测量之间存在一定几何或物理条件的约束,称为非独立观测,其值称为非独立观测值。如对某一单个未知量进行重复观测,各次观测是独立的,各观测值属于独立观测值。如观测某平面三角形的三个内角,因三角形内角之和应满足180°这个几何条件,则属于非独立观测,三个内角的观测值属于非独立观测值。

四、测量误差的种类

观测误差按其性质,可分为系统误差、偶然误差和粗差。

1. 系统误差

系统误差是在同一条件下获得的观测中,其数据、符号或保持不变,或按一定的规律变化。在观测成果中具有累计性,对成果质量影响显著,应在观测中采取相应措施予以消除。

为了提高观测成果的准确度,首先要根据数理统计的原理和方法判断一组观测值中是否含有系统误差。其大小是否在允许的范围以内,然后采用适当的措施,消除或减弱系统误差的影响,通常有以下方法:

(1)测定系统误差的大小,对观测值加以改正。

如用钢尺量距时,通过对钢尺的检定求出尺长改正数。对观测结果加尺长改正数和温度变化改正数,来消除尺长误差和温度变化引起的误差这两种系统误差。

(2)采用对称观测的方法。

采用此方法,可使系统误差在观测值中以相反的符号出现,使之加以抵消。如水准测量时,采用前、后视距相等的对称观测,以消除由于视准轴不平行于水准管轴所引起的系统误差;经纬仪测角时,用盘左、盘右两个观测值取中数的方法,可以消除视准轴误差等系统误差的影响。

(3)检校仪器。

将仪器存在系统误差降低到最小限度,或限制在允许的范围内,以减弱其对观测结果的影响。如经纬仪照准部水准管轴不垂直于竖轴的误差对水平角的影响,可通过精确检校仪器并在观测中仔细整平的方法来减弱其影响。

系统误差的计算和消除,取决于我们对它的了解程度。用不同的测量仪器和测量方法,系统误差的存在形式不同,消除系统误差的方法也不同,必须根据具体情况进行检验、定位和分析研究,采取不同措施,使系统误差减小到可以忽略不计的程度。

2. 偶然误差

偶然误差的产生取决于观测进行中的一系列不可能严格控制的因素(如湿度、温度、空气振动等)的随机扰动。在同一条件下获得的观测值中,其数值、符号不定,表现出偶然性,这种误差称为偶然误差,又称为随机误差。如用经纬仪测角时,就单一观测值而言,由于受照准误差、读数误差、外界条件变化所引起的误差、仪器自身不完善引起的误差等综合影响,测角误差的大小和正负号都不能预知,具有偶然性。所以,测角误差属于偶然误差。

偶然误差反映了观测结果的精密度。精密度是指在同一观测条件下,用同一观测方法对某量多次观测时,各观测值之间相互的离散程度。

偶然误差表面看没有规律性,实际上是服从一定的统计规律的。从单个偶然误差来看,其出现的符号和大小没有一定的规律性,但对大量的偶然误差进行统计分析,就能发现其规律性,误差个数愈多,规律性愈明显。

如在相同的观测条件下,对358个三角形的内角进行了观测。由于观测值具有偶然误差,致使每个三角形的内角和不等于180°。设三角形内角和的真值为 X,观测值为 L,其观测值与真值之差为真误差 Δ。用下式表示为

$$\Delta_i = (a_i + b_i + c_i) - 180° (i = 1,2,\cdots,358)$$

式中,a_i、b_i、c_i 分别为三角形三个内角的各次观测值($i = 1,2,\cdots,n$)。

现取误差区间 $d\Delta$ 为 $0.2''$,将误差按数值大小及符号进行排列,统计出各区间的误差个数 k 及相对个数 $\frac{k}{n}$($n=358$),见表6-1。

误差统计　　　　　　　　　　　　　　　　　　　　　表6-1

误差区间 dΔ	负 误 差		正 误 差	
	个数 k	相对个数	个数 k	相对个数
0.0~0.2	45	0.126	46	0.128
0.2~0.4	40	0.112	41	0.115
0.4~0.6	33	0.092	33	0.092
0.6~0.8	23	0.064	21	0.059
0.8~1.0	17	0.047	16	0.045
1.0~1.2	13	0.036	13	0.036
1.2~1.4	6	0.017	5	0.014
1.4~1.6	4	0.011	2	0.006
1.6以上	0	0.000	0	0.000
总和	181	0.505	177	0.495

从表6-1的统计数字可以看出,在相同的条件下进行独立观测而产生的一组偶然误差,统计规律如下:

①有界性:在一定的观测条件下,偶然误差的绝对值不会超过一定的限度。
②单峰性:绝对值小的误差比绝对值大的误差出现的可能性大。
③对称性:绝对值相等的正误差与负误差出现的机会相等。
④补偿性:当观测次数无限增多时,偶然误差的算术平均值趋近于零。即

$$\lim_{n\to\infty}\frac{[\Delta]}{n}=0 \tag{6-2}$$

式中:$[\Delta]=\Delta_1+\Delta_2+\Delta_3+\cdots+\Delta_n=\sum\limits_{i=1}^{n}\Delta_i$。

在测量中,常用[ ]表示括号中数值的代数和。

表6-1中相对个数$\frac{k}{n}$称为频率。若以横坐标表示偶然误差的大小,纵坐标表示$\frac{频率}{组距}$,即$\frac{k}{n}$再除以 dΔ(本例取 dΔ = 0.2″),则纵坐标代表$\frac{k}{0.2n}$之值,可绘出误差统计直方图,如图6-1所示。

显然,图6-1中所有矩形面积的总和等于1,而每个长方条的面积(图6-1中斜线所示的面积)等于$\frac{k}{0.2n}\times0.2=\frac{k}{n}$,即为偶然误差出现在该区间的频率。例如,偶然误差出现在 +0.4″~0.6″区间内的频率为0.092。若使观测次数 n→∞,并将区间 dΔ 分得无限小(d→0),此时各组内的频率趋于稳定而成为概率。直方图顶端连线将变成一个光滑的对称曲线(图6-2),该曲线称为高斯偶然误差分布曲线,在概率论中称为正态分布曲线。也就是说,在一定的观测条件下,对应着一个确定的误差分布。曲线的纵坐标$\frac{概率}{间距}$,它是偶然误差 Δ 的函数,记为$f(\Delta)$。图6-2中斜线所表示的长方条面积$f(\Delta_i)d\Delta$,为偶然误差出现在微小区间$\left(\Delta_i-\frac{1}{2}d\Delta,\Delta_i+\frac{1}{2}d\Delta\right)$内的概率,记为 $P(\Delta_i)=f(\Delta_i)d\Delta$,称为概率元素。

图6-1 误差统计直方图

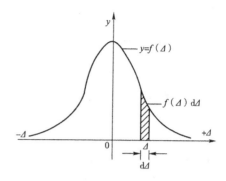
图6-2 误差分布曲线

偶然误差出现在微小区间 $d\Delta$ 内的概率的大小与 $f(\Delta i)$ 值有关。$f(\Delta i)$ 越大,表示偶然误差出现在该区间内的概率也越大,反之则越小。因此称 $f(\Delta)$ 为偶然误差的概率密度函数,简称密度函数,其公式为

$$f(\Delta) = \frac{1}{\sqrt{2\pi}\sigma} e^{-\frac{\Delta^2}{2\sigma^2}} \tag{6-3}$$

式中:σ——观测误差的标准差。

由偶然误差的特性可知,当观测次数无限增加时,偶然误差的算术平均值必然趋近于零。但实际上,对任何一个未知量不可能进行无限次观测,通常为有限次观测,因而不能以严格的数学理论去理解这个表达式,它只能说明这个趋势。但是,由于其正的误差和负的误差可以相互抵消,因此我们可以采用多次观测,取观测结果的算术平均作为最终结果。由于偶然误差本身的特性,它不能用计算改正和改变观测方法来简单地加以消除,只能用偶然误差的理论加以处理,以减弱偶然误差对测量成果的影响。因为偶然误差对观测值的精度有较大影响,为了提高精度、削减其影响,一般采用以下措施:

①在必要时或仪器设备允许的条件下适当提高仪器等级。

②进行多余观测。如测一个平面三角形,只需测得其中两个角即可决定其形状。但实际上还要测出第三个角,使观测值的个数大于未知量的个数,以便检查三角形内角和是否等于180°,从而根据闭合差评定测量精度和分配闭合差。

③求最可靠值。一般情况下,未知量真值无法求得,通过多余观测,求出观测值的最或是值,即最可靠值。最常见的方法是求得观测值的算术平均值。

3. 粗差

粗差是一些不确定因素引起的误差。国内外学者在粗差的认识上还未有统一的看法,目前的观点主要有几类:一类是将粗差看作与偶然误差具有相同的方差,但期望值不同;另一类是将粗差看作与偶然误差具有相同的期望值,但其方差十分巨大;还有一类是认为偶然误差与粗差具有相同的统计性质,但有正态与病态的不同。以上理论均是建立在把偶然误差和粗差均为属于连续型随机变量的范畴。还有一些学者认为粗差属于离散型随机变量。

在观测过程中,系统误差和偶然误差往往是同时存在的。当观测值中有显著的系统误差时,偶然误差就居于次要地位,观测误差呈现出系统的性质;反之,呈现出偶然的性质。因此,对一组剔除了粗差的观测值,首先应寻找、判断和排除系统误差,或将其控制在允许的范围内,然后根据偶然误差的特性对该组观测值进行数学处理,求出最接近未知量真值的估值,称为最或是值;同时,评定观测结果质量的优劣,即评定精度。这项工作在测量上称为测量平差,简称

平差。本章主要讨论偶然误差及其平差。

五、衡量精度的指标

1. 中误差

在等精度观测值中,各真误差平方的平均数的平方根,称为中误差,也称均方误差。即

$$m = \pm\sqrt{\frac{[\Delta\Delta]}{n}} \tag{6-4}$$

【例6-1】 设有两组测量小组,分别对三角形内角和进行8次等精度观测,求其真误差分别为

第一组: $-3''$、$+3''$、$-1''$、$-3''$、$+4''$、$+2''$、$-1''$、$-4''$

第二组: $+1''$、$-5''$、$-1''$、$+6''$、$-4''$、$0''$、$+3''$、$-1''$

试求这两组观测值的中误差,比较哪组测量工作更精确?

解:$m_1 = \pm\sqrt{\dfrac{9+9+1+9+16+4+1+16}{8}} = \pm 2.9''$

$m_2 = \pm\sqrt{\dfrac{1+25+1+36+16+0+9+1}{8}} = \pm 3.3''$

比较 m_1 和 m_2 可知,第一组观测值的精度要比第二组高。

必须指出,在相同的观测条件下所进行的一组观测,由于它们对应着同一种误差分布,因此,对于这一组中的每一个观测值,虽然各真误差彼此并不相等,有的甚至相差很大,但它们的精度均相同,即都为同精度观测值。

2. 容许误差

由偶然误差的第一特性可知,在一定的观测条件下,偶然误差的绝对值不会超过一定的限值,这个限值就是容许误差或称极限误差。根据误差理论和大量的实践证明,在一系列的同精度观测误差中,真误差绝对值大于中误差的概率约为32%;大于2倍中误差的概率约为5%;大于3倍中误差的概率约为0.3%。也就是说,大于3倍中误差的真误差实际上是不可能出现的。因此,通常以3倍中误差作为偶然误差的极限值。在测量工作中一般取3倍中误差作为观测值的容许误差,即

$$\Delta_容 = 3|m| \tag{6-5}$$

当某观测值的误差超过了容许的3倍中误差时,将认为该观测值含有粗差,而应舍去不用或重测。在对精度要求较高时,常取2倍的中误差作为容许误差,即

$$\Delta_容 = 2|m| \tag{6-6}$$

3. 相对误差

对于某些观测结果,有时单靠中误差还不能完全反映观测精度的高低。例如,分别丈量了100m和200m两段距离,中误差均为±0.02m。虽然两者的中误差相同,但就单位长度而言,两者精度并不相同,后者显然优于前者。为了客观反映实际精度,常采用相对误差。

观测值中误差 m 的绝对值与相应观测值 D 的比值称为相对误差。它是一个无名数,常用分子为1的分数表示,即

$$K = \frac{|m|}{D} = \frac{1}{D/|m|} \tag{6-7}$$

式中:m——中误差;

D——观测值。

上例中前者的相对中误差为：$K_1 = \dfrac{0.02}{100} = \dfrac{1}{5000}$。

后者的相对中误差为：$K_2 = \dfrac{0.02}{200} = \dfrac{1}{10000}$，表明后者精度高于前者。

对于真误差或容许误差，有时也用相对真误差来表示。例如，距离测量中的往返测较差与距离值之比就是所谓的相对真误差，即

$$\frac{|D_{往} - D_{近}|}{D_{平均}} = \frac{1}{\dfrac{D_{平}}{\Delta D}}$$

与相对误差对应，真误差、中误差、容许误差都是绝对误差。

第二节 等精度观测的最可靠值及其中误差

一、最可靠值

设在相同观测条件下，对某一未知量进行了 n 次观测，得观测值 l_1、l_2、l_3、$\cdots$、l_n，则该量的最可靠值就是算术平均值 x，即

$$x = \frac{l_1 + l_2 + l_3 + \cdots + l_n}{n} = \frac{[l]}{n} \tag{6-8}$$

若 Δ_1、Δ_2、Δ_3、$\cdots$、Δ_n 为 n 次等精度观测值 l_1、l_2、l_3、$\cdots$、l_n 的真误差，X 为该量的真值，则有

$$\left.\begin{aligned} \Delta_1 &= X - l_1 \\ \Delta_2 &= X - l_2 \\ &\cdots \\ \Delta_n &= X - l_n \end{aligned}\right\} \tag{6-9}$$

将上列等式相加并除以 n 得

$$\frac{[\Delta]}{n} = X - \frac{[l]}{n}$$

根据偶然误差的第四个特性，有

$$\lim_{n \to \infty} \frac{[\Delta]}{n} = 0$$

由此可得

$$X = \lim_{n \to \infty} \frac{[l]}{n}$$

即

$$\lim_{n \to \infty} x = X \tag{6-10}$$

由此可见，当观测次数 n 趋于无限多次，算术平均值就是该量的真值。但实际工作中观测次数总是有限的，这样算术平均值就不等于真值，但它与所有观测值比较都更接近于真值。因此，可认为算术平均值是该量的最可靠值，故又称为最或然值。

二、观测值改正数

在实际工作中，未知量的真值往往是不知道的，因此真误差 Δ_i 也无法求得，因而不能求观测

值的中误差。但未知量的最或是值 x 与观测值 l_i 之差 v_i 是可以求得的，v_i 称为观测值改正数，即

$$\left.\begin{array}{l}v_1 = x - l_1 \\ v_2 = x - l_2 \\ \cdots \\ v_n = x - l_n\end{array}\right\}(i = 1,2,3,\cdots,n) \qquad (6\text{-}11)$$

求和得

$$[v] = nx - [l]$$

两边除以 n 得

$$\frac{[v]}{n} = x - \frac{[l]}{n}$$

由 $x = \frac{[l]}{n}$ 得

$$[v] = 0 \qquad (6\text{-}12)$$

可知，对于任何一组等精度观测值，其改正数代数和等于零，这就是观测值改正数的特性。根据这一结论可检查计算的算术平均值和改正数是否正确。

三、由观测值改正数计算观测值中误差

根据真误差定义得

$$\left.\begin{array}{l}\Delta_1 = X - l_1 \\ \Delta_2 = X - l_2 \\ \cdots \\ \Delta_n = X - l_n\end{array}\right\} \qquad (6\text{-}13)$$

由式(6-13)与式(6-11)对应相减得

$$\left.\begin{array}{l}\Delta_1 = v_1 + (X - x) \\ \Delta_2 = v_2 + (X - x) \\ \cdots \\ \Delta_n = v_n + (X - x)\end{array}\right\}$$

上式两边平方并相加得

$$[\Delta\Delta] = [vv] + n(X - x)^2 + 2(X - x)[v]$$

因为 $[v] = 0$，所以

$$[\Delta\Delta] = [vv] + n(X - x)^2$$

上式两边除以 n 得

$$\frac{[\Delta\Delta]}{n} = \frac{[vv]}{n} + (X - x)^2 \qquad (6\text{-}14)$$

$(X - x)$ 是算术平均值的真误差，以 δ 表示，则有

$$\delta^2 = (X - x)^2 = \left(X - \frac{[l]}{n}\right)^2 = \frac{1}{n^2}(nX - [l])^2$$

$$= \frac{1}{n^2}(X - l_1 + X - l_2 + \cdots + X - l_n)^2 = \frac{1}{n^2}(\Delta_1 + \Delta_2 + \cdots + \Delta_n)^2$$

$$= \frac{1}{n^2}(\Delta_1^2 + \Delta_2^2 + \cdots + \Delta_n^2 + 2\Delta_1\Delta_2 + 2\Delta_1\Delta_3 + \cdots + 2\Delta_{n-1}\Delta_n)$$

$$= \frac{[\Delta\Delta]}{n^2} + \frac{2}{n^2}(\Delta_1\Delta_2 + \Delta_1\Delta_3 + \cdots + \Delta_{n-1}\Delta_n)$$

由于 Δ_1、Δ_2、$\cdots$、Δ_n 是偶然误差,故 $\Delta_1\Delta_2$、$\Delta_2\Delta_3$、$\Delta_{n-1}\Delta_n$ 也具有偶然误差的性质。根据偶然误差的补偿特性,当 n 相当大时,其总和接近于零;当 n 为较大有限值时,其值也远远比 $[\Delta\Delta]$ 小,可以忽略不计。因而式(6-14)可以近似地写成

$$\frac{[\Delta\Delta]}{n} = \frac{[vv]}{n} + \frac{[\Delta\Delta]}{n^2} \tag{6-15}$$

根据中误差定义,得

$$m^2 = \frac{[vv]}{n} + \frac{m^2}{n}$$

$$m = \pm\sqrt{\frac{[vv]}{n-1}} \tag{6-16}$$

式(6-16)即为利用观测值改正数计算中误差的公式,称为白塞尔公式。

四、算术平均值中误差

算术平均值 x 的中误差 M_x,可由下式计算:

$$M_x = \frac{m}{\sqrt{n}} \tag{6-17}$$

$$M_x = \sqrt{\frac{[vv]}{n(n-1)}} \tag{6-18}$$

其公式证明见第三节【例6-3】。

第三节 误差传播定律及其应用

一、误差传播定律

中误差是衡量测量工作误差的指标,但在实际测量工作中,某些量的大小往往不是直接观测到的,而是通过一定的函数关系间接计算而求得的。表述观测值函数的中误差与观测值中误差之间关系的定律称为误差传播定律。

设 Z 为独立变量 x_1、x_2、$\cdots$、x_n 的函数,即

$$Z = f(x_1, x_2, \cdots, x_n)$$

其中,Z 为不可直接观测的未知量,真误差为 Δ_z,中误差为 m_z;各独立变量 $x_i(i=1,2,\cdots,n)$ 为直接观测的未知量,相应的观测值为 l_i,真误差为 Δ_i,中误差为 m_i。

当各观测值带有真误差 Δ_i 时,函数也随之带有真误差 Δ_z。

$$Z + \Delta_z = (x_1 + \Delta_1, x_2 + \Delta_2, \cdots, x_n + \Delta_n)$$

按泰勒级数展开,取近似值

$$Z + \Delta_z = f(x_1, x_2, \cdots, x_n) + \left(\frac{\partial f}{\partial x_1}\Delta_1 + \frac{\partial f}{\partial x_2}\Delta_2 + \cdots + \frac{\partial f}{\partial x_n}\Delta_n\right)$$

即

$$\Delta_z = \frac{\partial f}{\partial x_1}\Delta_1 + \frac{\partial f}{\partial x_2}\Delta_2 + \cdots + \frac{\partial f}{\partial x_n}\Delta_n$$

若对各独立变量都测定了 k 次,其平方和关系式为

$$\sum_{j=1}^{k}\Delta_{zj}^{2} = \left(\frac{\partial f}{\partial x_{1}}\right)^{2}\sum_{j=1}^{k}\Delta_{1j}^{2} + \left(\frac{\partial f}{\partial x_{2}}\right)^{2}\sum_{j=1}^{k}\Delta_{2j}^{2} + \cdots + \left(\frac{\partial f}{\partial x_{n}}\right)^{2}\sum_{j=1}^{k}\Delta_{nj}^{2} + $$

$$2\left(\frac{\partial f}{\partial x_{1}}\right)\left(\frac{\partial f}{\partial x_{2}}\right)\sum_{j=1}^{k}\Delta_{1j}\Delta_{2j} + 2\left(\frac{\partial f}{\partial x_{1}}\right)\left(\frac{\partial f}{\partial x_{3}}\right)\sum_{j=1}^{k}\Delta_{1j}\Delta_{3j} + \cdots$$

由偶然误差的特性可知,当观测次数 $k \to \infty$ 时,上式中各偶然误差 Δ 的交叉项总和均趋于零,又因为

$$\frac{\sum_{j=1}^{k}\Delta_{zj}^{2}}{k} = m_{z}^{2} \qquad \frac{\sum_{j=1}^{k}\Delta_{ij}^{2}}{k} = m_{i}^{2}$$

则有

$$m_{z}^{2} = \left(\frac{\partial f}{\partial x_{1}}\right)^{2}m_{1}^{2} + \left(\frac{\partial f}{\partial x_{2}}\right)^{2}m_{2}^{2} + \cdots + \left(\frac{\partial f}{\partial x_{n}}\right)^{2}m_{n}^{2}$$

或

$$m_{z} = \pm\sqrt{\left(\frac{\partial f}{\partial x_{1}}\right)^{2}m_{1}^{2} + \left(\frac{\partial f}{\partial x_{2}}\right)^{2}m_{2}^{2} + \cdots + \left(\frac{\partial f}{\partial x_{n}}\right)^{2}m_{n}^{2}} \qquad (6-19)$$

式(6-19)即为观测中误差与其函数中误差的一般关系式,称中误差传播公式。依据次关系式可以推导出下列简单函数的中误差传播公式,见表6-2。

中误差传播公式　　　　　　　　　　　　　　　表 6-2

函数名称	函 数 式	中误差传播公式
倍数关系	$Z = Ax$	$m_z = \pm Am$
和差关系	$Z = x_1 \pm x_2$ $Z = x_1 \pm x_2 \pm \cdots \pm x_n$	$m_z = \pm\sqrt{m_1^2 + m_2^2}$ $m_z = \pm\sqrt{m_1^2 + m_2^2 + \cdots + m_n^2}$
线性关系	$Z = A_1 x_1 \pm A_2 x_2 \pm \cdots \pm A_n x_n$	$m_z = \pm\sqrt{A_1^2 m_1^2 + A_2^2 m_2^2 + \cdots + A_n^2 m_n^2}$
非线性关系	$Z = f(x_1, x_2, \cdots, x_n)$	$m_z = \pm\sqrt{\left(\frac{\partial f}{\partial x_1}\right)^2 m_1^2 + \left(\frac{\partial f}{\partial x_2}\right)^2 m_2^2 + \cdots + \left(\frac{\partial f}{\partial x_n}\right)^2 m_n^2}$

二、误差传播定律的应用

中误差传播公式在测量中应用十分广泛,利用传播公式不仅可以求得观测值函数的中误差,还可以用来研究容许误差值的确定,以及分析观测可能达到的精度等。应用误差传播定律的步骤如下:

(1)正确列出观测值函数关系式。
(2)检查观测值是否独立。
(3)求偏微分并代入观测值确定系数。
(4)套用误差传播公式求出中误差。

【例 6-2】 在 1:500 地形图上,量得两点间某线段长度为 $d = 200$mm,其中误差为 $m_d = \pm 0.2$mm,求该两点间的地面实际水平距离 D 的值及其中误差 m_D。

解: $D = 500d = 500 \times 0.2 = 100$m

$$m_D = \pm 500 \times 0.0002 = \pm 0.10 \text{m}$$

【例6-3】 设对某一三角形观测了其中 α、β 两个角,测角中误差分别为 $m_\alpha = \pm 3.5''$、$m_\beta = \pm 6.2''$,试求 γ 角的中误差 m_γ。

解:$\gamma = 180° - \alpha - \beta$

$$m_\gamma = \pm \sqrt{m_\alpha^2 + m_\beta^2} = \pm \sqrt{(3.5)^2 + (6.2)^2} = \pm 7.1''$$

【例6-4】 试推导出算术平均值中误差公式。

解:算术平均值:$x = \dfrac{[l]}{n} = \dfrac{1}{n}l_1 + \dfrac{1}{n}l_2 + \cdots + \dfrac{1}{n}l_n$

设 $\dfrac{1}{n} = k$,则有

$$x = kl_1 + kl_2 + \cdots + kl_n$$

因为是等精度观测,各观测值的中误差相同,即 $m_1 = m_2 = \cdots = m_n$,得算术平均的中误差为

$$M = \pm \sqrt{k^2 m_1^2 + k^2 m_2^2 + \cdots + k^2 m_n^2} = \pm \sqrt{\dfrac{1}{n^2}(m^2 + m^2 + \cdots + m^2)} = \pm \sqrt{\dfrac{m^2}{n}}$$

所以

$$M = \pm \dfrac{m}{\sqrt{n}} \tag{6-20}$$

【例6-5】 推导用三角形闭合差计算测角中误差公式。

解:设在相同观测条件下(也就是等精度观测)独立观测了 n 个三角形的三个内角 a、b、c,内角和为 $\Sigma i = a_i + b_i + c_i (i = 1, 2, \cdots, n)$。则三角形的角度闭合差为

$$\Delta_i = \Sigma i - 180° \quad (i = 1, 2, \cdots, n)$$

$$m = \pm \sqrt{3} m_\beta$$

Δ_i 实际上就是真误差,根据中误差的计算公式有

$$m = \pm \sqrt{\dfrac{[\Delta\Delta]}{n}}$$

因此

$$m_\beta = \pm \sqrt{\dfrac{[\Delta\Delta]}{3n}}$$

上式称为菲列罗公式,通常用在三角形测量中评定测角精度。

【例6-6】 假设我们用 DS_3 水准仪进行了一段普通水准测量,求一个测站的高差中误差。

解:若 AB 两点间有一个测站,a、b 为水准仪在前后水准尺上的读数,读数的中误差 $m_{读} = \pm 3\text{mm}$。

每站的高差为:$h = a - b$;则每个测站的高差中误差为

$$m_h = \sqrt{m_{读}^2 + m_{读}^2} = \sqrt{2} m_{读} \approx 4\text{mm}$$

若采用黑、红双面尺或两次仪器高法测定高差,并取两次高差的平均值作为每个测站的观测结果,则可求得每个测站高差平均值的中误差为

$$m_{站} = \dfrac{m_h}{\sqrt{2}} = m_{读} = \pm 3\text{mm}$$

若 AB 两点间距离较远,需设 n 个测站。可求得 n 站总高差的中误差 m 为

$$m = m_{站}\sqrt{n} = m_{读}\sqrt{n}$$

即水准测量高差中误差与测站数的平方根成正比。

设每个测站的距离 S 大致相等,全长 $L = n \times S$,将 $n = L/S$ 代入有

$$m = m_{站}\sqrt{1/S}\sqrt{L}$$

式中:$1/S$——每公里测站数;

$m_{站}\sqrt{1/S}$——每公里高差中误差,以 u 表示,则

$$m = \pm u\sqrt{L}$$

即水准测量高差的中误差与距离平方根成正比。

由此,现行规范中规定,普通(图根)水准测量容许高差闭合差分别为:

平地:

$$f_{h容} = \pm 40\sqrt{L} \text{ mm}$$

山地:

$$f_{h容} = \pm 12\sqrt{n} \text{ mm}$$

【例 6-7】 用 DJ_6 经纬仪进行测回法观测水平角,那么用盘左盘右观测同一方向的中误差为 $\pm 6''$。

注意,6″级经纬仪是指一个测回方向观测的平均值中误差,不是指读数的时候估读到 6″。

即 $m_{方} = \pm 6''$。

解: 假设盘左瞄准 A 点时读数为 $A_{左}$,盘右瞄准 A 点时读数为 $A_{右}$,那么瞄准 A 方向一个测回的平均读数应为

$$A = \frac{A_{左} + (A_{右} \pm 180°)}{2}$$

因为,盘左盘右观测值的中误差相等,所以 $m_{A左} = m_{A右} = m_A$。

故 $m_{方} = \dfrac{m_A}{\sqrt{2}}$ 所以瞄准一个方向进行一次观测的中误差为 $m_A = \pm 8.5''$。

由于上半测回的水平角为两个方向值之差,$\beta_{半} = A_{右} - A_{左}$,即

$$m_{\beta半} = \sqrt{2} m_A \approx 12''$$

设上下半测回水平角的差值为

$$\Delta_{\beta半} = \beta_{上半} - \beta_{下半}$$

$$m_{\Delta\beta半} = \sqrt{2} m_{\beta半} = \pm 17''$$

考虑到其他不利因素,所以将这个数值再放大一些,取 20″ 作为上下半测回水平角互差,取 2 倍中误差作为容许误差,所以上下半测回水平角互差应该小于 40″。

第四节 非等精度直接观测量的最可靠值及其中误差

一、权的定义

前面所讨论的问题,是如何从 n 次同精度观测值中求出未知量的最或是值,并评定其精度。但在测量工作中,还可能经常遇到的是对未知量进行 n 次不同精度观测,那么也同样产生

了如何从这些不同精度观测值,求出未知量的最或是值,并评定其精度的问题。

例如,对未知量 x 进行了 n 次不同精度的观测,得 n 个观测值 $l_i(i=1,2,\cdots,n)$,它们的中误差为 $m_i(i=1,2,\cdots,n)$。这时就不能取观测值的算术平均值作为未知量的最或是值了。那么对于不同精度观测,应该用什么公式来计算未知量的最或是值呢?这个问题可以这样解决:在计算不同精度观测值的最或然值时,精度高的观测值在其中占的"比重"大一些,而精度低的观测值在其中占的"比重"小一些。这里,这个"比重"就反映了观测的精度。"比重"可以用数值表示,在测量工作中,称这个数值为观测值的"权"。显然,观测值的精度愈高,即中误差愈小,其权就大;反之,观测值的精度愈低,即中误差愈大,其权就小。

在测量的计算中,给出了用中误差求权的定义公式:设以 P_i 表示观测值 l_i 的权,则权的定义公式为

$$P_i = \frac{\mu^2}{m_i^2}(i=1,2,\cdots,n) \tag{6-21}$$

其中,μ 是任意常数。在用式(6-21)求一组观测值的权 P_i 时,必须采用同一个 μ 值。从上式可见,P_i 是与中误差平方成反比的一组比例数。

式(6-21)可以写为:

$$\mu^2 = P_i m_i^2 \quad (i=1,2,\cdots,n)$$

或

$$\frac{\mu^2}{m_i^2} = \frac{P_i}{1}$$

由此式可见,μ 是权等于 1 的观测值的中误差。通常称等于 1 的权为单位权,权为 1 的观测值为单位权观测值。而 μ 为单位权观测值的中误差,简称为单位权中误差。

当已知一组观测值的中误差时,可以先设定 μ 值,然后按式(6-21)确定这组观测值的权。由权的定义公式(6-21)知:权与中误差的平方成反比,即精度愈高,权愈大。并且有

$$P_1 : P_2 : \cdots : P_n = \frac{1}{m_1^2} : \frac{1}{m_2^2} : \cdots : \frac{1}{m_n^2} \tag{6-22}$$

二、权的性质

(1)权和中误差都是用来衡量观测值精度的指标,但中误差是绝对性数值,表示观测值的绝对精度;权是相对性数值,表示观测值的相对精度。

(2)权与中误差平方成反比,中误差越小,权越大,表示观测值越可靠,精度越高。

(3)权始终取正号。

(4)由于权是一个相对性数值,对于单一观测值而言,权无意义。

(5)权的大小随 l_i 的不同而不同,但权之间的比例关系不变。

(6)在同一个问题中只能选定一个 l_i 值,不能同时选用几个不同的 μ 值,否则就破坏了权之间的比例关系。

三、加权平均值及其中误差

对某量进行不等精度独立观测,得观测值 $l_i(i=1,2,\cdots,n)$,其中误差为 $m_i(i=1,2,\cdots,n)$,权为 $P_i(i=1,2,\cdots,n)$,则观测值的加权平均值为

$$x = \frac{P_1 l_1 + P_2 l_2 + \cdots + P_n l_n}{P_1 + P_2 + \cdots + P_n} = \frac{[Pl]}{[P]} \tag{6-23}$$

将式(6-23)转化为

$$x = \frac{P_1}{[P]}l_1 + \frac{P_2}{[P]}l_2 + \cdots + \frac{P_n}{[P]}l_n$$

应用误差传播定律得

$$m_x^2 = \frac{P_1^2}{[P]^2}m_1^2 + \frac{P_2^2}{[P]^2}m_2^2 + \cdots + \frac{P_n^2}{[P]^2}m_n^2$$

将 $m_i^2 = \frac{\mu^2}{P_i}$ 代入上式,得:

$$m_x^2 = \frac{P_1^2}{[P]^2} \times \frac{\mu^2}{P_1} + \frac{P_2^2}{[P]^2} \times \frac{\mu^2}{P_2} + \cdots + \frac{P_n^2}{[P]^2} \times \frac{\mu^2}{P_n}$$

$$= \mu^2 \left(\frac{P_1}{[P]^2} + \frac{P_2}{[P]^2} + \cdots + \frac{P_n}{[P]^2} \right) = \mu^2 \frac{1}{[P]}$$

所以,加权平均值的中误差为

$$m_x = \pm \frac{\mu}{\sqrt{[P]}} \tag{6-24}$$

思考题

1. 评价观测值精度的指标主要有哪些?
2. 系统误差与偶然误差的区别是什么?偶然误差的统计特性有哪些?
3. 水准测量中,有下列各种情况使水准尺读书带有误差,试判断误差的性质:视准轴与水准管轴不平行、仪器下沉、读数误差、水准尺下沉。
4. 测量正方形边长为 a,中误差为 m,则其周长的中误差为多少?
5. 对某直线进行丈量了 7 次,观测结果为:50.03,50.01,49.99,49.98,50.00,50.02,49.97m。试计算观测中误差、算术平均值中误差及相对误差。
6. 函数 $z = z_1 + z_2$,其中 $z_1 = x + 2y, z_2 = 3x - 2y, x$ 和 y 相互独立,$m_x = m_y = m$,求 m_z。
7. 甲乙两组对某水平角进行了 10 次观测,试根据其真误差判断哪一组更精确。

甲:$+3'', -3'', +4'', -2'', 0'', +3'', -2'', +1'', -1'', 0''$

乙:$-1'', 0'', +4'', +2'', -3'', -3'', 0'', +1'', -2'', -1''$

8. 试阐述权的含义。

第七章 控制测量

第一节 概 述

在一定的区域内,按测量要求的精度测定一系列地面标志点(控制点)的水平距离和高程,建立控制网,这种测量工作称为控制测量。控制网分为平面控制网和高程控制网两种。测定控制点平面位置(x、y)的工作称为平面控制测量,测定控制点高程(H)的工作称为高程控制测量。

在全国范围内建立的控制网,称为国家控制网。它是全国各种比例尺测图的基本控制网,并为确定地球的形状和大小提供研究资料。国家控制网是用精密测量仪器和方法依照施测精度按一、二、三、四共4个等级建立的,其低级点受高级点逐级控制。

如图7-1所示,一等三角锁是国家平面控制网的骨干;二等三角网布设于一等三角锁环内,是国家平面控制网的全面基础;三、四等三角网为二等三角网的进一步加密。建立国家平面控制网,主要采用三角测量的方法。近几年来,电磁波测距技术在测量工作中得到广泛的应用,国家三角网的起始边(图7-1中用双线标明)采用电磁波测距仪直接测定。

如图7-2所示,一等水准网是国家高程控制网的骨干。二等水准网布设于一等水准环内,是国家高程控制网的全面基础。三、四等水准网为国家高程控制网的进一步加密。建立国家高程控制网,采用精密水准测量的方法。

图7-1 国家三角网

图7-2 国家水准网

在城市或厂矿等地区,一般应在上述国家控制点的基础上,根据测区的大小和施工测量的要求,布设不同等级的城市平面控制网和高程控制网,以供地形测图和施工放样使用。国家或城市控制点的平面直角坐标和高程均已求得,其数据可向有关测绘部门索取。

在小区域(面积15km² 以下)内建立的控制网,称为小区域控制网。测定小区域控制网的工作,称为小区域控制测量。小区域控制网分为平面控制网和高程控制网两种。小区域控制网应尽可能以国家或城市已建立的高级控制网为基础进行联测,将国家或城市高级控制点的坐标和高程作为小区域控制网的起算和校核数据。若测区内或附近无国家或城市控制点,或附近有这种高级控制点而不便联测时,则建立测区独立控制网。此外,为工程建设而建立的专用控制网,或个别工程出于某种特殊需要,在建立控制网时,也可以采用独立控制网。高等级公路的控制网,一般应与附近的国家或城市控制网联测。

小区域平面控制网,应视测区面积的大小分级建立测区首级控制和图根控制。

直接供地形测图使用的控制点,称为图根控制点,简称图根点。测定图根点位置的工作,称为图根控制测量。图根点的密度,取决于测图比例尺和地物、地貌的复杂程度。一般地区图根点的密度可参考表7-1的规定。

控制点密度　　　　　　　　　　表7-1

测图比例尺	1:500	1:1000	1:2000	1:5000
图幅尺寸	50×50	50×50	50×50	40×40
控制点个数	8	12	15	30

小区域高程控制网也应视测区面积大小和工程要求采用分级的方法建立。一般以国家或城市等级水准点为基础,在测区建立三、四等水准线路或水准网;再以三、四等水难点为基础,测定图根点的高程。

本章主要阐述小区域控制网建立的有关问题。下面将分别介绍用导线测量和小三角测量建立小区域平面控制网的方法、用三、四等水推测量和三角高程测量建立小区域高程控制网的方法及坐标换带计算。

第二节　平面控制测量

一、控制测量的等级与技术要求

平面控制测量是确定控制点的平面位置。建立平面控制网的经典方法有三角测量和导线测量。如图7-3中,点 A、B、C、D、E、F 组成互相邻接的三角形,观测所有三角形的内角,并至少测量其中一条边长作为起算边,通过计算就可以获得它们之间的相对位置。这种三角形的顶点称为三角点,构成的网形称为三角网,进行这种控制测量称为三角测量。

图7-3　三角网

如图7-4中控制点 1、2、3…用折线连接起来,测量各边的长度和各转折角,通过计算同样可以获得它们之间的相对位置。这种控制点称为导线点,进行这种控制测量称为导线测量。

国家平面控制网是在全国范围内建立的控制网。它是全国各种比例尺测图和工程建设的基本控制网,也为空间科学技术和军事提供精确的点位坐标、距离、方位资料,并为研究地球大小和形状、地震预报等提供重要资料。逐级控制,分为一、二、三、四等三角测量和精密导线测量。图7-5为国家一、二等三角控制网的示意图。

图7-4 导线网

图7-5 国家一、二等三角网

平面控制网的建立,可采用全球定位系统(GPS)测量、三角测量、三边测量和导线测量等方法。其等级依次为二、三、四等和一、二级,各等级的技术指标均有相应的规定。各级公路、桥梁、隧道及其他建筑物的平面控制测量等级的确定,应符合表7-2的规定。

平面控制测量等级　　　　表7-2

等　　级	公路路线控制测量	桥梁桥位控制测量	隧道洞外控制测量
二等三角	—	>5000m 特大桥	>6000m 特长隧道
三等三角、导线	—	2000~5000m 特大桥	4000~6000m 特长隧道
四等三角、导线	—	1000~2000m 特大桥	2000~4000m 特长隧道
一级小三角、导线	高速公路、一级公路	500~1000m 特大桥	1000~2000m 中长隧道
二级小三角、导线	二级及二级以下公路	<500m 大中桥	<1000m 隧道
三级导线	三级及三级以下公路	—	—

三角测量的技术要求应符合表7-3的规定。

三角测量的技术要求　　　　表7-3

等级	平均边长(km)	测角中误差(″)	起始边边长相对中误差	最弱边边长相对中误差	三角形闭合差(″)	测回数 DJ$_1$	测回数 DJ$_2$	测回数 DJ$_3$
二等	3.0	±1.0	1/250000	1/120000	±3.5	12	—	—
三等	2.0	±1.8	1/150000	1/70000	±7.0	6	9	—
四等	1.0	±2.5	1/100000	1/40000	±9.0	4	6	—
一级小三角	0.5	±5.0	1/40000	1/20000	±15.0	—	3	4
二级小三角	0.3	±10.0	1/20000	1/10000	±30.0	—	1	3

三边测量的技术要求应符合表7-4的规定。

三边测量的技术要求　　　　表7-4

等　　级	平均边长(km)	测距相对中误差
二等	3.0	1/250000
三等	2.0	1/150000
四等	1.0	1/100000
一级小三角	0.5	1/40000
二级小三角	0.3	1/20000

光电测距仪按精度分级见表7-5。

光电测距仪按精度分级　　　　　　　　　　表 7-5

测距仪精度等级	每公里测距中误差 m_D(mm)	测距仪精度等级	每公里测距中误差 m_D(mm)
Ⅰ级	$m_D \leq 5$	Ⅲ级	$10 < m_D \leq 20$
Ⅱ级	$5 < m_D \leq 10$		

光电测距技术要求见表 7-6。

光电测距的技术要求　　　　　　　　　　表 7-6

平面控制网等级	测距仪精度等级	观测次数 往	观测次数 返	总测回数	一测回读数较差(mm)	单程各测回较差(mm)	往返较差
二、三等	Ⅰ	1	1	6	≤5	≤7	$\pm\sqrt{2}(a+bD)$
	Ⅱ			8	≤10	≤15	
四等	Ⅰ	1	1	4~6	≤5	≤7	
	Ⅱ			4~8	≤10	≤15	
一级	Ⅱ	1	—	2	≤10	≤15	
	Ⅲ			4	≤20	≤30	
二级	Ⅱ	1	—	1~2	≤10	≤15	
	Ⅲ			2	≤20	≤30	

注：测回是指照准目标一次，读数 2~4 次的过程。

采用普通钢尺丈量基线长度时，应符合表 7-7 的规定。

普通钢尺丈量基线的技术要求　　　　　　　　　　表 7-7

等级	定向偏向(cm)	最大高差(m)	每尺段往返高差之差(mm) 30m	每尺段往返高差之差(mm) 50m	最小读数(mm)	三组读数之差(mm)	同段尺长差(mm) 30m	同段尺长差(mm) 50m	全长各尺之差(mm)	外业手簿计算单位(mm) 尺长	外业手簿计算单位(mm) 改正	外业手簿计算单位(mm) 高差
一级 二级	5	4	4	5	0.5	1.0	2.0	3.0	$30\sqrt{k}$	0.1	0.1	1.0

注：表中 k 为基线全长的公里数。

一级、二级导线采用普通钢尺丈量导线边长时，其技术要求应符合表 7-8 的规定。

普通钢尺丈量导线边长的技术要求　　　　　　　　　　表 7-8

等级	定线偏差(cm)	每尺段往返高差之差(cm)	最小读数(mm)	三组读数之差(mm)	同段尺长差(mm)	外业手簿计算取值(mm) 尺长	外业手簿计算取值(mm) 各项改正	外业手簿计算取值(mm) 高差
一级	5	1	1	2	3	1	1	1
二级	5	1	1	3	4	1	1	1

注：每尺段指两根同向丈量或单尺往返丈量。

城市控制测量是为大比例尺地形测量建立控制网，作为城市规划、施工放样的测量依据。城市平面控制网一般可分为二、三、四等三角网，以及一、二级小三角网或一、二、三级导线。见表 7-9、表 7-10。

城市三角网及图根三角网的主要技术要求　　　　　表 7-9

等级	测角中误差(″)	三角形最大闭合差(″)	平均边长(km)	起始边相对中误差	最弱边相对中误差	测回数		
						DJ_1	DJ_2	DJ_3
二等	±1.0	±3.5	9	1:30万	1:12万	12		
三等	±1.8	±7.0	5	首级1:20万	1:8万	6	9	
四等	±2.5	±9.0	2	首级1:12万	1:4.5万	4	6	
一级	±5	±15	1	1:4万	1:2万		2	6
二级	±10	±30	0.5	1:2万	1:1万		1	2
图根	±20	±60	不大于测图最大视距1.7倍		1:1万			1

城市导线及图根导线主要技术要求　　　　　表 7-10

等级	测角中误差(″)	方位角闭合差(″)	附合导线长度(km)	平均边长(m)	测距中误差(mm)	全长相对中误差
一级	±5	$±10\sqrt{n}$	3.6	300	±15	1:14000
二级	±8	$±16\sqrt{n}$	2.4	200	±15	1:10000
三级	±12	$±24\sqrt{n}$	1.5	120	±15	1:6000
图根	±30	$±40\sqrt{n}$				1:2000

三角水平角观测技术要求见表 7-11。

图根三角水平角观测技术要求　　　　　表 7-11

仪器类型	半测回归零差(″)	测回数	测角中误差(″)	三角形最大闭合差(″)	方位角闭合差(″)
DJ_6	24	1	±20	±60	$±40\sqrt{n}$

注：n 为测站数。

二、导线测量

在地面上选定一系列点连成折线，在点上设置测站，然后采用测边、测角方式来测定这些点的水平位置的方法。导线测量是建立国家大地控制网的一种方法，也是工程测量中建立控制点的常用方法。

设站点连成的折线称为导线，设站点称为导线点。测量每相邻两点间距离和每一导线点上相邻边间的夹角，从一起始点坐标和方位角出发，用测得的距离和角度依次推算各导线点的水平位置。其导线测量的技术要求见表 7-12。

导线测量技术要求　　　　　表 7-12

等级	附合导线长度(km)	平均边长(km)	每边测距中误差(mm)	测角中误差(″)	导线全长相对闭合差	方位角闭合差(″)	测回数		
							DJ_1	DJ_2	DJ_6
三等	30	2.0	13	1.8	1/55000	$±3.6\sqrt{n}$	6	10	—
四等	20	1.0	13	2.5	1/35000	$±5\sqrt{n}$	4	6	—
一级	10	0.5	17	5.0	1/15000	$±10\sqrt{n}$	—	2	4
二级	6	0.3	30	8.0	1/10000	$±16\sqrt{n}$	—	1	3
三级	—	—	—	20.0	1/2000	$±30\sqrt{n}$	—	1	2

注：表中 n 为测站数。

1. 导线的布设形式

导线测量的布设形式有以下几种：

(1) 闭合导线

导线的起点和终点为同一个已知点，形成闭合多边形，如图 7-6a)所示，B 点为已知点，P_1、…、P_n 为待测点，α_{ab} 为已知方向。

(2) 附合导线

敷设在两个已知点之间的导线称为附合导线。如图 7-6b)所示，B 点为已知点，α_{ab} 为已知方向，经过 P_i 点最后附合到已知点 C 和已知方向 α_{cd}。

(3) 支导线

从一个已知点出发不回到原点，也不附合到另外已知点的导线称为支导线，支导线也称自由导线，如图 7-6c)所示。由于支导线无法检核，故布设时应十分仔细，规范规定支导线不得超过三条边。

图 7-6 导线的布设形式

2. 导线测量的外业工作

导线测量的外业工作包括踏勘选点及建立标志、量边、测角和连测。

(1) 踏勘选点及建立标志

选点前，应调查搜集测区已有地形图和高一级的控制点的成果资料，把控制点展绘在地形图上，然后在地形图上拟定导线的布设方案，最后到野外去踏勘，实地核对、修改、落实点位。如果测区没有地形图资料，则需详细踏勘现场，根据已知控制点的分布、测区地形条件及测图和施工需要等具体情况，合理地选定导线点的位置。

实地选点时，应注意下列几点：

①相邻点间通视良好，地势较平坦，便于测角和量距。

②点位应选在土质坚实处，便于保存标志和安置仪器。

③视野开阔，便于测图和放样。

④导线各边的长度应大致相等，除特殊情形外，对于二、三级导线，其边长应不大于350m，

也不宜小于50m,平均边长见表7-10。

⑤导线点应有足够的密度,分布较均匀,便于控制整个测区。

导线点选定后,要在每一点位上打一大木桩,其周围浇灌一圈混凝土(图7-7),桩顶钉一小钉,作为临时性标志,若导线点需要保存的时间较长,就要埋设混凝土桩或石桩,桩顶刻"⊕"字,作为永久性标志。导线点应统一编号。为了便于寻找,应量出导线点与附近固定而明显的地物点的距离,绘一草图,注明尺寸,称为"点之记",如图7-7b)所示。

(2)量边

导线边长可用光电测距仪测定,测量时要同时观测竖直角,供倾斜改正之用。若用钢尺丈量,钢尺必须经过检定。对于一、二、三级导线,应按钢尺量距的精密方法进行丈量。对于图根导线,用一般方法往返丈量或同一方向丈量两次,取其平均值,并要求其相对误差不大于1/3000。钢尺量距结束后,应进行尺长改正、温度改正和倾斜改正,三项改正后的结果作为最终成果。

图7-7 导线点埋置图

如果导线遇到障碍,不能直接丈量,可采用电磁波测距仪(全站仪)测定。无条件时,可采用间接方法测定。如图7-8所示,导线边 FG 跨越河流,这时选定一点 P,要求基线 FP 便于丈量,且△FGP 接近等边三角形。丈量基线长度 b,观测内角 α、β、γ。当三角形内角和与180°之差不超过60″时,则将闭合差反符号均分于三个内角,然后用正弦定理算出导线边长 FG。

(3)测角

用测回法施测导线的转折角及连接角。转折角包括左角和右角,左角是位于导线前进方向左侧的角,右角是位于导线前进方向右侧的角。一般在附合导线或支导线中,是测量导线右角,在闭合导线中均测内角。若闭合导线按顺时针方向编号,则其右角就是内角。测角时,为了便于瞄准,可在已埋设的标志上用三根竹竿吊一个大垂球,或用测钎、觇牌作为照准标志。水平角方向观测法各项限差应符合表7-13的规定。

图7-8 边长间接丈量图

水平角观测主要技术要求　　　　　　　　表7-13

测量等级	经纬仪型号	光学测微器两次重合读数差	半测回归零差	同一测回中2C较差	同一方向各测回间较差	测回数
三等	DJ_1	≤1	≤6	≤9	≤6	≥6
三等	DJ_2	≤3	≤8	≤13	≤9	≥10
四等	DJ_1	≤1	≤6	≤9	≤6	≥4
四等	DJ_2	≤3	≤8	≤13	≤9	≥6
一级	DJ_2	—	≤12	≤18	≤12	≥2
一级	DJ_6	—	≤24	—	≤24	≥4
二级	DJ_2	—	≤12	≤18	≤12	≥1
二级	DJ_6	—	≤24	—	≤24	≥3

注：当观测方向的垂直角超过±3°时，该方向的2C较差可按同一观测时间段内相邻测回进行比较。

(4)联测

导线与高级控制点连接，必须观测连接角连接边（图7-9），作为传递坐标方位角和坐标之用。如果附近无高级控制点，则应用罗盘仪施测导线起始边的磁方位角，并假定起始点的坐标作为起算数据。

图7-9　导线的联测角和联测边

3.导线测量内业计算

导线测量内业计算的目的就是计算各导线点的平面坐标x、y。

计算之前，应先全面检查导线测量外业记录、数据是否齐全，有无记错、算错，成果是否符合精度要求，起算数据是否准确。然后绘制计算略图，将各项数据注在图上的相应位置。

1)闭合导线坐标计算

(1)准备工作

将校核过的外业观测数据及起算数据填入"闭合导线坐标计算表"中，起算数据用单线标明。

(2)角度闭合差的计算与调整

①计算角度闭合差。如图7-10所示，n边形闭合导线内角和的理论值为

$$\sum \beta_{理} = (n-2) \times 180° \tag{7-1}$$

式中：n——导线边数或转折角数。

由于观测水平角不可避免地含有误差，致使实测的内角之和不等于理论值，两者之差称为角度闭合差，用f_β表示，即

$$f_\beta = \sum \beta_{测} - \sum \beta_{理} = \sum \beta_{测} - (n-2) \times 180° \tag{7-2}$$

②计算角度闭合差的容许值。角度闭合差的大小反映了水平角观测的质量。各级导线角度闭合差的容许值 $f_{\beta容}$ 见表7-10,其中图根导线角度闭合差的容许值 $f_{\beta容}$ 的计算公式为

$$f_{\beta容} = \pm 40'' \sqrt{n} \tag{7-3}$$

如果 $|f_\beta| > |f_{\beta容}|$,说明所测水平角不符合要求,应对水平角重新检查或重测。

如果 $|f_\beta| \leq |f_{\beta容}|$,说明所测水平角符合要求,可对所测水平角进行调整。

③计算水平角改正数。如角度闭合差不超过角度闭合差的容许值,则将角度闭合差反符号平均分配到各观测水平角中,也就是每个水平角加相同的改正数 v_β,计算公式为

$$v_\beta = -\frac{f_\beta}{n} \tag{7-4}$$

计算检核:水平角改正数之和应与角度闭合差大小相等符号相反,即

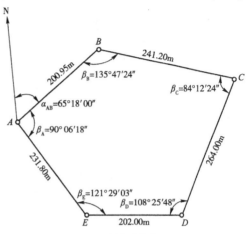

图7-10 闭合导线草图

$$\sum v_\beta = -f_\beta \tag{7-5}$$

④计算改正后的水平角。改正后的水平角 $\beta_{i改}$ 等于所测平角加上水平角改正数 v_β

$$\beta_{i改} = \beta_i + v_\beta \tag{7-6}$$

计算检核:改正后的闭合导线内角之和应为 $(n-2) \times 180°$。

(3)推算各边的坐标方位角

根据起始边的已知坐标方位角及改正后的水平角,利用下两式推算其他各导线边的坐标方位角。

$$\alpha_{前} = \alpha_{后} + \beta_{左} - 180°$$
$$\alpha_{前} = \alpha_{后} - \beta_{右} + 180°$$

计算检核:最后推算出起始边坐标方位角,它应与原有的起始边已知坐标方位角相等,否则应重新检查计算。

(4)坐标增量的计算及其闭合差的调整

①计算坐标增量。根据已推算出的导线各边的坐标方位角和相应边的边长,按下式计算各边的坐标增量。

$$\Delta x_{AB} = D_{AB} \cos \alpha_{AB}$$
$$\Delta y_{AB} = D_{AB} \sin \alpha_{AB}$$

②计算坐标增量闭合差。如图7-11a)所示,闭合导线,纵、横坐标增量代数和的理论值应为零,即

$$\left. \begin{array}{l} \sum \Delta x_理 = 0 \\ \sum \Delta y_理 = 0 \end{array} \right\} \tag{7-7}$$

实际上由于导线边长测量误差和角度闭合差调整后的残余误差,使得实际计算所得的 $\sum \Delta x$、$\sum \Delta y$ 不等于零,从而产生纵坐标增量闭合差和横坐标增量闭合差,即

$$f_x = \sum \Delta x_{ij}$$
$$f_y = \sum \Delta y_{ij} \tag{7-8}$$

③计算导线全长闭合差 f 和导线全长相对闭合差 K_f。从图7-11b)可以看出,由于坐标增

量闭合差 f_x、f_y 的存在,使导线不能闭合,产生导线全长闭合差 f,并用下式计算:

$$f = \sqrt{f_x^2 + f_y^2} \tag{7-9}$$

 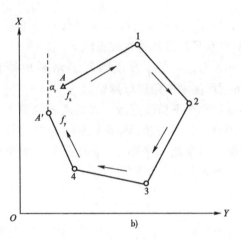

图 7-11 闭合导线坐标增量及闭合差

仅从 f 值的大小还不能说明导线测量的精度,衡量导线测量的精度还应该考虑到导线的总长。将 f 与导线全长 $\sum D$ 相比,以分子为 1 的分数表示,称为导线全长相对闭合差 K_f,即

$$K_f = \frac{f}{\sum D} = \frac{1}{\sum D/f} \tag{7-10}$$

以导线全长相对闭合差 K_f 来衡量导线测量的精度,K_f 的分母越大,精度越高。不同等级的导线,其导线全长相对闭合差的容许值见表 7-10,图根导线为 1/2000。

④调整坐标标增量闭合差。调整的原则是将 f_x、f_y 反号,并按与边长成正比的原则,分配到各边对应的纵、横坐标增量中去。以 v_{xi}、v_{yi} 分别表示第 i 边的纵、横坐标增量改正数,即

$$\left. \begin{array}{l} v_{xi} = -\dfrac{f_x}{\sum D} \times D_i \\ v_{yi} = -\dfrac{f_y}{\sum D} \times D_i \end{array} \right\} \tag{7-11}$$

(5) 坐标计算

改正后的坐标增量为改正前的坐标增量加上改正数。控制点的坐标为上一点坐标加上坐标增量。

$$\left. \begin{array}{l} \Delta x_{i改} = \Delta x_i + v_{xi} \\ \Delta y_{i改} = \Delta y_i + v_{yi} \end{array} \right\} \tag{7-12}$$

$$\left. \begin{array}{l} x_{i+1} = x_i + \Delta x_{i改} \\ y_{i+1} = y_i + \Delta y_{i改} \end{array} \right\} \tag{7-13}$$

如图 7-10 所示,已知 A 点坐标 (450.00, 450.00),闭合导线点 B、C、D、E 的坐标计算见表 7-14。

闭合导线计算   表7-14

测站	角度观测值 (° ′ ″)	改后角度值 (° ′ ″)	方位角 (° ′ ″)	导线长 (m)	坐标增量计算值		改正后坐标增量		坐标值	
					Δx	Δy	Δx	Δy	x	y
1	2	3	4	5	6		7		8	
A			65 18 00	200.95	(+0.05) +83.97	(0.00) +67.26	84.02	182.56	450.00	450.00
B	(−12) 135 47 24	136 47 12	109 25 37	241.20	(+0.06) −80.57	(−0.01) +144.68	−80.51	227.34	534.02	632.56
C	(−11) 84 12 24	84 12 13	205 18 35	264.00	(+0.07) −238.66	(−0.01) +187.05	−238.59	−112.87	453.51	859.90
D	(−11) 108 25 48	108 25 37	276 52 58	202.00	(+0.05) +24.21	(0.00) +129.60	24.26	−200.54	214.92	747.03
E	(−11) 121 29 03	121 28 52	335 24 06	231.80	(+0.06) +210.76	(0.00) −96.49	210.82	−96.49	239.18	546.49
A	(−12) 90 06 18	90 06 06							450.00	450.00
Σ	540 00 57	540 00 00		1139.95	−0.29	+0.02	0	0		
辅助计算	$f_\beta = \Sigma\beta_i - (5-2)\times180° = +57''$ $f_{\beta容} = \pm40''\sqrt{n} = \pm89''$ $\Sigma D = 1139.95\text{m}$ $f_x = \Sigma\Delta x_i - 0 = -0.29\text{m}$ $f_y = \Sigma\Delta y_i - 0 = +0.02\text{m}$ $f = \sqrt{f_x^2+f_y^2} = 0.29\text{m}$ $K = \dfrac{f}{\Sigma D} = \dfrac{1}{3921} < \dfrac{1}{2000}$									

2) 附合导线坐标计算

对于附合导线,闭合差计算公式中的$\Sigma\beta_{理}$、$\Sigma\Delta x_{理}$、$\Sigma\Delta y_{理}$与闭合导线不同。下面着重介绍其不同点。

(1) 角度闭合差中$\Sigma\beta_{理}$的计算

设有附合导线如图7-12所示,已知,起始边BA坐标方位角α_{BA}和终边EF的坐标方位角α_{EF}。观测所有左角β_i(包括连接角β_A和β_E)。则有

$$\alpha_{EF} = \alpha_{BA} + \Sigma\beta_{理左} - 5\times180°$$

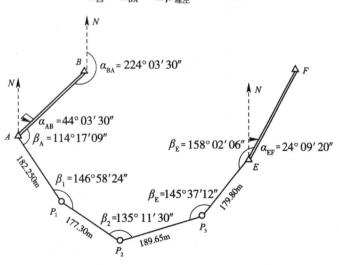

图7-12 附合导线图

写成一般公式为

$$\alpha_{EF} = \alpha_{BA} - n \times 180° + \sum\beta_{理左} \tag{7-14}$$

式中：n——水平角观测个数。满足上式的 $\sum\beta_{理左}$ 即为左角的理论值之和。

将上式整理可得

$$\sum\beta_{理左} = \alpha_{终} - \alpha_{始} + n \times 180° \tag{7-15}$$

若观测右角，得

$$\sum\beta_{理右} = \alpha_{始} - \alpha_{终} + n \times 180° \tag{7-16}$$

(2) 坐标增量闭合差中 $\sum\Delta x_{理}$、$\sum\Delta y_{理}$ 的计算

附合导线的坐标增量代数和的理论值应等于终、始两点的已知坐标值之差。即

$$\left.\begin{array}{l}\sum\Delta x_{理} = x_{终} - x_{始} \\ \sum\Delta y_{理} = y_{终} - y_{始}\end{array}\right\} \tag{7-17}$$

附合导线的导线全长闭合差，全长相对闭合差和容许相对闭合差的计算，以及增量闭合差的调整，与闭合导线相同。

例如，已知附合导线 A、B、E、F 坐标，其他测量数据如图 7-12 所示。导线点 P_1、P_2、P_3 坐标计算见表 7-15。

附合导线计算　　　　　　　　表 7-15

测站	角度观测值 (° ′ ″)	改后角度值 (° ′ ″)	方位角 (° ′ ″)	导线长 (m)	坐标增量计算值		改正后坐标增量		坐 标 值	
					Δx	Δy	Δx	Δy	x	y
1	2	3	4	5	6		7		8	
B			224 03 30	182.25	(-0.03) -169.38	(+0.03) +67.26	-169.41	67.29		
A	(-06) 114 17 09	114 17 03	158 20 33	177.30	(-0.03) -102.49	(+0.02) +144.68	-102.52	144.70	640.90	1068.74
P_1	(-06) 146 58 24	146 58 18	125 18 51	189.65	(-0.03) +31.29	(+0.03) +187.05	31.26	187.08	471.49	1136.03
P_2	(-07) 135 11 30	135 11 23	80 30 14	179.80	(-0.03) +124.62	(+0.02) +129.60	124.59	129.62	368.97	1280.73
P_3	(-06) 145 37 12	145 37 06	46 07 20						400.23	1467.81
E	(-06) 158 02 06	158 02 00	24 09 20						524.82	1597.43
F										
辅助计算	$f_\beta = \alpha_{BA} + \sum\beta_i - 5 \times 180° - \alpha_{EF} = +31''$　$f_{\beta容} = \pm 40''\sqrt{n} = \pm 89''$　$\sum D = 729.00\text{m}$ $f_x = \sum\Delta x_i - (x_E - x_A) = -115.96 - (-116.08) = +0.12\text{m}$ $f_y = \sum\Delta y_i - (y_E - y_A) = -0.1\text{m}$　$f = \sqrt{f_x^2 + f_y^2} = 0.16\text{m}$　$K = \dfrac{f}{\sum D} = \dfrac{1}{4556} < \dfrac{1}{2000}$									

3) 支导线的坐标计算

支导线中没有多余观测值，因此也没有闭合差产生，导线转折角和计算的坐标增量不需要进行改正。支导线的计算步骤为：

(1) 根据观测的转折角推算各边坐标方位角。

(2)根据各边坐标方位角和边长计算坐标增量。

(3)根据各边的坐标增量推算各点的坐标。

以上各计算步骤的计算方法同闭合导线。

三、卫星定位测量

GPS测量的实施过程与常规测量的一样,包括方案设计、外业测量和内业数据处理三部分。

1. GPS控制网精度标准的确定

GPS网的技术设计是进行GPS测量的基础。它应根据用户提交的任务书或测量合同所规定的测量任务进行设计。其内容包括测区范围、测量精度、提交成果方式、完成时间等。设计的技术依据是国家测绘局颁发的《全球定位系统测量规范》及建设部颁发的《全球定位系统城市测量技术规程》。

GPS网的精度指标,通常是以网中相邻点之间距离误差 M_D 来表示。

$$M_D = a + b \times 10^{-6} D$$

式中:D——两个相邻点间的距离。

不同用途的GPS网的精度是不一样的,GPS控制网分为A、D、C、D、E 5个等级,其精度指标见表7-16。

GPS测量主要技术要求 表7-16

测量等级	固定误差 a(mm)	比例误差 b(mm/km)
二等	≤5	≤1
三等	≤5	≤2
四等	≤5	≤3
一级	≤10	≤3
二级	≤10	≤5

具体工作中精度标难的确定要根据工作的实际需要,以及具备的仪器设备条件,恰当地确定GPS网的精度等级。布网可以分组布设,或布设同级全面网。

2. 网形设计

GPS网的设计主要考虑以下几个问题:

(1)网的可靠性设计。GPS网有很多优点,如测量速度快,测量幅度高。由于是无线电定位,受外界环境影响大,所以在图形设计时应重点考虑成果的准确可靠。应考虑有可靠的检验方法,GPS网一般应通过独立观测边构成闭合图形,以增加检查条件,提高网的可靠性。GPS网的布设通常有点连式、边连式、网连式及边点混合连式等4种方式。

①点连式。是指相邻同步图形(多台仪器同步观测卫星获得内基线的闭合图形)仅由一个公共点连接,这样构成的图形检查条件太少,一般很少使用,如图7-13所示。

②边连式。是指同步图形之间由一条公共边连接。这种方案的连接边较多,非同步图形的观测基线可组成异步观测环(称为异步环),异步环常用于观测成果的质量检查。所以边连式比点连式可靠,如图7-13所示。

③网连接。是指相邻同步图形之间有两个以上公共点相连接。这种方法需要4台以上的仪器。这种方法的几何强度和可靠性更高,但是花费的时间和经费也更多,常用于高精度控

制网。

④边点混合连接。是指将点连接和边连接行机结合起来,组成 GPS 网。这种网的布设特点是周围的图形尽是以边连接方式,在图形内部形成多个异步环。利用异步环闭合差进行检验,保证测量可靠性,如图 7-13 所示。

a)点连式（7个三角形）　　b)边连式（14个三角形）　　c)边点混合连接（10个三角形）

图 7-13　GPS 布设形式

在低等级 GPS 测量或碎部测量时可用星形布设,如图 7-14 所示。这种方式常用于快速静态测量,优点是测量速度快,但是没有检核条件。为了保证质量,可选两个点作基准点。

(2) GPS 点虽然不需要通视,但是为了适于用经典方法联测和扩展,要求控制点至少与一个其他控制点通视,或者在控制点附近 300m 外布设一个通视良好的方位点,以便建立联测方向。

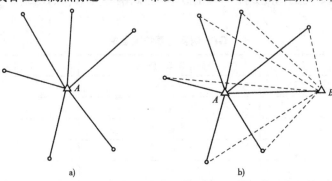

图 7-14　星形布设

(3) 为了求定 GPS 网坐标与原有地面控制网坐标之间的坐标转换参数,要求至少有 3 个 GPS 控制网点与地面控制网点重合。

(4) 为了利用 GPS 进行高程测量,在测区内 GPS 点位尽可能与水准点重合,或者进行等级水准联测。

(5) GPS 点尽量选在视野开阔、交通方便的地点,并要远离高压线、变电所及微波辐射干扰源。

3. 选点、建标志

由于 GPS 测量测站间不要求相互通视,所以选点工作简便。选点时除了应远离产生磁场源的地方和保证观测站在视场内周围障碍物的高度角应小于 10°～15°外,其他要求及建立标志同常规控制测量。

4. GPS 测量的观测工作

1) 外业观测计划设计

(1) 编制 GPS 卫星可见性预报图

利用卫星预报软件,输入测区中心点概略坐标作业时间、卫星截止高度角大于等于15°。

利用不超过20天的星历文件即可编制卫星预报图。

（2）编制作业调度表

应根据仪器数量、交通工具状况、测区交通环境及卫星预报状况制定作业调度表。应包括：①观测时段（测站上开始接收卫星信号到停止观测、连续工作的时间段），注明开间；②测站号、测站名；③接收机号、作业员；④车辆调度表。

2）野外观测

野外观测应严格按照技术设计要求进行。

（1）安置天线

天线安置是GPS精密测量的重要保证。要仔细对中、整平，量取仪器高。仪器高要用钢尺在互为120°方向量3次，互差小于3mm，取平均值后输入GPS接收机。

（2）安置GPS接收机

GPS接收机应安置在距天线不远的安全处。

（3）按顺序操作

按规定时间打开GPS接收机，输入测站名、卫星截止高度角、卫星信号采样间隔等。详细可见仪器操作手册。

一般情况下，接收机只需3min即可锁定卫星进行定位。若仪器长期不用，超过3个月，仪器内的星历过期，仪器要重新捕获卫星，这就需要12.5min。GPS接收机自动化程度很高，仪器一跟踪卫星进行定位，接收机自动将观测到的卫星星历、导航文件以及测站输入信息以文件形式存入接收机内。作业员只需要定期查看接收机工作状况，发现故障及时排除，并做好记录。接收机正常工作过程中不要随意开关电源、更改设置参数、关闭文件等。

一个时段的测量结束后，要查看仪器高和测站名是否输入，确保无误后再关机、关电源、迁站。

（4）GPS接收机记录的数据

①输入卫星星历和卫星钟差参数。

②观测历元的时刻和伪距观测值及载波相位观测值。

③GPS绝对定位结果。

④测站信息。

3）观测数据下载及数据预处理

观测成果的外业检核是确保外业观测质量和实现定位精度的重要环节。所以外业观测数据在测区时就要及时进行严格检查，对外业项处理成果，按规范要求严格检查、分析，根据情况进行必要的重测和补测。确保外业成果无误后方可离开测区。

4）内业数据处理

内业数据处理一般采用软件处理，主要工作内容有基线解算、观测成果检核及GPS网平差，内业数据处理完毕后应撰写GPS测量技术报告并提交有关资料。

四、交会定点计算

当原有控制点不能满足工程需要时，可用交会法加密控制点，称为交会定点。常用的交会法有前方交会、后方交会和距离交会。

1. 前方交会

如图7-15a）所示，在已知点A、B处分别对P点观测了水平角α和β，求P点坐标，称为前方交会。为了检核和提高 P 点精度，通常需从 3 个已知点 A、B、C 分别向 P 点观测水平角，如图 7-15b)所示，分别由两个三角形计算 P 点坐标。

图 7-15　前方交会

现以一个三角形为例说明前方交会的定点方法。

(1)根据已知点 A、B 坐标分别为 (x_A, x_B) 和 (y_A, y_B) 计算已知边 AB 的方位角和边长为

$$\left. \begin{aligned} \alpha_{AB} &= \arctan \frac{y_B - y_A}{x_B - x_A} \\ D_{AB} &= \sqrt{(x_B - x_A)^2 + (y_B - y_A)^2} \end{aligned} \right\} \quad (7\text{-}18)$$

(2)在 A、B 两点设站，测出水平角 α、β，再推算 AP 和 BP 边的坐标方位角和边长，由图 7-15a)得

$$\left. \begin{aligned} \alpha_{AP} &= \alpha_{AB} - \alpha \\ \alpha_{AB} &= \alpha_{BA} + \beta \end{aligned} \right\} \quad (7\text{-}19)$$

$$\left. \begin{aligned} D_{AP} &= \frac{D_{AB}\sin\beta}{\sin\gamma} \\ D_{BP} &= \frac{D_{AB}\sin\alpha}{\sin\gamma} \end{aligned} \right\} \quad (7\text{-}20)$$

式中

$$\gamma = 180° - (\alpha + \beta) \quad (7\text{-}21)$$

(3)最后计算 P 点坐标

分别由 A 点和 B 点按下式推算 P 点坐标，并校核。

$$\left. \begin{aligned} x_P &= x_A + D_{AP}\cos\alpha_{AP} \\ y_P &= y_A + D_{AP}\sin\alpha_{AP} \\ x_P &= x_B + D_{BP}\cos\alpha_{BP} \\ y_P &= y_B + D_{BP}\sin\alpha_{BP} \end{aligned} \right\} \quad (7\text{-}22)$$

下面介绍一种应用 A、B 坐标分别为 (x_A, x_B) 和 (y_A, y_B) 和在 A、B 两点设站，测出的水平角 α、β 直接计算 P 点坐标的公式，公式推导从略。

$$\left. \begin{aligned} x_P &= \frac{x_A\cot\beta + x_B\cot\alpha + (y_B - y_A)}{\cot\alpha + \cot\beta} \\ y_P &= \frac{y_A\cot\beta + y_B\cot\alpha - (x_B - x_A)}{\cot\alpha + \cot\beta} \end{aligned} \right\} \quad (7\text{-}23)$$

应用式(7-23)时，可以直接利用计算器，但要注意 A、B、P 的点号须按反时针次序排列(图 7-15)。

前方交会计算见表 7-17。

略图与公式	\[图\] $x_P = \dfrac{x_A \cot\beta + x_B \cot\alpha + (y_B - y_A)}{\cot\alpha + \cot\beta}$ $y_P = \dfrac{y_A \cot\beta + y_B \cot\alpha - (x_B - x_A)}{\cot\alpha + \cot\beta}$			观测数据	α_1	54°48′00″
					β_1	32°51′00″
					α_2	56°23′21″
					β_2	48°30′58″
已知数据	X_A	1807.04	Y_A	45719.85	(1) $\cot\alpha$	0.705422	0.66467
	X_B	1646.38	Y_B	45830.66	(2) $\cot\beta$	1.5479029	0.884224
	X_C	1765.50	Y_C	45998.65	(3)=(1)+(2)	2.253325	1.548894
(4) $X_A\cot\beta + X_B\cot\alpha + Y_B - Y_A$			4069.325	2802.937	(6) $Y_A\cot\beta + Y_B\cot\alpha - X_B + X_A$	103260.504	71049.513
(5) X_P=(4)/(3)			1805.920	1809.637	(7) Y_P=(6)/(3)	45825.837	45871.126
P 点最后坐标			$X_P = 1807.78$		$Y_P = 45848.48$		

2. 后方交会

图 7-16 中 A、B、C 为已知点,将经纬仪安置在 P 点上,观测 P 点至 A、B、C 各方向的夹角 γ_1、γ_2。根据已知点坐标,即可推算 P 点坐标,这种方法称为后方交会。其优点是不必在多个点上设站观测,野外工作量少,故当已知点不易到达时,可采用后方交会法确定待定点。后方交会法计算工作量大,计算公式很多,这里仅介绍其中一种计算方法——全切公式法。

(1) 根据已知点 A、B、C 的坐标 (x_A, y_A)、(x_B, y_B)、(x_C, y_C) 利用坐标反算公式计算 AB、BC 坐标方位角 α_{AB}、α_{BC} 和边长 a、c。

(2) 计算 α_1、β_2。

从图 7-16 中可见:$\alpha_{BC} - \alpha_{BA} = \alpha_2 + \beta_1$

又因 $\alpha_1 + \beta_1 + \alpha_2 + \beta_2 + \gamma_1 + \gamma_2 = 360°$,则有

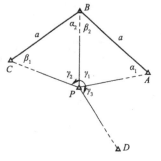

图 7-16 后方交会

$$\alpha_1 + \beta_2 = 360° - (\alpha_2 + \beta_1 + \gamma_1 + \gamma_2) = \theta \tag{7-24}$$

所以

$$\beta_2 = \theta - \alpha_1 \tag{7-25}$$

在三角形 APB 和三角形 BPC 中,根据正弦定理可得

$$\frac{a\sin\alpha_1}{\sin\gamma_1} = \frac{c\sin\beta_2}{\sin\gamma_2} = \frac{c\sin(\theta - \alpha_1)}{\sin\gamma_2}$$

$$\sin(\theta - \alpha_1) = \frac{a\sin\alpha_1 \sin\gamma_2}{c\sin\gamma_1}$$

经过整理可得

$$\tan\alpha_1 = \frac{a\sin\gamma_2}{c\sin\gamma_1 \sin\theta} + \cot\theta \tag{7-26}$$

根据式(7-25)和式(7-26)可解出 α_1、β_2。

(3) 计算 α_2、β_1。

$$\beta_1 = 180° - (\alpha_1 + \gamma_1) \tag{7-27}$$

$$\alpha_2 = 180° - (\beta_2 + \gamma_2) \tag{7-28}$$

利用 α_2、β_1 之和应等于 $\alpha_{BC} - \alpha_{BA}$ 作检核。

(4) 然后再用前方交会公式计算 P 点坐标。

为判断 P 点精度,必须在 P 点对第 4 个已知点 D 进行观测,测出 γ_3。利用已计算出的 P 点坐标和 A、D 两点坐标反算 α_{PA}、α_{PD},求出 γ_3 为

$$\gamma_3 = \alpha_{PD} - \alpha_{PA}$$

$$\Delta\gamma = \gamma_3 - \gamma'_3 \tag{7-29}$$

对于图根点,$\Delta\gamma$ 容许值为 $\pm 40''$。

3. 距离交会

随着电磁波测距仪的应用,距离交会也成为加密控制点的一种常用方法。如图 7-17 所示,在两个已知点 A、B 上分别量至待定点 P_1 的边长 D_a、D_b,求解 P_1 点坐标,称为距离交会。

图 7-17 距离交会

下面介绍具体定点方法:

(1) 根据已知点 A、B 坐标分别为 (x_A, y_A)、(x_B, y_B) 求方位角 α_{AB} 和边长 D_{AB}。

(2) 过 P_1 点作 AB 垂线交于 Q 点。垂距 P_1Q 为 h,AQ 为 γ,利用余弦定理求 A 角。

$$D_b^2 = D_{AB}^2 + D_a^2 - 2D_{AB}D_a\cos A$$

$$\cos A = \frac{D_{AB}^2 + D_a^2 - D_b^2}{2D_{AB}D_a} \tag{7-30}$$

$$\left.\begin{array}{l} \gamma = D_a\cos A = \dfrac{1}{2D_{AB}}(D_{AB}^2 + D_a^2 - D_b^2) \\ h = \sqrt{D_a^2 - \gamma^2} \end{array}\right\} \tag{7-31}$$

(3) P_1 点坐标为:

$$\left.\begin{array}{l} x_{P_1} = x_A + \gamma\cos\alpha_{AB} - h\sin\alpha_{AB} \\ y_{P_1} = y_A + \gamma\sin\alpha_{AB} + h\cos\alpha_{AB} \end{array}\right\} \tag{7-32}$$

上式 P_1 点在 AB 线段右侧(A、B、P_1 顺时针构成三角形)。

若待定点 P_2 在 AB 线段左侧(A、B、P_2 逆时针构成三角形),公式为

$$\left.\begin{array}{l} x_{P_2} = x_A + \gamma\cos\alpha_{AB} + h\sin\alpha_{AB} \\ y_{P_2} = y_A + \gamma\cos\alpha_{AB} - h\cos\alpha_{AB} \end{array}\right\} \tag{7-33}$$

示例见表 7-18。

距离交会计算　　　　　　　　　　　　　　　　　　　　　　　表7-18

略图与公式						
已知坐标	x_A	1035.147	y_A	2601.295	观测数据	D_a	703.760
	x_B	1501.295	y_B	3270.053		D_b	670.486
α_{AB}		55°07′20″	D_{AB}	815.188	γ		435.641
h		552.716	x_P	1737.692	y_P		2642.625

第三节　高程控制测量

一、高程控制测量的等级与技术要求

建立高程控制网的主要方法是水准测量。在山区也可以采用三角高程测量的方法来建立高程控制网,这种方法不受地形起伏的影响,工作速度快,但其精度较水准测量低。

国家水准测量分为一、二、三、四等,逐级布设。一、二等水准测量是用高精度水准仪和精密水准测量方法进行施测,其成果作为全国范围的高程控制之用。三、四等水准测量除用于国家高程控制网的加密外,在小地区用作建立首级高程控制网。

为了城市建设的需要所建立的高程控制称为城市水准测量,采用二、三、四等水准测量及直接为测地形图用的图根水准测量。

公路高程系统,宜采用1985国家高程基准。同一条公路应采用同一个高程系统,不能采用同一系统时,应给定高程系统的转换关系。独立工程或三级以下公路联测有困难时,可采用假定高程。公路高程测量采用水准测量。在进行水准测量确有困难的山岭地带以及沼泽、水网地区,四、五等水准测量可用光电测距三角高程测量。

各级公路及构造物的水准测量等级应按表7-19选定。

公路及构造物水准测量等级　　　　　　　　　　　　　　　表7-19

测量项目	等级	水准路线最大长度(km)
4000m以上特长隧道、2000m以上特大桥	三等	50
高速公路、一级公路、1000~2000m特大桥、2000~4000m长隧道	四等	16
二级及二级以下公路、1000m以下桥梁、2000m以下隧道	五等	10

水准测量精度应符合表7-20的规定。

水 准 测 量 精 度　　　　　　　　　表 7-20

等级	每公里高差中数误差(mm)		往返较差、附合或环线闭合差(mm)		检测已测测段高差之差(mm)
	偶然中误差 M_Δ	全中误差 M_W	平原微丘区	山岭重丘区	
三等	±3	±6	$±12\sqrt{L}$	$±3.5\sqrt{n}$ 或 $±15\sqrt{L}$	$±20\sqrt{L_i}$
四等	±5	±10	$±20\sqrt{L}$	$±6.0\sqrt{n}$ 或 $±25\sqrt{L}$	$±30\sqrt{L_i}$
五等	±8	±16	$±30\sqrt{L}$	$±45\sqrt{L}$	$±40\sqrt{L_i}$

注：计算往返较差时，L 为水准点间的路线长度(km)；计算附合或环线闭合差时，L 为附合或环线的路线长度(km)。n 为测站数。L_i 为检测测段长度(km)。

水准测量观测方法应符合表 7-21 的规定。

水 准 测 量 观 测 方 法　　　　　　　　　表 7-21

等级	仪器类型	水准尺类型	观测方法	观测方法	
三等	DS_1	铟瓦	光学观测法	往	后—前—前—后
	DS_3	双面	中丝读数法	往返	后—前—前—后
四等	DS_3	双面	中丝读数法	往返、往	后—后—前—前
五等	DS_3	单面	中丝读数法	往返、往	后—前

水准测量技术要求应符合表 7-22 的规定。

水 准 测 量 技 术 要 求　　　　　　　　　表 7-22

等级	水准仪的型号	视线长度(m)	前后视较差(m)	前后视累积差(m)	视线离地面最低高度(m)	红黑面读数差(mm)	黑红面高差较差(mm)
三等	DS_1	100	3	6	0.3	1.0	1.5
	DS_3	75				2.0	3.0
四等	DS_3	100	5	10	0.2	3.0	5.0
五等	DS_3	100	大致相等	—	—	—	—

二、三、四等水准测量

在地形测图或施工测量中，多采用三、四等水准测量作为首级高程控制。在进行高程控制测量以前，必须事先根据精度和需要在测区布置一定密度的水准点。水准点标志及标石的埋设应符合有关规范要求。

三、四等水准路线的布设，在加密国家控制点时，多布设为附合水准路线、结点网的形式；在独立测区作为首级高程控制时，应布设成闭合水准路线形式；而在山区、带状工程测区，可布设为水准支线。三、四等水准测量的主要技术要求详见表 7-21 和表 7-22。

1. 测站观测程序

照准后视标尺黑面，按下、上、中丝读数。

照准前视标尺黑面，按下、上、中丝读数。

照准前视标尺红面，按中丝读数。

照准后视标尺红面，按中丝读数。

这样的顺序简称为"后—前—前—后"(黑、黑、红、红)。四等水准测量每站观测顺序也可为"后—后—前—前"(黑、红、黑、红)。

三、四等水准测量的观测记录及计算示例见表 7-23 和表 7-24。

三、四等水准测量记录与计算

四等水准测量记录与计算　　表 7-23

测站编号	后尺 下丝 上丝	前尺 下丝 上丝	方向及尺号	标尺读数		$K+黑-红$	高差中数	备注
	后视距	前视距		黑面	红面			
	视距差 d	$\sum d$						
	(1)	(4)	后	(3)	(8)	(14)		
	(2)	(5)	前	(6)	(7)	(13)		
	(9)	(10)	后—前	(15)	(16)	(17)	(18)	
	(11)	(12)						
1	1.571	0.739	后 105	1.384	6.171	0		
	1.197	0.363	前 106	0.551	5.239	−1		
	37.4	37.6	后—前	+0.833	+0.932	+1	+0.8325	
	−0.2	−0.2						
2	2.121	2.196	后 106	1.934	6.621	0		K 为水准尺常数，K_{105} = 4.787，K_{106} = 4.687
	1.747	1.821	前 105	2.008	6.796	−1		
	37.4	37.5	后—前	−0.074	−0.175	+1	−0.0745	
	−0.1	−0.3						
3	1.914	2.055	后 105	1.726	6.513	0		
	1.539	1.678	前 106	1.866	6.554	−1		
	37.5	37.7	后—前	−1.040	−0.041	+1	−0.1405	
	−0.2	−0.5						
4	1.965	2.141	后 106	1.832	6.519	0		
	1.700	1.874	前 105	2.007	6.793	−1		
	26.5	26.7	后—前	−0.175	−0.274	+1	−0.1745	
	−0.2	−0.7						
5	1.540	2.813	后 105	1.304	6.091	0		
	1.069	2.357	前 106	2.585	7.272	0		
	47.1	45.6	后—前	−1.281	−1.181	0	−1.2810	
	+1.5	+0.8						

四等水准测量，如果采用单面尺观测，则可按变更仪器高法进行，更仪器高度一前一后，变更仪器高前按三丝读数，以后则按中丝读数。

无论何种顺序，视距丝和中丝的读数均应在仪器精平时读数。

2. 计算与校核

首先将观测数据(1)、(2)、…、(8)按表 7-23 的形式记录。

四等水准测量记录与计算　　表 7-24

测站编号	后尺 下丝 上丝	前尺 下丝 上丝	水准尺读数		高　差		平均高差	备注
	后视距	前视距	后视	前视	+	−		
	视距差 d	$\sum d$						
1	1.681(1)	0.849(4)						
	1.307(2)	0.473(5)						
	37.4(9)	37.6(10)	1.493(3)	0.661(6)	0.833(12)			
	−0.2(11)	−0.2(12)	1.372(8)	0.541(7)	0.831(14)		+0.832(15)	

115

(1) 视距计算

后视距离(9):100[(1)-(2)]

前视距离(10)=100[(4)-(5)]

前后视距差值(11):(9)-(10),此值应符合表7-22的要求。

视距差累积值(12)=前站(12)+本站(11),其值应符合表7-22的要求。

(2) 高差计算先进行同一标尺红、黑面读数校核,后进行高差计算。

前视黑、红读数差:(13)=K_{106}+(6)-(7)

后视黑、红读数差:(14)=K_{105}+(3)-(8)

(13)、(14)应等于零,不符值应满足表7-22的要求。否则应重新观测。

黑面高差:(15)=(3)-(6)

红面高差:(16)=(8)-(7)

红、黑面高差之差:(17)=(15)-(16)±0.100

计算校核:(17)=(14)-(13)

平均高差:(18)=$\frac{1}{2}$[(15)+(16)±0.100]

式中:0.100为单、双号两尺常数 K 值之差。

(3) 计算的校核

高差部分按页分别计算后视红、黑面读数总和与前视读数总和之差,它应等于红、黑面高差之和。

对于测站数为偶数

$$\sum[(3)+(8)]-\sum[(6)+(7)]=\sum[(15)+(16)]=2\sum(18)$$

对于测站数为奇数

$$\sum[(3)+(8)]-\sum[(6)+(7)]=\sum[(15)+(16)]=2\sum(18)\pm 0.100$$

视距部分,后视距总和与前视距总和之差应等于末站视距差累积值。校核无误后,可计算水准路线的总长度 $L=\sum(9)+\sum(10)$。

3. 成果计算

在完成一测段单程测量后,须立即计算其高差总和。完成一测段往、返观测后,应立即计算高差闭合差,进行成果检核。其高差闭合差应符合表7-22的规定。然后对闭合差进行调整,最后按调整后的高差计算各水准点的高程。

三、三角高程测量

当地面两点间地形起伏较大而不便于水准施测时,可应用三角高程测量的方法测定两点间的高差而求得高程。该法较水准测量精度低,常用于山区各种比例尺测图的高程控制。

1. 三角高程测量的原理

三角高程测量是根据地面上两点间的水平距离 D 和测得的竖直角 α 来计算两点间的高差 h。如图7-18所示,已知 A 点高程为 H_A,现欲求 B 点高程 H_B。则在 A 点安置经纬仪,同时量测出 A 点至经纬仪横轴的高度 i,称为仪器高。在 B 点立觇标,其高度为 l,称为觇标高。

用望远镜的十字丝交点瞄准觇标顶端,测出竖直角 α,另外,若已知(或测出)A、B 两点间的水平距离 D_{AB},则可求得 A、B 两点间的高差 h_{AB} 为

$$h_{AB} = D_{AB} \cdot \tan\alpha + i - l \qquad (7\text{-}34)$$

由此得到 B 点的高程为

$$H_B = H_A + h_{AB} = H_A + D_{AB} \cdot \tan\alpha + i - l \qquad (7\text{-}35)$$

具体应用上述公式时,要注意竖直角的正负号。当竖直角 α 为仰角时取正号;当竖直角 α 为俯角时取负号。

2. 三角高程测量等级及技术要求

对于光电测距三角高程控制测量,一般分为两级,即四等和五等三角高程测量,它们可作为测区的首级控制。光电测距三角高程测量的主要技术要求和观测的主要技术要求应符合表 7-25 和表 7-26 的规定。对仪器和反射棱镜高度应使用仪器配置的测尺和专用测杆于测前、测后各测量 1 次,2 次较差不得大于 2mm。

图 7-18 三角高程测量

光电测距三角高程测量主要技术要求 表 7-25

测量等级	测回内同向观测高差较差(mm)	同向测回间高差较差(mm)	对向观测高差较差(mm)	附合或环线闭合差(mm)
四等	≤8$\sqrt{D}$	≤10$\sqrt{D}$	≤40$\sqrt{D}$	≤20$\sqrt{\sum D}$
五等	≤8$\sqrt{D}$	≤15$\sqrt{D}$	≤60$\sqrt{D}$	≤30$\sqrt{\sum D}$

注:D 为测距边长度,以 km 为单位。

光电测距三角高程测量观测主要技术要求 表 7-26

等级	仪器	测距边测回数	边长(m)	垂直角测回数(中丝法)	指标差较差(″)	垂直角较差(″)
四等	DJ$_2$	往返均≥2	≤600	≥4	≤5	≤5
五等	DJ$_2$	≥2	≤600	≥2	≤10	≤10

3. 地球曲率和大气折光的影响(球气两差改正数)

当距离较远时,需要考虑地球曲率和大气折光对所测高差的影响,即要进行地球曲率和大气折光的改正,简称球气两差改正。改正数 $f = (1-k)\dfrac{D^2}{2R}$,若取折光系数 $k = 0.13$,则 $f = 0.43\dfrac{D^2}{R}$(mm)。

球气两差在单向三角高程测量中,必须进行改正,即式(7-34)应写为

$$h_{AB} = D_{AB} \cdot \tan\alpha + i - l + f \qquad (7\text{-}36)$$

但对于双向三角高程测量(又称对向观测或直反觇观测,即先在已知高程的 A 点安置仪器,在另一 B 点立觇标,测得高差 h_{AB},称为直觇。然后再在 B 点安置仪器,A 点立觇标,测得高差 h_{BA},称为反觇)来说,若将直、反觇测得的高差值取平均值,可以抵消球气两差的影响,所以三角高程测量一般都用对向观测,且宜在较短的时间内完成。

4. 三角高程测量的施测方法

三角高程测量的观测与计算应按下述步骤进行：

(1) 安置仪器于测站上，量出仪器高 i，觇标立于测点上，量出觇标高 l，读数至 mm。

(2) 采用测回法观测竖直角 α，取平均值作为最后结果。

(3) 采用对向观测，方法同前两步。

(4) 应用式(7-34)和式(7-35)计算高差及高程。

1. 导线的布设形式有哪些？各适用于什么情况？
2. 选择导线点应注意哪些问题？导线的外业工作包括哪些内容？
3. 导线测量内业计算平差的工作有哪些？各依据原则有哪些？
4. 什么情况下采用三角高程测量？其操作过程如何？
5. 小三角网的布设形式有哪些？适用范围是什么？
6. 已知直线 AB 的坐标方位角 $\alpha_{AB}=273°10'30''$，直线 BC 的反方位角为 $312°40'10''$。试计算折线 ABC 前进方向的右角。
7. A、B 两点的坐标如下：$x_A=1237.52\text{m}$，$y_A=976.03\text{m}$；$x_B=1176.02\text{m}$，$y_B=1017.35\text{m}$。试求：①AB 水平距离；②AB 边坐标方位角。
8. 如图 7-19 所示，已知 $x_A=223.456\text{m}$，$y_A=234.567\text{m}$，$x_B=154.147\text{m}$，$y_B=274.567\text{m}$，$\beta_1=254°$，$D_1=90\text{m}$，$\beta_2=70°08'56''$，$D_2=96.387\text{m}$，试求 P 点的坐标 (x_P,y_P)。
9. 闭合导线 1—2—3—4—5—1 的已知数据及观测结果列于表 7-27。试计算各导线点的坐标，并画出各导线点相对位置的草图。

图 7-19

闭合导线计算　　　　　　　　　　　　　　　　　　　表 7-27

点号	右角观测值 (° ′ ″)	改正后角度值 (° ′ ″)	坐标方位角 (° ′ ″)	边长 (m)	坐标增量(m) Δx	坐标增量(m) Δy	改正后坐标增量(m) Δx	改正后坐标增量(m) Δy	坐标(m) x	坐标(m) y
1	87 51 12								500.00	500.00
			126 45 00	107.61						
2	150 20 12									
				72.44						
3	125 06 42									
				179.92						
4	87 29 12									
				179.38						
5	89 13 42									
				224.50						
1										

10. 附合导线的已知数据及观测数据列于表 7-28 中。试计算附合导线各点坐标，并画出各导线点的相对位置草图。

附合导线计算

表 7-28

点号	右角观测值 (° ′ ″)	改正后角度值 (° ′ ″)	坐标方位角 (° ′ ″)	边长 (m)	坐标增量(m)		改正后坐标增量(m)		坐标(m)	
					Δx	Δy	Δx	Δy	x	y
A										
B	120 30 00		45 00 00						200.00	200.00
1	212 15 30			297.26						
2	145 10 00			187.81						
C	170 18 48			93.40					155.37	756.06
D			116 44 48							

第八章 大比例尺地形图的测绘与应用

第一节 地形图的基本知识

地物是指地面上天然或人工形成的物体,如湖泊、河流、海洋、房屋、道路、桥梁等;地貌是指地表高低起伏的形态,如山地、丘陵和平原等,地物和地貌总称为地形。地形图是按一定的比例尺,用规定的符号表示的地物、地貌平面位置和高程的正射投影图。

一、比例尺与比例尺精度

图上任一线段 d 与地上相应线段水平距离 D 之比,称为图的比例尺。常见的比例尺有两种:数字比例尺和直线比例尺。

用分子为1的分数式来表示的比例尺,称为数字比例尺,即

$$\frac{d}{D} = \frac{1}{M}$$

式中,M 称为比例尺分母,表示缩小的倍数。M 愈小,比例尺愈大,图上表示的地物地貌愈详尽。通常把 1:500、1:1000、1:2000、1:5000 的比例尺称为大比例尺,1:10000、1:25000、1:50000、1:100000 的称为中比例尺,小于 1:100000 的称为小比例尺。不同比例尺的地形图有不同的用途。大比例尺地形图多用于各种工程建设规划和设计,为国防和经济建设等多种用途的多属中小比例尺地图。

为了用图方便,以及避免由于图纸伸缩而引起的误差,通常在图上绘制图示比例尺,也称直线比例尺。如图 8-1 为 1:1万的图示比例尺,在两条平行线上分成若干 2cm 长的线段,称为比例尺的基本单位,左端一段基本单位细分成 10 等分,每等分相当于实地 20m,每一基本单位相当于实地 200m。

图 8-1 图示比例尺

人眼正常的分辨能力,在图上辨认的长度通常认为 0.1mm,它在地上表示的水平距离 0.1mm×M,称为比例尺精度。利用比例尺精度,根据比例尺可以推算出测图时量距应准确到什么程度。例如,1:1000 地形图的比例尺精度为 0.1m,测图时量距的精度只需 0.1m,小于 0.1m 的距离在图上表示不出来。反之,根据图上表示实地的最短长度,可以推算测图比例尺。例如,欲表示实地最短线段长度为 0.5m,则测图比例尺不得小于 1:5000。

比例尺愈大,采集的数据信息愈详细,精度要求就愈高,测图工作量和投资往往成倍增加,因此使用何种比例尺测图,应从实际需要出发,不应盲目追求更大比例尺的地形图。

二、地形图图式

为了便于测图和用图,用各种符号将地物和地貌表示在图上,这些符号为地形图图式。图式由国家测绘部门统一颁布。地形图图示中的符号有三种:地物符号、地貌符号、注记符号。

1. 地物符号

（1）比例符号

轮廓较大的地物,如房屋、运动场、湖泊、森林、田地等,凡能按比例尺把它们的形状、大小和位置缩绘在图上的,称为比例符号。这类符号表示出地物的轮廓特征。

地形图图式　　　　　　　　　　　　　表 8-1

编号	符号名称	图　例	编号	符号名称	图　例
1	三角点	△ 梁山 / 383.27　3.0	9	坟地	2.0　2.0
2	导线点	2.0 □ I12/41.38	10	宝塔	⬡ 3.5 / 1.0
3	普通房屋	▨ 1.5	11	水塔	2.0 / 1.0 ⊙ 3.5 / 1.0
4	水池	水	12	小三角点	▽ 3.0 / 狮山 125.34
5	村庄	1.5 / 李村	13	水准点	2.0 ⊗ II蓉石 8 / 328.903
6	学校	⊕文 3.0	14	高压线	─○─ 4.0 / 1.0
7	医院	⊕ 3.0	15	低压线	─○─ 4.0 / 1.0
8	工厂	⊕工 3.0	16	通信线	─○─ 4.0 / 1.0

续上表

编号	符号名称	图例	编号	符号名称	图例
17	砖石及混凝土围墙	10.0	26	铁路	0.8 10.0
18	土墙	10.0 0.5	27	隧道	0.3 6.0 2.0 45° 1.5
19	等高线	首曲线 45 0.15 计曲线 0.3 间曲线 6.0 1.0 0.15	28	挡土墙	0.3 5.0
20	梯田坎	未加固的 1.5 加固的 3.0	29	车行桥	45°
21	垄	0.2 1.5	30	人行桥	45°
22	独立树	阔叶 果树 针叶	31	高架公路	0.3 1.0 0.5 1.5
23	公路	0.15 0.3 沥砾	32	高架铁路	1.0 1.5
24	大车路	0.15 2.0 8.0 0.15	33	路堑	0.8
25	小路	0.3 4.0 1.0	34	路堤	1.5 0.8

续上表

编号	符号名称	图例	编号	符号名称	图例
35	土堤		40	湖泊池塘	
36	人工沟渠		41	地类界	
37	输水槽		42	经济林	
38	水闸		43	水稻田	
39	河流溪流		44	旱地	

(2) 非比例符号

轮廓较小的地物，或无法将其形状和大小按比例画到图上的地物，如三角点、水准点、独立树、里程碑、水井和钻孔等，则采用一种统一规格、概括形象特征的象征性符号表示，这种符号称为非比例符号，只表示地物的中心位置，不表示地物的形状和大小。

(3) 半比例符号

对于一些带状延伸地物，如河流、道路、通信线、管道、垣栅等，其长度可按测图比例尺缩绘，而宽度无法按比例表示的符号称为半比例符号，这种符号一般表示地物的中心位置，但是城墙和垣栅等，其准确位置在其符号的底线上。

2. 注记符号

注记符号是对地物和地貌符号的说明和补充。为了表明地物的种类和特性，除用相应的符号表示外，还需配合一定的文字和数字加以说明。

3. 地貌符号

在大比例尺地形图上，最常用的表示地面高低起伏变化的方法是等高线法，所以等高线是常见的地貌符号。

(1) 等高线的概念

等高线是由地面上高程相等的相邻点连接形成的闭合曲线。图 8-2 为一山头，设想当水面高程为 90m 时与山头相交得一条交线，线上各点高程均为 90m。若水面向上涨 5m，又与山

123

图 8-2 用等高线表示地貌的方法

头相交得一条高程为 95m 的交线。若水面继续上涨至 100m,又得一条高程为 100m 的交线。将这些交线垂直投影到水平面得三条闭合的曲线,这些曲线称为等高线,注上高程,就可在图上显示出山头的形状。

(2)等高距和等高平距

相邻等高线之间的高差 h,称为等高距或等高线间隔。在同一幅地形图上,等高距是相同的,相邻等高线间的水平距离 d,称为等高线平距。由图可知,d 愈大,表示地面坡度愈缓,反之愈陡。坡度与平距成反比。

用等高线表示地貌,等高距选择过大,就不能精确显示地貌;反之,选择过小,等高线密集,失去图面的清晰度。因此,应根据地形和比例尺参照表 8-2 选用等高距。

地形图的基本等高距(m)　　　　　　　　　表 8-2

地形类别	比 例 尺				备　注
	1:500	1:1 000	1:2000	1:5 000	
平地	0.5	0.5	1	2	等高距为 0.5m 时,特征点高程可注至 cm,其余均为注至 dm
丘陵	0.5	1	2	5	
山地	1	1	2	5	

(3)典型地貌的等高线

①山头和洼地。图 8-3 表示山头和洼地的等高线,它们都是一组闭合曲线。

图 8-3　山头和洼地

其区别在于:山头的等高线由外圈向内圈高程逐渐增加,洼地的等高线外圈向内圈高程逐渐减小,这样就可以根据高程注记区分山头和洼地。

也可以用示坡线来指示斜坡向下的方向。在山头、洼地的等高线上绘出示坡线,有助于地貌的识别。

②山脊和山谷。图 8-4a)所示为山脊与山谷的等高线,均与抛物线形状相似。山脊的等高线是凸向低处的曲线,各凸出处拐点的连线称为山脊线或分水线。山谷的等高线是凸向高

处的曲线各凸出处拐点的连线称为山谷线或集水线。山脊或山谷两侧山坡的等高线近似于一组平行线。

图 8-4　山脊、山谷和鞍部

③鞍部。相邻两个山头之间呈马鞍形的低凹部分称为鞍部。鞍部是山区道路选线的重要位置。鞍部左右两侧的等高线是近似对称的两组山脊线和两组山谷线，如图 8-4b)所示。

④陡坡和悬崖。陡崖是坡度在 70°以上的陡峭崖壁，有石质和土质之分。如果用等高线表示，将是非常密集或重合为一条线，因此采用陡崖符号来表示，如图 8-5a)、b)所示。

悬崖是上部突出、下部凹进的陡崖。悬崖上部的等高线投影到水平面时，与下部的等高线相交，下部凹进的等高线部分用虚线表示，如图 8-5c)所示。

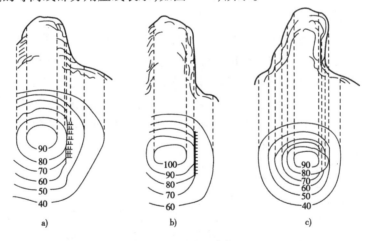

图 8-5　陡坡和悬崖

(4)等高线的分类

①首曲线。地形图上按规定的等高距勾绘的等高线，称为首曲线或基本等高线。用 0.15mm 宽的细实线绘制。如图 8-6 所示。

②计曲线。从零米起算，每隔 4 条首曲线加粗一条等高线，该等高线称为计曲线。计曲线的高程值总是为等高距的 5 倍。计曲线用 0.3mm 宽的粗实线绘制。

③间曲线和助曲线。对于坡度很小的局部区域。当用基本等高线不足以反映地貌特征时，可按 1/2 基本等高距加绘一条等高线，该等高线称为间曲线。间曲线用 0.15mm 宽的长虚

线绘制,可以不闭合。更加细小的变化还可用四分之一基本等高距用短虚线加密的等高线,称为助曲线。

(5)等高线的特性

从上面的叙述中,可概括出等高线具有以下几个特性:

①在同一等高线上,各点的高程相等。

②等高线应是自行闭合的连续曲线,不在图内闭合就在图外闭合。

③除在悬崖和陡崖处外,等高线不能相交。

图 8-6 各种等高线

④地面坡度是指等高距 h 及平距 d 之比,用 i 表示,即

$$i = \frac{h}{d}$$

在等高距 h 不变的情况下,平距 d 愈小,即等高线愈密,则坡度愈陡。反之,如果平距 d 愈大,等高线愈疏,则坡度愈缓。当几条等高线的平距相等时,表示坡度均匀。

⑤等高线通过山脊线及山谷线,必须改变方向,而且与山脊线、山谷线垂直相交。

三、地形图的分幅与编号

为了便于地形图的管理和使用,地形图需要进行分幅和编号。中小比例尺的分幅和编号采用国际分幅(梯形分幅)和编号的方法,大比例尺图可按矩形或正方形分幅和编号的方法。

1. 国际分幅

(1)1:100 万地形图分幅和编号

1:100 万地形图的分幅和编号是国际统一的。它是我国基本比例尺地形图分幅和编号的基础。如图 8-7 所示,从赤道向北或向南分别按纬差 4°各分成 22 个横列,各列依次用 A、B、C、…、V 表示。从经度 180°起自西向东按经差 6°分成 60 个纵行,每行依次用 1、2、3、…、60 表示。这样,每幅 1:100 万地形图就是由纬差 4°和经差 6°的经纬线所划分成的梯形图幅,编号方法是"横列 - 纵行"。例如北京某地 A 的纬度为北纬 37°54′30″,精度为东经 117°28′06″,其所在 1:100 万地形图的编号为 J50。

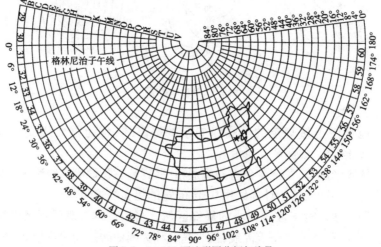

图 8-7 1:100 万地形图分幅与编号

(2)1:500000~1:5000 地形图的编号

1:500000~1:5000 地形图的编号均以 1:1000000 地形图编号为基础,采用行列编号方法。即将 1:1000000 地形图按所含各比例尺地形图的经差和纬差划分成若干行和列,行从上到下、列从左到右按顺序分别用三位阿拉伯数字(数字码)表示,不足三位者前面补零,取行号在前、列号在后的排列形式标记;各比例尺地形图分别采用不同的字符作为其比例尺的代码;1:500000~1:5000 地形图的图号均由其所在 1:1000000 地形图的图号、比例尺代码和各图幅的行列号共 10 位码组成。如图 8-8 所示。

例如,北京某地 A(图中灰色区域)所在 1:250 000 地形图的编号为:J50C003003,如图 8-9 所示。

图 8-8　1:500000~1:5000 地形图的编号

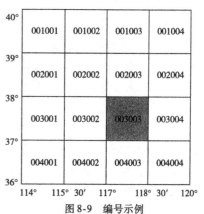

图 8-9　编号示例

2. 地形图的正方形(或矩形)分幅与编号方法

为了适应各种工程设计和施工的需要,对于大比例尺地形图,大多按纵横坐标格网线进行等间距分幅,即采用正方形分幅与编号方法。图幅大小见表 8-3。

正方形分幅的图幅规格与面积大小　　　　　　　　　　　　表 8-3

地形图比例尺	图幅大小(cm)	实际面积(km^2)	1:5000 图幅包含数
1:5000	40×40	4	1
1:2000	50×50	1	4
1:1000	50×50	0.25	16
1:500	50×50	0.0625	64

图幅的编号一般采用坐标编号法。由图幅西南角纵坐标 x 和横坐标 y 组成编号,1:5000 坐标值取至 km,1:2000、1:1000 取至 0.1km,1:500 取至 0.01km。如某幅 1:1000 地形图的西南角坐标为 $x=6230$km、$y=10$km,则其编号为 6230.0—10.0。也可以采用基本图号法编号,即以 1:5000 地形图作为基础,较大比例尺图幅的编号是在它的编号后面加上罗马数字。如一幅 1:5000 地形图的编号为 20-60,则其他图的编号如图 8-10 所示。

图 8-10　1:5000 基本图号法的分幅编号

第二节 大比例尺地形图测绘

在测图的控制测量工作完成后,即可在控制点上安置仪器,测定周围地物、地貌特征点的平面位置和高程,并按规定的比例尺和符号绘成地形图。测绘地形图的常规方法有小平板联合经纬仪测图法、经纬仪测图法和大平板测图法等。

一、测图前的准备工作

1. 图纸的准备

大比例尺地形图的图幅大小一般为 50cm×50cm、50cm×40cm、40cm×40cm。为保证测图的质量,应选用优质绘图纸。一般临时性测图,可直接将图纸固定在图板上进行测绘;需要长期保存的地形图,为减少图纸的伸缩变形,通常将图纸裱糊在锌板、铝板或胶合板上。目前各测绘部门大多采用聚酯薄膜代替绘图纸,它具有透明度好、伸缩性小、不怕潮湿、牢固耐用等特点。聚酯薄膜图纸的厚度为 0.07~0.1mm,表面打毛,可直接在底图上着墨复晒蓝图,如果表面不清洁,还可用水洗涤,因而方便和简化了成图的工序。但聚酯薄膜易燃、易折和老化,故在使用保管过程中应注意防火防折。

2. 坐标格网的绘制

为了准确地将图根控制点展绘在图纸上,首先要在图纸上精确地绘制 10cm×10cm 的直角坐标格网。绘制坐标格网可用坐标仪或坐标格网尺等专用仪器工具,如无上述仪器工具,则可按下述对角线法绘制。

如图 8-11 所示,先在图纸上画出两条对角线,以交点 M 为圆心,取适当长度为半径画弧,于对角线相交得 A、B、C、D 点,用直线连接各点,得矩形 ABCD。再从 A、D 两点起分别沿 AB、DC 方向每隔 10cm 定一点,连接各对应边的相应点,即得坐标格网。坐标格网画好后,要用直尺检查各格网的交点是否在同一直线上(图 8-11 中 ab 直线),其偏离值不应超过 0.2mm。检查 10cm 小方格网对角线长度(14.14cm)误差不应超过 0.3mm。如超限,应重新绘制。

3. 展绘控制点

展点前,要按本图的分幅,将格网线的坐标值注在左、下格网边线外测的相应格网线处(图 8-12)。展点时,先要根据控制点的坐标,确定所在的方格。如控制点 A 的坐标 x_A = 647.43,y_A = 634.52m,可确定其位置应在 plmn 方格内。然后按 y 坐标值分别从 l、p 点按测图比例尺

图 8-11 对角线法绘制坐标格网示意图

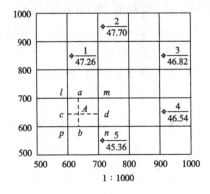

图 8-12 展绘控制点示意图

向右各量34.52m,得a、b点。同法,从p、n点向上各量47.43m;得c、d两点。连接ab和cd,其交点即为A点的位置。同法将图幅内所有控制点展绘在图纸上,并在点的右侧以分数形式注明点号及高程(分子为点号、分母为高程),如图中1、2、3、4、5点。最后用比例尺量出各相邻控制点之间的距离,与相应的实地距离比较,其差值不应超过图上0.3mm,若超过限差应查找原因,修正错误的点位。

二、经纬仪测图法

如图8-13所示,将经纬仪安置于测站点(如导线点A)上,将测图板(不需置平,仅供作绘图台用)安置于测站旁,用经纬仪测定碎部点方向与已知(后视)方向之间的夹角,用视距测量方法测定测站到碎部点的水平距离和高差,然后根据测定数据按极坐标法,用量角器和比例尺把碎部点的平面位置展绘于图纸上,并在点位的右侧注明高程,再对照实地勾绘地形图。这个方法的特点是在野外边测边绘,优点是便于检查碎部点有无遗漏及观测、记录、计算、绘图有无错误;就地勾绘等高线,地形更为逼真。此法操作简单灵活,适用于各类地区的测图工作。现将经纬仪测绘法在一个测站上的作业步骤简述如下。

图8-13 经纬仪测绘法示意图

1.安置仪器

(1)安置经纬仪于图根控制点A上,对中、整平,量取仪器高i,记入碎部测量手簿(表8-4)。

(2)定向。将水平度盘读数置为$0°00'$,后视另一个控制点B(图8-13),方向AB称为零方向(或称后视方向)。

(3)测定竖盘指标差x,记入手簿;或利用竖盘指标水准管一端的校正螺丝将x校正为0。若使用竖盘指标自动安平的经纬仪,应检查自动安平补偿器的正确性。

2.测定碎部点

(1)立尺。立尺员依次将视距尺立在选好的地物和地貌特征点上。

(2)观测。按顺序读出上、中、下、三丝读数及竖直角、水平角,记入手簿(表8-4)。

地 形 测 量 手 簿 表8-4

测站:$A4$　　后视点:$A3$　　仪器高i:1.42m　　指标差x:$-1.'0$　　测站高程H:207.40m

点号	视距$K·l$ (m)	中丝读数 v	水平角 β	竖盘读数 L	竖直角 α	高差h (m)	水平距离D (m)	高程 (m)	备注
1	85.0	1.42	160°18′	85°48′	4°11′	6.18	84.55	213.58	水渠
2	13.5	1.42	10°58′	81°18′	8°41′	2.02	13.19	209.42	
3	50.6	1.42	234°32′	79°34′	10°25′	9.00	48.95	216.40	
4	70.0	1.60	135°36′	93°42′	−3°43′	−4.71	69.71	202.69	电杆

3.计算水平距离、高差和高程

(1)按第四章视距测量公式计算相应的水平距离及高差值,并记入手簿(表8-4)。

(2)高差之正、负取决于竖直角之正、负。当中丝瞄准高与仪器不等时,须加$(i-l)$改正数。

(3)计算高程:测点高程 = 测站高程 + 改正高差。

4. 绘图

绘图是根据图上已知的零方向,在 a 点上按用量角器定出 ap 方向,并在该方向上按比例尺针刺 D_P 定出 p 点;以该点为小数点注记其高程 H_P。同法展绘其他各点,并根据这些点绘图。测绘地物时,应对照外轮廓随测随绘。测绘地貌时,应对照地性线和特殊地貌外缘点勾绘等高线和描绘特征地貌符号。勾绘等高线时,应先勾出计曲线,经对照检查无误,再加密其余等高线。

三、碎部点的选择

碎部点应选择地物和地貌特征点,亦即地物和地貌的方向转折点和坡度变化点。碎部点选择是否得当,将直接影响到成图的精度和速度。若选择正确,就可以逼真地反映地形现状,保证工程要求的精度;若选择不当或漏选碎部点,则将导致地形图失真走样,影响工程设计或施工用图。

1. 地物特征点的选择

地物特征点一般是选择地物轮廓线上的转折点、交叉点,河流和道路的拐弯点,独立地物的中心点等。连接这些特征点,便得到与实地相似的地物形状和位置。测绘地物必须根据规定的测图比例尺,按测量规范和地形图图式的要求,经过综合取舍,将各种地物恰当地表示在图上。

2. 地貌特征点的选择

最能反映地貌特征的是地性线(也称地貌结构线,它是地貌形态变化的棱线,如山脊线、山谷线、倾斜变换线、方向变换线等),因此地貌特征点应选在地性线上(图 8-14)。如山顶的最高点,鞍部、山脊、山谷的地形变换点,山坡倾斜变换点,山脚地形变换点等。

图 8-14 地貌特征点及地性线示意图

四、勾绘等高线

一边上点、一边参照实地情况进行勾绘。所有的地物、地貌都应按地形图图式规定的符号绘制。城市建筑区和不便于绘等高线的地方,可不绘等高线。其他地区的地貌,则应根据碎部点的高程来勾绘等高线。由于地貌点是选在坡度变化和方向变化处,相邻两点的坡度可视为均匀坡度,所以通过该坡度的等高线之间的平距与高差成正比,这就是内插等高线依据的原理。内插等高线的方法一般有计算法、图解法和目估法三种。现以1、2 两地貌点为例,来说明计算法。

图 8-15 内插等高线原理示意图(尺寸单位:m)

如图 8-15 所示,1′、2′为地面上的点位,1、2 为其图上位置。设 1、2 两点的图上距离为 d、基本等高距为 1m,则 1、2 两点之间必有高程为 242m、243m、244m、245m 和 246m 的 5 条等高线通过,其在 1-2 连线上的具体通过位置 d_1、d_2、d_3、d_4 和 d_5 可按下列公式计算:

$$\frac{0.5}{4.6}=\frac{d_1}{d} \Rightarrow d_1=\frac{0.5}{4.6} \quad d=\frac{5}{46}d$$

$$\frac{1.5}{4.6}=\frac{d_2}{d} \Rightarrow d_2=\frac{1.5}{4.6} \quad d=\frac{15}{46}d$$

上述方法仅说明内插等高线的基本原理,而实用时都是用目估法内插等高线的。目估法内插等高线的步骤为:

(1)定有无。即确定两碎部点之间有无等高线通过。

(2)定根数。即确定两碎部点之间有几根等高线通过。

(3)定两端。如图 8-16 中的 a、g 点。

(4)平分中间。如图 8-16a)中的 b、c、d、e、f 点。

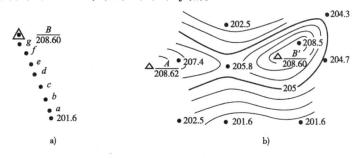

图 8-16 目估法勾绘等高线示意图

如图 8-16 所示,设两点的高程分别为 201.6m 和 208.60m,根据目估法定出两点间有 7 根等高线通过,则 a、b、c、d、e、f、g 各点分别为 202~208m 共 7 条等高线通过的位置。用光滑的曲线将高程相等的相邻点连接起来即成等高线。

五、地形图拼接、整饰和检查

1. 地形图的拼接

每幅图施测完后,在相邻图幅的连接处,无论是地物或地貌,往往都不能完全吻合。如图 8-17所示,左、右两幅图边的房屋,道路、等高线都有偏差。如相邻图幅地物和等高线的偏差,不超过表 8-5 规定的 $2\sqrt{2}$ 倍,取平均位置加以修正。修正时,通常用宽 5~6cm 的透明纸蒙在左图幅的接图边上,用铅笔把坐标格网线、地物、地貌描绘在透明纸上,然后再把透明纸按坐标格网线位置蒙在右图幅衔接边上,同样用铅笔描绘地物、地貌。若接边差在限差内,则在透明纸上用彩色笔平均配赋,并将纠正后的地物地貌分别刺在相邻图边上,以此修正图内的地物、地貌。

地形图接边误差允许值 表 8-5

地区类别	点位中误差（mm 图上）	邻近地物点间距中误差（mm 图上）	等高线高程中误差(等高距)			
			平地	丘陵地	山地	高山地
山地、高山地和设站施测困难的旧街坊内部	0.75	0.6	1/3	1/2	2/3	1
城市建筑区和平地、丘陵地	9.5	0.4				

2. 地形图的整饰

当原图经过拼接和检查后,要进行清绘和整饰,使图面更加合理、清晰、美观。整饰应遵循先图内后图外,先地物后地貌,先注记后符号的原则进行。工作顺序为:内图廓、坐标格网,控制点、地形点符号及高程注记,独立物体及各种名称、数字的绘注,居民地等建筑物,各种线路、水系等,植被与地类界,等高线及各种地貌符号等。图外的整饰包括外图廓线、坐标网、经纬度、接图表、图名、图号、比例尺,坐标系统及高程系统、施测单位、测绘者及施测日期等。图上地物以及等高线的线条粗细、注记字体大小均按规定的图式进行绘制。

3. 地形图的检查

(1) 室内检查

图 8-17 地形图接边

观测和计算手簿的记载是否齐全、清楚和正确,各项限差是否符合规定;图上地物、地貌的真实性、清晰性和易读性,各种符号的运用、名称注记等是否正确,等高线与地貌特征点的高程是否符合,有无矛盾或可疑的地方,相邻图幅的接边有无问题等。如发现错误或疑点,应到野外进行实地检查修改。

(2) 外业检查

首先进行巡视检查,它根据室内检查的重点,按预定的巡视路线,进行实地对照查看。主要查看原图的地物、地貌有无遗漏;勾绘的等高线是否逼真合理,符号、注记是否正确等。然后进行仪器设站检查,除对在室内检查和巡视检查过程中发现的重点错误和遗漏进行补测和更正外,对一些怀疑点,地物、地貌复杂地区,图幅的四角或中心地区,也需抽样设站检查,一般为10%左右。

第三节 数字测图的基本知识

传统的地形测量是用经纬仪或平板仪测量角度、距离和高差,通过计算处理,再模拟测量数据将地物地貌图解到图纸上,其测量的主要产品是图纸和表格。随着信息化全站型电子速测仪的广泛应用以及微机硬件和软件技术的迅速发展,地形测量方法正在由传统的方法向全解析数字化地形测量方向变革。数字化地形测量是以计算机磁盘为载体,以数字形式表达地形特征点的集合形态的数字地图。数字地形测量的全过程,都是以仪器野外采集的数据作为电子信息,自动传输、记录、存储、处理、成图和绘图的,所以,原始测量数据的精度没有丝毫损失,从而可以获得与测量仪器精度相一致的高精度测量成果。尤其是数字地形的成果是可供计算机处理、远距离传输、各方共享的数字化地形图,使其成果用途更广,还可通过互联网实现地形信息的快速传送。这些都是传统测图方法不可比拟的。由此可见数字化测图是符合现代社会信息化的要求,是现代测绘的重要发展方向,它将成为迈向信息化时代不可缺少的地理信息系统(GIS)的重要组成部分。

一、概述

目前我国数字化测图技术已日趋成熟,获得数字地形图产品的主要途径有两个。

1. 野外数字化测绘

采用全站仪或 GPS 进行实地测量,将野外采集的数据传输到电子手簿、磁卡或便携机内记录,在现场绘制地形图或在室内传输到计算机,由计算机自动生成数字地图并控制绘图仪自动绘制地形图。

2. 利用原有图件室内数字化

它是利用专业软件将原有地形图转换成数字化产品。室内数字化有两种作业方法：一是用数字化仪进行手扶跟踪数字化；二是将图纸进行扫描，得出栅格图后，通过专业扫描矢量化软件进行屏幕跟踪数字化。航测数字化测图属室内数字化的一种。

室内数字化成品的精度较低，最多能保持原有图纸的精度。而野外数字化测图是利用全站仪从野外实际采集数据的，由于全站仪测量精度高，其记录、传送数据以及数据处理都是自动进行的，其成品能保持原始数据的精度，所以它在几种数字化成图中精度是最高的一种方法，是当今测绘地形图、地籍图和房产分幅图的主要方法。

二、数字化测图的基本原理

全站仪数字化测图是由全站仪在野外采集数据并传输给计算机，通过计算机对野外采集的地形信息进行识别、检索、连接和调用图式符号，并编辑生成数字地形图，再发出指令由绘图仪自动绘出地形图。数字化地形测量野外采集的每一个地形点信息，必须包括点位信息和绘图信息。点位信息是指地形点点号及其三维坐标值，可通过全站仪实测获取。点的绘图信息是指地形点的属性以及测点间的连接关系。地形点属性是指地形点属于地物点还是地貌点，地物又属于哪一类，用什么图式符号表示等。测点的连接信息则是指点的点号以及连接线形。在数字化地形测量中，为了使计算机能自动识别，对地形点的属性通常采用编码方法来表示。只要知道地形点的属性编码以及连接信息，计算机就能利用绘图系统软件，从图式符号库中调出与该编码相对应的图式符号，连接并生成数字地形图。

三、全站仪数字化测图的作业模式

全站仪数字化测图根据设备的配置和作业人员的水平，一般有数字测记和电子平板测图两种作业模式。

1. 数字测记

数字测记模式用全站仪测量，电子手簿记录，对复杂地形配画人工草图，到室内将测量数据由记录器传输到计算机，由计算机自动检索编辑图形文件，配合人工草图进一步编辑、修改、自动成图。该模式在测绘复杂的地形图、地籍图时，需要现场绘制包括每一碎部点的草图，但其具有测量灵活，系统硬件对地形、天气、等条件的依赖性较小，可由多台全站仪配合一台计算机、一套软件生产，易形成规模化等优点。

2. 电子平板测图

电子平板测图模式用全站仪测量，用加装了相应测图软件的便携机（电子平板）与全站仪通信，由便携机实现测量数据的记录，解算、建模，以及图形编辑、图形修正，实现了内外业一体化。该测图模式现场直接生成地形图，即测即显，所见即所得。但便携机在野外作业时，对阴雨天、暴晒或灰尘等条件难以适应，另外把室内编辑图的工作放在外业完成会增加测图成本。目前，具有图数采集、处理等功能的掌上电脑取代便携机的袖珍电子平板测图系统，解决了系统硬件对外业环境要求较高的问题。

四、全站仪测图的基本作业过程

1. 信息编码

地形图的图形信息包括所有与成图有关的各种资料，如测量控制点资料、解析点坐标、各种地物的位置和符号、各种地貌的形状、各种注记等。常规测图方法是随测随绘,手工逐个绘制每一个符号是一项繁重的工作。进行数字化测图时,必须对所测碎部点和其他地形信息进行编码,即先把各种符号按地形图图式的要求预先造好,并按地形编码系统建立符号库存于计算机中。使用时,只需按位置调用相应的符号,使其出现在图上指定的位置,如此进行符号注记,快速简便。信息编码按照 GB/T 17160—2008)《1∶500、1∶1000、1∶2000 地形图数字化规范》进行。见表 8-6。

1∶500、1∶1000、1∶2000 地形图要素分类与代码(部分)　　　　表 8-6

代码	名称	代码	名称	代码	名称
1	测量控制点	2	居民地和垣栅	9	植被
11	平面控制点	21	普通房屋	91	耕地
111	三角点	211	一般房屋	911	稻田
1111	一等	…	…	…	…
…	…	214	破坏房屋	914	菜地
1114	四等	…	…	…	…
115	导线点	23	房屋附属设施	93	林地
1151	一级	231	廊	931	有林地
…	…	2311	柱廊	9311	用材林
1153	三级	…	…	…	…

2. 连接信息

数字化地形测量野外作业时,除采集点位信息、地形点属性信息外,还要记录编码、点号、连接点和连接线形 4 种信息。当测点是独立地物时,只要用地形编码来表明它的属性即可,而一个线状或面状地物,就需要明确本测点与何点相连,以何种线形相连。接线形是测点与连接点之间的连线形式,有直线、曲线、圆弧和独立点 4 种形式,分别用 1、2、3、0 或空白为代码。如图 8-18 所示,测量一条小路,假设小路的编码为 632,其记录格式见表 8-7,表中略去了观测值,点号同时也代表测量碎部点的顺序。

数字化测图记录表　　　　表 8-7

单元	点号	编码	连接点	连接线形
第一单元	1	632	1	2
	2	632		
	3	632		
	4	632		
第二单元	5	632	5	2
	6	632		
	7	632	4	
第三单元	8	632	5	1

图 8-18　数字化测图的记录

3. 野外数据采集与输入

全站仪采集数据的步骤大致是：

(1) 在测点上安置全站仪，并输入测站点坐标 (X,Y,H) 及仪器高。

(2) 照准定向点并使定向角为测站点至定向点的方位角。

(3) 待测点立棱镜并将棱镜高由人工输入全站仪，输入一次以后，其余测点的棱镜高则由程序默认（即自动填入原值），只有当棱镜高改变时，才需重新输入。

(4) 逐点观测，只需输入第一个测点的测量顺序号，其后测一个点，点号自动累加 1，一个测区内点号是唯一的，不能重复。

(5) 输入地形点编码，并将有关数据和信息记录在全站仪的存储设备或电子手簿上（在数字测记模式下）。在电子平板测绘模式下，则由便携机实现测量数据和信息的记录。

4. 数据处理

将野外实测数据输入计算机，成图系统首先将三维坐标和编码进行初处理，形成控制点数据、地物数据、地貌数据，然后分别对这些数据分类处理，形成图形数据文件，包括带有点号和编码的所有点的坐标文件和含有所有点的连接信息文件。

因为全站仪能实时测出点的三维坐标，在测图时某些图根点测量与碎部点测量是同步进行的，控制点数据处理软件完成对图根点的计算、绘制和注记。

地物的绘制主要是绘制符号，软件将地物数据按地形编码分类。比例符号的绘制主要依靠野外采集的信息；非比例符号的绘制是利用软件中的符号库，按定位线和定位点插入符号；半比例符号的绘制则要根据定位线或朝向调用软件的专用功能完成。

五、地形图的编辑与输出

绘图程序根据输入的比例尺、图廓坐标、已生成的坐标文件和连接信息文件，按编码分类，分层进入地物（如房屋、道路、水系、植被等）和地貌等各层，进行绘图处理，生成绘图命令，并在屏幕上显示所绘图形，根据实际地形地貌情况对屏幕图形进行必要的编辑、修改，生成修改后的图形文件。

数字化地形图输出形式可采用绘图机绘制地形图、显示器显示地形图、磁盘存储图形数据、打印机输出图形等，具体用何种形式应视实际需要而定。

将实地采集的地物地貌特征点的坐标和高程，经过计算机处理，自动生成不规则的三角网（TIN），建立起数字地面模型（DEM）。该模型的核心目的是用内插法求得任意已知坐标点的高程。据此可以内插绘制等高线和断面图，为水利、道路、管线等工程设计服务，还能根据需要随时取出数据，绘制任何比例尺的地形原图。

全站仪数字化测图方法的实质是用全站仪野外采集数据，计算机进行数据处理，并建立数字立体模型和计算机辅助绘制地形图，这是一种高效率、减轻劳动强度的有效方法，是对传统测绘方法的革新。

第四节 地形图的应用

一、地形图的识读

1. 图名与图号

图名是指本图幅的名称,一般以本图幅内最重要的地名或主要单位名称来命名,注记在图廓外上方的中央。如图8-19所示,地形图的图名为"西三庄"。图号,即图的分幅编号,注在图名下方。如图8-19所示,图号为3510.0-220.0,它由左下角纵、横坐标组成。

2. 接图表与图外文字说明

为便于查找、使用地形图,在每幅地形图的左上角都附有相应的图幅接图表,用于说明本图幅与相邻8个方向图幅位置的相邻关系。如图8-19所示,中央为本图幅的位置。文字说明是了解图件来源和成图方法的重要的资料。如图8-19所示,通常在图的下方或左、右两侧注有文字说明,内容包括测图日期、坐标系、高程基准、测量员、绘图员和检查员等。在图的右上角标注图纸的密级。

3. 图廓与坐标格网

图廓是地形图的边界,正方形图廓只有内、外图廓之分。内图廓为直角坐标格网线,外图廓用较粗的实线描绘。外图廓与内图廓之间的短线用来标记坐标值。如图8-19所示,左下角的纵坐标为3510.0km,横坐标220.0km。由经纬线分幅的地形图,内图廓呈梯形,如图8-20所示。西图廓经线为东经128°45′,南图廓纬线为北纬46°50′,两线的交点为图廓点。内图廓与外图廓之间绘有黑白相间的分度带,每段黑白线长表示经纬差1′。连接东西、南北相对应的分度带值便得到大地坐标格网,可供图解点位的地理坐标用。分度带与内图廓之间注记了以km为单位的高斯直角坐标值。图中左下角从赤道起算的5189km为纵坐标,其余的90、91等为省去了前面千百两位51的公里数。横坐标为22482km,其中22为该图所在的投影带号,482km为该纵线的横坐标值。纵横线构成了公里格网。在四边的外图廓与分度带之间注有相邻接图号,供接边查用。

图8-19 图名、图号与接图表　　　图8-20 图廓和坐标格网

4. 直线比例尺与坡度尺

直线比例尺也称图示比例尺,它是将图上的线段用实际的长度来表示,如图 8-21a)所示。因此,可以用分规或直尺在地形图上量出两点之间的长度,然后与直线比例尺进行比较,就能直接得出该两点间的实际长度值。为了便于在地形图上量测两条等高线(首曲线或计曲线)间两点直线的坡度,通常在中、小比例尺地形图的南图廓外绘有图解坡度尺,如图 8-21b)所示。坡度尺是按等高距与平距的关系 $d = h/\tan\alpha$ 制成的。如图 8-21b)所示,在底线上以适当比例定出 $0°$、$1°$、$2°$ 等点,并在点上绘垂线。将相邻等高线平距 d 与各点角值 α_i 按关系式求出相应平距 d_i。然后,在相应点垂线上按地形图比例尺截取 d_i 值定出垂线顶点,再用光滑曲线连接各顶点而成。应用时,用卡规在地形图上量取量等高线 a、b 点平距 ab,在坡度尺上比较,即可查得 ab 的角值约为 $1°45'$。

5. 三北方向

中、小比例尺地形图的南图廓线右下方,通常绘有真北、磁北和轴北之间的角度关系,如图 8-22 所示。利用三北方向图,可对图上任一方向的真方位角、磁方位角和坐标方位角进行相互换算。

图 8-21 直线比例尺与坡度

图 8-22 三北方向

二、地形图的基本应用

地形图是国家各个部门、各项工程建设中必需的基础资料,在地形图上可以获取多种、大量的所需信息。并且,从地形图上确定地物的位置和相互关系及地貌的起伏形态等情况,比实地更准确、更全面、更方便、更迅速。

1. 确定图上点位的坐标

欲求图 8-23a)中 P 点的直角坐标,可以通过从 P 点作平行于直角坐标格网的直线,交格网线于 e、f、g、h 点。用比例尺(或直尺)量出 ae 和 ag 两段距离,则 P 点的坐标为

$$x_p = x_a + ae = 21100 + 27 = 21127\text{m}$$
$$y_p = y_a + ag = 32100 + 29 = 32129\text{m}$$

为了防止图纸伸缩变形带来的误差,可以采用下列计算公式消除:

$$x_p = x_a + \frac{ae}{ab} \cdot l = 21100 + \frac{27}{99.9} \times 100 = 21127.03\text{m}$$

$$y_p = y_a + \frac{ag}{ad} \cdot l = 32100 + \frac{29}{99.9} \times 100 = 32129.03\text{m}$$

式中,l 为相邻格网线间距。

2. 确定图上直线段的距离

若求 PQ 两点间的水平距离,如图 8-23a)所示,最简单的办法是用比例尺或直尺直接从地

形图上量取。为了消除图纸的伸缩变形给量取距离带来的误差,可以用两脚规量取 PQ 间的长度,然后与图上的直线比例尺进行比较,得出两点间的距离。更精确的方法是利用前述方法求得 P、Q 两点的直角坐标,再用坐标反算出两点间距离。

图 8-23　确定点的坐标、高程、直线段的距离、坐标方位角和坡度

3. 图上确定直线的坐标方位角

如图 8-23a) 所示,若求直线 PQ 的坐标方位角 α_{PQ},可以先过 P 点作一条平行于坐标纵线的直线,然后,用量角器直接量取坐标方位角 α_{PQ}。要求精度较高时,可以利用前述方法先求得 P、Q 两点的直角坐标,再利用坐标反算公式计算出 α_{PQ}。

4. 确定图上点的高程

根据地形图上的等高线,可确定任一地面点的高程。如果地面点恰好位于某一等高线上,则根据等高线的高程注记或基本等高距,便可直接确定该点高程。如图 8-23b) 所示,p 点的高程为 20m。当确定位于相邻两等高线之间的地面点 q 的高程时,可以采用目估的方法确定。更精确的方法是,先过 q 点作垂直于相邻两等高线的线段 mn,再依高差和平距成比例的关系求解。例如,图中等高线的基本等高距为 1m,则 q 点高程为:

$$H_q = H_n + \frac{mq}{mn} \cdot h = 23 + \frac{14}{20} \times 1 = 23.7 \text{m}$$

如果要确定两点间的高差,则可采用上述方法确定两点的高程后,相减即得两点间高差。

5. 确定图上地面坡度

由等高线的特性可知,地形图上某处等高线之间的平距越小,则地面坡度越大。反之,等高线间平距越大,坡度越小。当等高线为一组等间距平行直线时,则该地区地貌为斜平面。

如图 8-23b) 所示,欲求 p、q 两点之间的地面坡度,可先求出两点高程 H_P、H_q,然后求出高差 $h_p = H_q - H_P$,以及两点水平距离 d_{pq},再按下式计算 p、q 两点之间的地面坡度:

$$i = \frac{h_{pq}}{d_{pq}}$$

p、q 两点之间的地面倾角

$$\alpha_{pq} = \arctan \frac{h_{pq}}{d_{pq}}$$

当地面两点间穿过的等高线平距不等时,计算的坡度则为地面两点平均坡度。

6. 在图上设计规定坡度的线路

对管线、渠道、交通线路等工程进行初步设计时,通常先在地形图上选线。按照技术要求,

选定的线路坡度不能超过规定的限制坡度,并且线路最短。

如图 8-24 所示,地形图的比例尺为 1：2000,等高距为 2m。设需在该地形图上选出一条由车站 A 至某工地 B 的最短线路,并且在该线路任何处的坡度都不超 4%。

常见的作法是将两脚规在坡度尺上截取坡度为 4% 时相邻两等高线间的平距,也可以按下式计算相邻等高线间的最小平距(地形图上距离)为

图 8-24 等坡线的选取

$$d = \frac{h}{M \times i} = \frac{2}{2000 \times 4\%} = 25 \text{mm}$$

然后,将两脚规的脚尖设置为 25mm,把一脚尖立在以点 A 为圆心上作弧,交另一等高线 1′点,再以 1′点为圆心,另一脚尖交相邻等高线 2′点。如此继续直到 B 点。这样,由 A、1′、2′、3′至 B 连接的 AB 线路,就是所选定的坡度不超过 4% 的最短线路。

从图 8-24 中看出,如果平距 d 小于图上等高线间的平距,则说明该处地面最大坡度小于设计坡度,这时可以在两等高线间用垂线连接。此外,从 A 到 B 的线路可采用上述方法选择多条,例如,由 A、1″、2″、3″至 B 所确定的线路。最后选用哪条,则主要根据占用耕地、地质条件、施工难度及工程费用等因素决定。

三、地形图在工程规划中的应用

1. 根据等高线绘制线路的断面图

为了解某条线路的地面起伏情况,需绘制断面图。如图 8-25a)所示,若绘制 AB 方向的断面图,其方法步骤如下：

(1)首先确定断面图的水平比例尺和高程比例尺。一般断面图上的水平比例尺与地形图的比例尺一致,而高程比例尺往往比水平比例尺大 5~10 倍,以便明显地反映地面起伏变化情况。

(2)比例尺确定后,可在纸上绘出直角坐标轴线,如图 8-25b)所示,横轴表示水平坐标线,纵轴表示高程坐标线,并在高程坐标线上依高程比例尺标出各等高线的高程。

(3)以图 8-25a)方向线 AB 被等高线所截各线段之长 A1、12、23、…、9B 的长度在横轴上截取相应的点并作垂线,使垂线之长等于各点相应的高程值,垂线的端点即是断面点,连接各相邻断面点,即得 AB 线路的纵断面图。

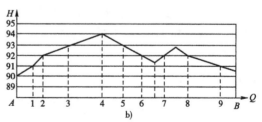

图 8-25 根据等高线绘制断面图

2. 确定汇水面积

在修建交通线路的涵洞、桥梁或水库的堤坝等工程建设中,需要确定有多大面积的雨水量汇集到桥涵或水库,即需要确定汇水面积,以便进行桥涵和堤坝的设计工作。通常是在地形图上确定汇水面积。

汇水面积是由山脊线所构成的区域。如图 8-26 所示,某公路经过山谷地区,欲在 m 处建造涵洞,cn 和 em 为山谷线,注入该山谷的雨水是由山脊线(即分水线)a、b、c、d、e、f、g 及公路所围成的区域。区域汇水面积可通过面积量测方法得出。另外,根据等高线的特性可知,山脊线处处与等高线相垂直,且经过一系列的山头和鞍部,可以在地形图上直接确定。

3. 土方量计算

(1)方格网法

如果地面坡度较平缓,可以将地面平整为某一高程的水平面。如图 8-27 所示,计算步骤如下。

图 8-26 图上确定汇水面积

图 8-27 方格网法计算填挖方量

①绘制方格网。方格的边长取决于地形的复杂程度和土石方量估算的精度要求,一般取 10m 或 20m。然后,根据地形图的比例尺在图上绘出方格网。

②求各方格角点的高程。根据地形图上的等高线,采用目估法内插出各方格角点的地面高程值,并标注于相应顶点的右上方。

③计算设计高程。将每个方格角点的地面高程值相加,并除以 4 则得到各方格的平均高程,再把每个方格的平均高程相加除以方格总数就得到设计高程 $H_{设}$。$H_{设}$ 也可以根据工程要求直接给出。

④确定填、挖边界线。根据设计高程 $H_{设}$,在地形图 8-27 上绘出高程为 $H_{设}$ 的高程线(如图中虚线所示),在此线上的点即为不填又不挖,也就是填、挖边界线,亦称零等高线。

⑤计算各方格网点的填、挖高度。将各方格网点的地面高程减去设计高程 $H_{设}$,即得各方格网点的填、挖高度,并注于相应顶点的左上方,正号表示挖,负号表示填。

⑥计算各方格的填、挖方量。下面以图 8-27 中方格 Ⅰ、Ⅱ、Ⅲ 为例,说明各方格的填、挖方量计算方法。

方格 Ⅰ 的挖方量

$$V_1 = \frac{1}{4}(0.4 + 0.6 + 0 + 0.2) \times A = 0.3A$$

方格 Ⅱ 的填方量

$$V_2 = \frac{1}{4}(-0.2 - 0.2 - 0.6 - 0.4) \times A = -0.35A$$

方格 Ⅲ 的填、挖方量

$$V_3 = \frac{1}{4}(0.4 + 0.4 + 0 + 0) \times A_{挖} - \frac{1}{4}(0 - 0.2 - 0) \times A_{填}$$
$$= 0.2A_{挖} - 0.05A_{填}$$

式中,A 为每个方格的实际面积,$A_{挖}$、$A_{填}$ 分别为方格Ⅲ中挖方区域和填方区域的实际面积。

⑦计算总的填、挖方量。将所有方格的填方量和挖方量分别求和,即得总的填、挖土石方量。如果设计高程 $H_{设}$ 是各方格的平均高程值,则最后计算出来的总填方量和总挖方量基本相等。

当地面坡度较大时,可以按照填、挖土石方量基本平衡的原则,将地形整理成某一坡度的倾斜面。

由图 8-27 可知,当把地面平整为水平面时,每个方格角点的设计高程值相同。而当把地面平整为倾斜面时,每个方格角点的设计高程值则不一定相同,这就需要在图上绘出一组代表倾斜面的平行等高线。绘制这组等高线必备的条件是:等高距、平距、平行等高线的方向(或最大坡度线方向)以及高程的起算值。它们都是通过具体的设计要求直接或间接提供的。绘出倾斜面等高线后,通过内插即可求出每个方格角点的设计高程值。这样,便可以计算各方格网点的填、挖高度,并计算出每个方格的填、挖方量及总填、挖方量。

(2)等高线法

如果地形起伏较大时,可以采用等高线法计算土石方量。首先从设计高程的等高线开始计算出各条等高线所包围的面积,然后将相邻等高线面积的平均值乘以等高距即得总的填挖方量。

图 8-28 等高线法计算填挖方量

如图 8-28 所示,地形图的等高距为 5m,要求平整场地后的设计高程为 492m。首先在地形图中内插出设计高程为 492m 的等高线(如图中虚线),再求出 492m、495m、500m 三条等高线所围成的面积 A_{492}、A_{495}、A_{500},即可算出每层土石方的挖方量为:

$$V_{492-495} = \frac{1}{2}(A_{492} + A_{495}) \times 3$$

$$V_{495-500} = \frac{1}{2}(A_{495} + A_{500}) \times 5$$

$$V_{500-503} = \frac{1}{3}A_{500} \times 3$$

则,总的土石方挖方量为

$$V_{总} = \Sigma V = V_{492-495} + V_{495-500} + V_{500-505}$$

(3)断面法

这种方法是在施工场地范围内,利用地形图以一定间距绘出地形断面图,并在各个断面图上绘出平整场地后的设计高程线。然后,分别求出断面图上地面线与设计高程线所围成的面积,再计算相邻断面间的土石方量,求其和即为总土石方量。

1.测图前要做哪些准备工作?如何进行?

2. 试述对角线法绘制坐标格网的方法与步骤,并举例说明展绘控制点的方法。
3. 什么是地形图比例尺及其精度?地形图比例尺可分为哪几类?
4. 测图时,立尺员怎样选择地物特征点和地貌特征点?
5. 试述经纬仪测绘法在一个测站测绘地形图的作业步骤。
6. 在进行碎部测量工作中应注意哪些事项?
7. 地形图如何拼接?如何检查?
8. 简述全站仪数字化测图的过程。
9. 完成表8-8的计算。

测站:A　　后视点:B　　仪器高:$i=1.42$　　测站高程:$H=46.54$m　　　表8-8

点号	视距 (m)	瞄准高 l(m)	竖盘读数 (°′)	竖直角 $\pm\alpha$	h'(m)	$i-l$(m)	h(m)	水平角 β	水平距离 (m)	高程 (m)	点位
1	52.7	1.42	86 10					5°32′			房角
2	87.1	1.42	90 45					159°18′			电杆
3	32.5	2.42	91 18					69°40′			路边
…	…	…	…	…	…	…	…	…	…	…	…

注:①经纬仪的视距乘常数 $K=100$,加常数 $c=0$;
　②望远镜视线水平时,盘左竖盘读数90°,视线向上倾斜时,盘左竖盘读数减小。

10. 何谓地物和地貌?地形图上的地物符号分为哪几类?试举例说明。
11. 什么是等高线?等高距?等高线平距?它们与地面坡度有何关系?
12. 等高线有哪些特性?
13. 地形图应用的基本内容有哪些?如何在地形图上确定点的坐标?
14. 土方计算有哪几种方法?
15. 按图8-29完成以下内容:

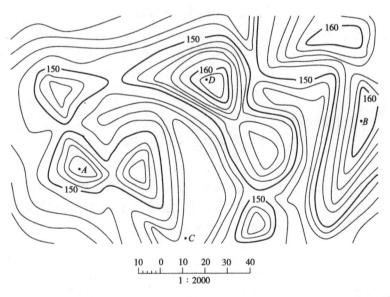

图 8-29

(1)用▲标出山头,用△标出鞍部,用虚线标出山脊线,用实线标出山谷线。

(2) 求出 A、B 两点的高程,并用图下直线比例尺求出 A、B 两点间的水平距离及坡度。
(3) 绘出 A、B 之间的地形断面图(平距比例尺为 $1:2000$,高程比例尺为 $1:200$)。
(4) 找出图内山坡最陡处,并求出该最陡坡度值。
(5) 从 C 到 D 作出一条坡度不大于 10% 的最短路线。
(6) 绘出过 C 点的汇水面积。

第九章 施工测量的基本工作

第一节 概 述

一、施工测量的目的与任务

施工测量是以控制点为基础，根据设计图纸上待建建筑物的平面位置和高程，按设计和施工要求，以一定的精度测设（放样）到施工作业面上，作为施工的依据，这项工作称为测设，也称为施工放样。施工测量贯穿于整个施工过程中，从场地平整、建筑物定位、基础施工，到建筑物构件安装等工序，都需要进行施工测量，才能使建（构）筑物各部分的尺寸、位置符合设计要求。其主要任务包括以下几项：

(1) 施工控制网的建立。在施工场地建立施工控制网，作为建（构）筑物详细测设的依据。

(2) 建（构）筑物的详细测设。将图纸上设计建（构）筑物的平面位置和高程标定在实地上。

(3) 检查、验收。每道施工工序完工之后，都要通过测量检查工程各部位的实际位置及高程是否与设计要求相符。

(4) 变形观测。随着施工的进展，测定建筑物在平面和高程方面产生的位移和沉降，收集整理各种变形资料，作为鉴定工程质量和验证工程设计、施工是否合理的依据。

二、施工测量的特点与要求

测设是直接为工程服务的，它既是施工先导，又贯穿整个工程的过程，其特点与要求为：

(1) 测设是将设计的建（构）筑物由图上标定在工程作业面上，它遵循"从整体到局部、先控制后细部"的原则。通常情况下，施工控制网的精度高于测图控制网的精度；施工放样的精度高于测图的精度。测设精度要求的高低，主要取决于建筑物的大小、性质、用途和施工方法等，测设时应该根据有关规范标准选择合理的精度。

(2) 测设的质量关系到建筑物的正确性，所以工程测设必须建立健全的检查制度。如在施工时熟悉图纸的同时，也要核对图上分尺寸与总尺寸的一致性等，如发现问题立即提出并加以解决；放样之前检查放样数据的正确性；放样之后复查成果的可靠性，当内业、外业的成果都无差错时，才能进行施工。

(3) 目前工程的规模越来越大，进度要求更快，测设前应熟悉设计图纸，了解现场情况、施工方案和进度安排，制订可行的施测计划，认真做好准备工作。

第二节 测设的基本工作

测设的基本工作包括水平距离、水平角和高程的测设，地面点位置的测设以及坡度测设等。

一、测设已知水平距离

测设已知水平距离是从地面上一已知点开始,沿着已知方向测设出给定的实地已知距离,以定出另一个端点的实地位置的工作。根据测设的精度要求、仪器的不同,一般分为两种方法。

1. 钢尺量距法

(1) 一般测设方法

当测设的距离较短、精度要求不高时,可以采用此方法。当给定已知水平距离、线段起点和方向时,从起点沿所给的已知方向,用钢尺量距定出另一点。为了提高测设的精度,应进行校核。往返测设水平距离。若两次测设之差在允许范围内,取他们的平均位置作为终点的最终位置。

(2) 精确方法

当测设的距离较长、精度要求较高时,采用精确方法进行测设。将经纬仪安置在起点 A 上,并标定给定的已知方向,沿该方向概略定出 B 点,然后根据丈量的方法先量出距离,并将尺长、温度、高差改正[$D' = D - (\Delta L_d + \Delta L_t + \Delta L_h)$],求出 AB 的精确水平距离 D'。若 D 与 D' 不相等,则按其差值 $\Delta D = D - D'$,以 B' 点为准,沿 AB 方向进行修正。当 ΔD 为正时,向外修正;反之,则向内修正,如图 9-1 所示。

图 9-1 精确方法测设已知水平距离

【例 9-1】 测设 AB 段的水平距离 $D = 27.654$m,使用的钢尺名义长度为 30m,实际长度为 29.995m,钢尺检定的温度为 20℃,钢尺的膨胀系数为 1.25×10^{-5},以 A、B 两点的高差 $h = 0.467$m,实测温度为 24.3℃。求放样时在地面上应量出的长度。

解:尺长改正为:$\Delta L_d = \dfrac{\Delta L}{l_0} \times D = \dfrac{29.995 - 30}{30} \times 27.654 = -0.005$m

温度改正为:$\Delta L_t = \alpha \times (t - t_0)D = 1.25 \times 10^{-5} \times (24.3 - 20) \times 27.654 = 0.0015$m

倾斜改正为:$\Delta L_h = -\dfrac{h^2}{2D} = -\dfrac{(0.467)^2}{2 \times 27.654} = -0.004$m

则放样长度为:$D' = D - (\Delta L_d + \Delta L_t + \Delta L_h) = 27.654 - (-0.005 + 0.0015 - 0.004)$
$= 27.6615$ m

2. 光电测距仪器测距法

运用光电测距仪测设已知水平距离方法如下:如图 9-2 所示,仪器安置与 A 点,反光镜沿已知方向 AB 移动,使仪器显示值略大于测设的距离 D,定出 B' 点。在 B' 点处安置反光棱镜,测出反光镜棱镜的竖直角 α 及斜距 L。计算出水平距离 D',并计算出与应测设的水平距离 D 之差的改正值 $\Delta D = D - D'$。根据 ΔD 的符号在实地沿已知方向用钢尺由 B' 点量 ΔD 至 B 点,AB 为测设的水平距离。为了检核,将反光镜安置于 B 点,实测 AB 的距离,若不符合要求,应加以改

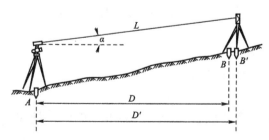

图 9-2 光电测距仪测设已知水平距离

正直至符合规定限差为止。

二、测设已知水平角

测设已知水平角是根据已知方向和角位置，按照给定的水平角值，把另一方向测设到地面上。根据精度要求不同，方法有以下两种。

1. 一般测设方法

当测设的精度要求不高时，可用盘左、盘右取平均值的方法。如图9-3所示，设OA为地面上已知方向，安置仪器与O点，先以盘左位置找准A点，使水平度盘读数为00°00′00″。转动照准部使水平度盘读数恰好为β值。在此视线方向上定出B_1点。然后再用盘右位置重复上述的步骤，测设β角定出B_2点。取B_1与B_2的中点B，则$\angle AOB$为要测设的β角。此方法称为"正倒镜分中法"。

2. 精确测设方法

当测设的精度要求较高时，可用精确方法测设已知水平角。如图9-4所示，安置仪器于O点，按一般方法测设出已知水平角$\angle AOB'$，定出点B'位置；再对$\angle AOB'$用测回法多次测回，求得平均值β'。计算修正值。测量出OB'距离，并计算垂距改正值$B'B$：

$$B'B = OB'\tan\Delta\beta \approx OB'\frac{\Delta\beta}{\rho}$$

式中：$\rho = 206265''$。

图9-3 角度一般测设

图9-4 角度精确测量

最后，B'点沿OB'的垂直方向调整垂距$B'B$，$\angle AOB$即为β角。若$\Delta\beta > 0$时，则从B'点往内调整B'至B点，若$\Delta\beta < 0$时，则反之。

三、测设已知高程

测设已知高程就是根据已知点的高程，通过引测的方法把设计高程标定在固定的位置上，如图9-5所示。已知高程点A的高程为H_A，需要在B点处标出已知高程H_B位置。方法如下：在A点和B点两点之间安置水准仪，首先在A点处立水准尺，并读取标尺读数a，由此可得出仪器视线高程为：

$$H_i = H_A + a$$

根据视线高程与设计高程可以算出B点处水准尺的读数为：

$$b = H_i - H_B$$

再将水准尺紧靠B点木桩的侧面上下位置移动，直到水准尺的读数为b时，方可在尺底画线进行标记，此处就是测设的设计高程位置。

若当测设的高程点与水准点之间的高差较大时，可以采用悬挂钢尺的方法进行测设设计的高程。如图 9-6 所示，欲根据地面水准点 A，在坑内测设点 B，使其高程为 H_B。把钢尺悬挂在支架上，零端向下并挂一重量相当于钢尺检定时拉力的重物，在地面与坑内分别安置水准仪，在地面安置时对 A 点尺上读数为 a_1，对钢尺的读数为 b_1；在坑内安置仪器时对钢尺的读数为 a_2。由于 $H_B = H_A + a_1 - (b_1 - a_2) - b_2$，所以可以计算出 B 点处坐标尺的读数 $b_2 = H_A + a_1 - (b_1 - a_2) - H_B$。

图 9-5 已知高程测设

图 9-6 测设建筑基底高程

四、地面点平面位置的测设

点的平面位置测设是根据已布设好的控制点的坐标和待测设点的坐标，反算出测设数据，即控制点和待测设点之间的水平距离和水平角，再根据上述测设方法标定出设计点位。点的平面位置测设方法主要有直角坐标法、极坐标法、角度交会法和距离交会法等，可根据仪器设备、控制网的形式、控制点的分布、测设场地地形情况及待测设精度要求等条件进行合理选择。

1. 直角坐标法

直角坐标法适用于建筑物附近有主轴线或建筑方格网、建筑基线等相互垂直轴线的控制网形式。此法是建立在直角坐标原理基础上测设点位的一种方法。

如图 9-7 所示，A、B、C、D 为建筑方格网或建筑基线控制点，1、2、3、4 点为待测设建筑物轴线交点，建筑方格网或建筑基线分别垂直或平行待测设建筑的轴线。根据控制点、待测设点的坐标可以计算出两者间的坐标增量。测设方法为：首先计算 A 点与 1、2 点间的坐标增量为：$\Delta x_{A1} = x_1 - x_A$、$\Delta y_{A1} = y_1 - y_A$。

测设时，安置经纬仪于 A 点，照准 C 点，沿着 AC 方向测设出水平距离 Δy_{A1} 定出 $1'$ 点，再将仪器安置于 $1'$ 点，后视点为 A 点或 C 点，转角 $90°$ 给定出视线方向，沿给定出的视线方向分别测设出水平距离 Δx_{A1} 和 Δx_{A2} 定出 1、2 两点。为提高精度，采用同种方法以盘右位置再定出 1、2 两点，取两次所定的 1、2 两点的中点为最终位置。3、4 两点可用同样方法求得所在位置。

图 9-7 直角坐标法测设点位

直角坐标法测设方便，精度相对较高。但要注意尽量采用近处的控制点，从建筑物较长的边开始测设，以提高测试精度。

2. 极坐标法

极坐标法是根据水平角、距离测设点的平面位置。可用经纬仪和钢尺进行测设或是用全站仪进行测设。一般测设的距离相对比较短，且便于钢尺量距的情况，方可采用经纬仪和钢尺进行测设。如图 9-8 所示，A、B 两点为已知控制点，P 点为待测设点。欲测设，首先根据已知点的坐标和待测设点的坐标反算出长度 D_{AP} 和方位角，再根据方位角求出水平角 β，其计算公式如下：

$$D_{AP} = \sqrt{(x_p - x_A)^2 + (y_p - y_A)^2}$$

$$\alpha_{AP} = \arctan \frac{y_p - y_A}{x_p - x_A}$$

$$\alpha_{AB} = \arctan \frac{y_B - y_A}{x_B - x_A}$$

$$\beta = \alpha_{AB} - \alpha_{AP}$$

测设时,将经纬仪安置在 A 点,照准 B 点,水平度盘调整至零,按逆时针方向测设角 β,确定 AP 方向,在其方向上量取长度 D_{AP},并确定 P 点位置。为提高测设精度,应进行校核。

若是具备全站仪时,将会有一定的优越性,首先不受地形条件的干扰,其次测设的距离可较长。特别在全站仪具有计算功能,可测设角度,又可测设长度,可以直接坐标放样。采用全站仪按极坐标法测试点位,更为方便,同时极大的发挥全站仪的功能。

3. 角度交会法

角度交会法又称方向线交会法,多在待测设点位距离控制点较远或不便于量距的情况下被采用。此法是在两个控制点上分别安置经纬仪,根据其相应的水平角测设得到相应的方向,根据两个方向交会定点的一种方法。如图9-9所示。根据控制点 A、B 和待测点 1、2 的坐标,反算出测设数据角 β_{A1}、β_{A2}、β_{B1}、β_{B2} 的值,按照盘左盘右分中法,定出 $A1$、$A2$ 的方向线,在其方向线上的 1、2 两点处分别打桩,桩上钉上钉以表示此方向。然后,在 B 点处安置经纬仪,同法定出 $B1$、$B2$ 方向线。根据 $A1$ 和 $B1$、$A2$ 和 $B2$ 方向线可以分别交出 1、2 两点。1、2 两点为待测设点的位置。同时,也可以用两台经纬仪分别放置于 A、B 两点同时设站,测设出方向线后标定出 1、2 两点。校核方法,可采用丈量 1、2 两点之间的水平距离,与 1、2 两点设计坐标反算出的水平距离进行比较。

图9-8 极坐标法

图9-9 角度交会法测设点位

4. 距离交会法

距离交会法是根据两个控制点,利用两段已知距离交会点的平面位置的方法。当测试地点较平坦且便于用钢尺量距时常用此方法。

距离交会法又称钢尺交会法。用距离交会法测设点位的方法较为简易,在两个控制点向同一待测设点用钢尺拉两段由坐标反算得到的距离,相交处便为测试的点位。

五、坡度线的测设

在工程施工中,常常需要测设指定的坡度线。坡度线的测设就是在地面上定出一条直线,使其坡度值等于已给定的设计坡度。

如图9-10所示,设地面上点 A 的高程为 H_A,AB 之间的水平距离为 D。要求测设一条从 A 点沿 AB 方向设计坡度为 δ 的直线 AB,即在 AB 方向上分别定出点 A、1、2、3、4、B 各桩点,使其个桩顶面连线的坡度等于设计坡度 δ。具体测设时,先根据水平距离 D 与设计坡度 δ 计算出

点 B 的高程。

高程 $H_B = H_A + \delta \cdot D$，在计算时，要注意坡度的正负值，图中坡度值 δ 为负值（坡度上升为正，反之为负）。按照前面所述测设已知高程的方法，把 B 点的设计高程测设到木桩上，则 AB 两点连线的坡度等于已知设计坡度值 δ。

图 9-10　坡度线的测设

在安置水准仪时，使其基座上的一个脚螺旋在 AB 方向线上，另两个脚螺旋的连线与 AB 线垂直，量取仪器高 i，用望远镜瞄准 B 点上水准尺，同时转动在 AB 方向上的脚螺旋，使 B 点桩上水准尺上的读数等于 i，这时仪器的视线为设计坡度线。然后在 AB 中间各点处打上木桩，在桩上立尺使读数皆为 i，这样的各桩桩顶的连线就是测设坡度线。当设计坡度较大时，可利用经纬仪定出中间各点。

1. 测设有哪些基本工作？
2. 点的平面位置测设有哪几种方法？在运用不同方法测设时都需要注意什么？
3. 在地面上欲测设一段 47.476m 的水平距离，所用钢尺的名义长度为 50m，长度为 49.995m，钢尺检定时温度为 20℃，钢尺的膨胀系数为 1.25×10^{-5}，实测温度为 17℃，概量后测得两点之间的高差为 $h = -0.231$m，试计算在地面上实测的长度。
4. 在地面上欲测设 36°水平角，用经纬仪对该角进行了多测回的精确观测，其平均角为 35°59′42″，已知待定点距离测站 85m，求改正角值时的垂距，并判断向外或向内。
5. 设 A、B 为已知平面控制点，其相应坐标为 $A(157.23m, 530.44m)$、$B(213.00m, 450.75m)$，根据 A、B 两点测设 P 点的位置，P 点设计坐标为 $P(170.00m, 514.00m)$。试计算极坐标法测设 P 点的测设数据，并绘图说明测设步骤。

第十章 道路工程测量

　　道路工程一般由路基、路面、桥涵、隧道及各种附属设施等构成。在道路勘测设计和施工中所进行的测量工作称为道路工程测量。其工作程序也应遵循"先控制后碎部"的原则，一般为先进行道路工程控制测量和沿路线走向的带状地形图测绘，再进行道路工程的勘测设计。道路勘测分为初测和定测。初测阶段的任务是：在指定范围内布设导线，测量路线各方案的带状地形图和纵断面图，收集沿线水文、地质等有关资料，为纸上定线、编制比较方案等初步设计提供依据；定测阶段的任务是在选定方案的路线上进行中线测量、纵断面测量、横断面测量以及局部地区的大比例尺地形图测绘等，为路线纵坡设计、工程量计算等道路技术设计提供详细的测量资料。

　　技术设计经批准后，即可施工。在施工前、施工中以及竣工后，还应进行道路工程的施工测量。

第一节 道路中线测量

　　道路作为一个空间三维的工程结构物，它的中线是一条空间曲线，在水平面上的投影就是平面线形，它受自然条件(沿线地形、地质、水文、气候等)的制约需要改变路线方向。这样，在转折处为了满足行车要求，需要用适当的曲线把前后直线连接起来，这种曲线称为平曲线。平曲线包括圆曲线和缓和曲线。

　　道路平面线形由直线、圆曲线、缓和曲线三要素组成，如图10-1所示。圆曲线是具有一定曲率半径的圆弧。缓和曲线是在直线和圆曲线之间或两不同半径的圆曲线之间设置的曲率连续变化的曲线。我国公路、铁路缓和曲线的线形通常采用回旋线。

图 10-1　道路平面线形

　　道路工程中线测量是通过直线和曲线的测设，将道路中线的平面位置具体敷设到地面上，并标定其里程，供设计和施工之用。

一、交点和转点的测设

1. 交点的测设

　　所谓交点是指路线改变方向时相邻两直线的延长线相交的转折点。它是中线测量的主要控制点，在路线测设时，首先要选定出交点。当公路设计采用一阶段的施工图设计时，交点的测设可采用现场标定的方法，即根据已定的技术标准，结合地形、地质等条件，在现场反复测设比较,直接定出路线交点的位置。这种方法不需测地形图,比较直观,但只适合技术简单、方案明确的低等级公路。

当公路设计采用两阶段的初步设计和施工图设计时,应采用先纸上定线,再实地放线确定交点的方法。即对于高等级公路或地形、地物复杂的情况,要先在实地布设导线,测绘大比例地形图(通常为 1:1000 或 1:2000 地形图),在地形图纸上定线,然后再到实地放线,把交点在实地标定出来,一般有放点穿线法、拨角放线法、坐标放样法等方法。

(1)放点穿线法

放点穿线法是纸上定线放样时常用的方法,它是以初测时测绘的带状地形图上就近的导线点为依据,按照地形图上设计的路线与导线之间的角度和距离关系。在实地将路线中线的直线段测设出来,然后将相邻直线延长相交,定出交点桩的位置。具体测设步骤如下:

①放点。简单易行的放点方法有支距法和极坐标法两种。在地面上测设路线中线的直线部分,只需定出直线上若干个点,就可确定这一直线的位置。如图 10-2 所示,欲将纸上定出的两段直线 JD_3—JD_4 和 JD_4—JD_5 测设于地面,只需在地面上定 1、2、3、4、5、6 等临时点即可,这些临时点可选支距点,即垂直于初测导线边垂足为导线点的直线与纸上所定路线的直线相交的点,如 1、2、4、6 点;亦可选初测导线边与纸上所定路线的直线相交的点,如 3 点;或选能够控制中线位置的任意点,如 5 点,为便于检查核对,一条直线应选择 3 个以上的临时点。这些点一般应选在地势较高、通视良好、距初测导线点较近、便于测设的地方。临时点选定之后,即可在地形图上用比例尺和量角器量取点所用的距离和角度,如图 10-2 中距离 l_1、l_2、l_3、…、l_6 和角度 β。然后绘制放点示意图,表明点位和数据作为放点的依据。

图 10-2 初测导线与纸上所定路线

放点时,在现场找到相应的初测导线点。临时点如果是支距点,可用支距法放点,步骤为:用经纬仪和方向架定出垂线方向,再用皮尺量出支距 l 定出点位。如果是任意点则用极坐标法放点,步骤为:将经纬仪安置在相应的导线点上,拨角 β 定出临时点方向,再用皮尺量距 l 定出点位。

②穿线。由于图解数据和测量误差的影响,在图上同一直线上的各点放到地面后,一般均不能准确位于同一直线上。如图 10-3 所示,为在图纸上某一直线段上选取的 1、2、3、4 点,放样到现场的情况,显然所放 4 点是不共线的。这时可根据实地情况,采用目估或经纬仪法穿线,通过比较和选择定出一条尽可能多地穿过或靠近临时点的直线 AB,在 A、B 或其方向线上打下两个或两个以上的方向桩,随即取消临时点,这种确定直线位置的工作称为穿线。

图 10-3 穿线

③交点。当相邻两直线 AB、CD 在地面上定出后,即可延长直线进行交会定出交点(JD)。如图 10-4 所示,按下述操作步骤进行:

a. 将经纬仪安置于 B 点，盘左瞄准 A 点，倒转望远镜沿视线方向，在交点（JD）的概略位置前后，打下两个木桩，俗称"骑马桩"，并沿视线方向用铅笔在两桩顶上分别标出 a_1 和 b_1。

图 10-4　交点

b. 盘右仍瞄准 A 点后，再倒转望远镜，用与上述同样的方法在两桩顶上又标出 a_2 点和 b_2 点。

c. 分别取 a_1 与 a_2、b_1 与 b_2 的中点，并钉上小钉得 a 和 b 两点。

d. 用细线将 a、b 两点连接。

这种以盘左、盘右两个盘位延长直线得方法称为正倒镜分中法。

e. 将仪器置于 C 点，瞄准 D 点，仍按上述步骤，同法定出 c 和 d 两点，拉上细线。

f. 在两条细线（ab、cd）相交处打下木桩，并在桩顶钉以小钉，便得到交点（JD）。

（2）拨角放线法

这种方法是先在地形图上量算出纸上所定路线的交点坐标，反算相邻交点间的直线长度、坐标方位角及转折角。然后在野外将仪器置于中线起点或已确定的交点上，拨出转角，测设直线长度，依次定出各交点的位置。

如图 10-5 所示，N_1、N_2…为初测导线点，在 N_1 点安置经纬仪，瞄准 N_2 点，拨水平角 β_1，量出距离 S_1，由此便可定出交点 JD_1。然后在 JD_1 上安置经纬仪，瞄准 N_1 点，拨水平角 β_2，量出距离 S_2，便可定出交点 JD_2。以同样的方法，将经纬仪安置于 JD_2，瞄准 JD_1，拨水平角量出距离定出交点 JD_3。同法依次定出其他交点。

图 10-5　拨角放线法定线

这种方法工作效率高，适用于测量导线点较少的线路；缺点是拨角放线的次数越多，误差累计也越大，故每隔一定距离（一般每隔 3~5 个交点）应将测设的中线与初测导线联测，以检查拨角放线的质量，然后重新以初测导线点开始放出以后的交点。检查满足要求，可继续观测。否则应查明原因予以纠正。

（3）坐标放样法

交点坐标在地形图上确定以后，利用测图导线按全站仪坐标放样法将交点直接放样到地面上，这种方法施工速度快，而且由于利用测图导线放点，所以不会出现误差累积的现象。

2. 转点的测定

转点是指路线测量过程中，相邻两交点间互不通视时，在其连线或延长线上定出一点或数点，以供交点测角、量距或延长直线时瞄准之用的点。

（1）在两交点间设转点

如图 10-6 所示，设 JD_5、JD_6 为互不通视的两相邻交点，ZD' 为目估定出的转点位置。将经纬仪置于 ZD' 上，用正倒镜分中法延长直线 JD_5—ZD' 至 JD_6'，如 JD_6' 与 JD_6 重合或偏差 f 在路线容许移动的范围内,则转点位置即为 ZD′,此时应将 JD₆ 移至 JD′₆,并在桩顶钉上小钉表示交点位置。

当偏差 f 超过容许范围或 JD₆ 为死点,不许移动时,则需重新设置转点。设 e 为 ZD′ 应横向移动的距离,仪器在 ZD′ 处,用视距测量方法测出距离 a、b,则有

$$e = \frac{a}{a+b} f \tag{10-1}$$

将 ZD′ 沿偏差 f 的相反方向横移 e 至 ZD。将仪器移至 ZD,延长直线 JD₅—ZD 看是否通过 JD₆ 或偏差 f 是否小于容许值。否则应再次设置转点,直至符合要求为止。

(2)在两交点延长线设转点

如图 10-7 所示,设 JD₈、JD₉ 互不通视,ZD′ 为其延长线上转点的目估位置。仪器置于 ZD′ 处,盘左瞄准 JD₈,在 JD₉ 附近标出一点,盘右在瞄准 JD₈,在 JD₉ 附近处又标出一点,取两次所标点的中点得 JD′₉。若 JD′₉ 和 JD₉ 重合或偏差 f 在容许范围内,即可将 JD′₉ 代替 JD₉ 作为交点,ZD′ 即作为转点。若偏差 f 超出容许范围或 JD₉ 为死点,不许移动,则应调整 ZD′ 的位置。

$$e = \frac{a}{a-b} f \tag{10-2}$$

将 ZD′ 沿偏差 f 的相反方向横移 e 至 ZD,然后将仪器移至 ZD,重复上述方法,直至 f 小于容许值为止,最后将转点 ZD 和交点 JD₉ 用木桩标定在地面上。

图 10-6 两个不通视交点间设置转点

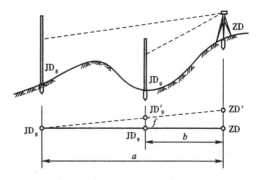

图 10-7 两个不通视交点延长线上设置转点

二、路线转角的测定

1. 路线右角的观测

按路线的前进方向,以路线中心线为界,在路线右侧的水平角称为右角,通常以 β 表示,如图 10-8 中的所示的 β_5、β_6。在中线测量采用测回法测定。

上、下两个半测回所测角值的不符值视公路等级而定:高速公路、一级公路限差为 ±20″,满足要求取平均值,取位至 1″;二级及二级以下的公路限差为 ±60″,满足要求取平均值,取位至 30″(即 10″舍去,20″、30″、40″取为 30″,50″进为 1′)。

2. 转角的计算

所谓转角是指路线由一个方向偏转为另一个方向时,偏转后的方向与原方向的夹角,通常以 α 表示。如图 10-8 所示。转角有左转、右转之分,按路线前进方向,偏转后的方向在原方向的左侧称为左转角,通常以 $\alpha_{左}$(或 α_Z)表示;反之为右转角,通常以 $\alpha_{右}$(或 α_Y)表示。转角是设置平曲线的必要元素,通常是通过测定路线的右角 β 计算求得的。

若 $\beta > 180°$ 为左转角，则 $\qquad \alpha_左 = \beta - 180°$
若 $\beta < 180°$ 为右转角，则 $\qquad \alpha_右 = 180° - \beta \qquad\qquad$ (10-3)

3. 曲线中点方向桩的钉设

为便于设置曲线中点桩，在测角的同时，需将曲线中点方向桩(亦即分角线方向桩)钉设出来，如图10-9所示。分角线方向桩离交点距离应尽量大于曲线外距，以利于定向插点。一般转角越大，外距也越大，这样分角桩就应设置得远一点。

图10-8　路线的右角和转角　　　　　　　图10-9　标定分角线方向

用经纬仪定分角线方向，首先就要计算出分角线方向的水平度盘读数。通常这项工作是测角之后在测角读数的基础上进行的(即保持水平度盘位置不变)，根据测得右角的前后视读数，按下式即可计算出分角线方向的读数：

$$\text{分角线方向的水平度盘读数} = \frac{1}{2}(\text{前视读数} + \text{后视读数})$$

有了分角线方向的水平度盘读数，即可转动照准部使水平度盘读数为这一读数，此时望远镜照准的方向即为分角线方向(分角线方向应设在设置曲线的一侧，如果望远镜指向相反一侧，只需倒转望远镜)。沿视线指向插杆钉桩，即为曲线中点方向桩。

4. 视距测量

观测视距的目的，是用视距法测出相邻交点间的直线距离，以便提交给中桩组，供其与实际丈量距离进行校核。

视距测量的方法通常有两种：一种是利用测距仪或全站仪测量，这种方法是分别于交点和相邻交点(或转点)上安置棱镜和仪器，采用仪器的距离测量功能，从读数屏可直接读出两点间平距；另一种是利用经纬仪标尺测量，它是于交点和相邻交点(或转点)上分别安置经纬仪和标尺(水准尺或塔尺)，采用视距测量的方法计算两点间平距。这里尤应指出的是，用测距仪或全站仪测得的平距可用来计算交点桩号，而用经纬仪所测得的平距，只能用作参考来校核在中线测设中有无丢链现象(即校核链距)。

当交点间距离较远时，为了保证测量精度，可在中间加点采取分段测距方法。

5. 磁方位角观测与计算方位角校核

观测磁方位角的目的，是为了校核测角组测角的精度和展绘平面导线图时检查展线的精度。路线测量规定，每天作业开始与结束须观测磁方位角，至少各一次，以便与根据观测值推算方位角校核，其误差不得超过2°，若超过规定，必须查明发生误差的原因，并及时予以纠正。若符合要求，则可继续观测。

磁方位角通常用森林罗盘仪观测，亦可用附有指北装置的仪器直接观测。

6. 路线控制桩位固定

为便于以后施工时恢复路线及放样，对于中线控制桩，如路线起点桩、终点桩、交点桩、转点桩、大中桥位桩以及隧道起、终点桩等重要桩志，均须妥善固定和保护，以防止丢失和破坏。

为此应主动与当地政府联系协商保护桩志措施,并积极向当地群众宣传保护测量桩志的重要性,协助共同维护好桩志。

桩志固定方法应因地制宜地采取埋土堆、垒石堆、设护桩(也称"栓桩")。护桩方法很多,如距离交会法、方向交会法、导线延长法等,具体采用什么方法应根据实际情况灵活掌握。公路工程测量通常多采用距离交会法定位。护桩一般设 3 个,护桩间夹角不宜小于 60°,以减少交会误差,如图 10-10 所示。

图 10-10 距离交会法护桩

护桩应尽可能利用附近固定的地物点,如房基墙角、电杆、树木、岩石等设置。如无此条件可埋混凝土桩或钉设大木桩。护桩位置的选择,应考虑不致为日后施工或车辆行人所毁坏。在护桩或在作为控制的地物上用红油漆画出标记和方向箭头,写明所控制的固定桩志名称、编号,以及距桩志的斜向距离,并绘出示意草图,记录在手簿上,供日后编制"路线固定护桩一览表"。

三、里程桩的设置

在路线交点、转点及转角测定后,即可进行道路中线测量,经过实地量距设置里程桩,以标定道路中线的具体位置。

1. 道路中线测量的基本要求

道路中线的边长测量要求同导线测量。中线上设有里程桩,也称为中桩,桩上写有桩号,表示该桩至路线起点的水平距离。如桩号记为 K1 + 125.45,表示该桩至路线起点的水平距离为 1125.45m。

中桩的设置应按规定满足其桩距及精度的要求,直线上的桩距 l_0 一般为 20m,地形平坦时不应大于 50m;曲线上的桩距一般为 20m,且与圆曲线半径大小有关。中桩桩距应按表 10-1 的规定。

路线中线敷设时,中桩平面桩位精度不得超过表 10-2 的规定,曲线测量闭合差,应符合表 10-3 的规定。

中 桩 间 距　　　　　　　　　　　　　表 10-1

直线(m)		曲　　　线			
平原微丘区	山岭重丘区	不设超高曲线	$R>60$	$60 \geqslant R \geqslant 30$	$R<30$
≤50	≤25	25	20	10	5

注:表中 R 为平曲线半径(m)。

中桩平面桩位精度表　　　　　　　　表 10-2

公路等级	中桩位置中误差(cm)		桩位检测之差(cm)	
	平原微丘区	山岭重丘区	平原微丘区	山岭重丘区
高速、一级、二级	≤±5	≤±10	≤10	≤20
三级、四级	≤±10	≤±15	≤20	≤30

曲线测量闭合差　　　　　　　　　　表 10-3

公路等级	纵向闭合差		横向闭合差(cm)		曲线偏角闭合差(″)
	平原微丘区	山岭重丘区	平原微丘区	山岭重丘区	
高速、一级、二级	1/2000	1/1000	10	10	60
三级、四级	1/1000	1/500	10	15	120

2. 里程桩的类型

里程桩可分为整桩和加桩两种。

(1)整桩

在公路中线中的直线段和曲线段上,按相应规定要求桩距而设置的桩称为整桩。它的里程桩号均为整数,且为要求桩距的整倍数。

《公路勘测规范》(JTG/T C10—2007)规定:路线中桩间距,不应大于表 10-1 的规定。

在实测过程中,为了测设方便,里程桩号应尽量避免采用零数桩号,一般宜采用 20m 或 50m 及其倍数。当量距至每百米及每公里时,要钉设百米桩及公里桩。

(2)加桩

加桩又分为地形加桩、地物加桩、曲线加桩、地质加桩、断链加桩和行政区域加桩等。

①地形加桩。沿路线中线在地面起伏突变处,横向坡度变化处以及天然河沟处等均应设置的里程桩。

②地物加桩。沿路线中线在有人工构造物处(如拟建桥梁、涵洞、隧道、挡土墙等构造物处;路线与其他公路、铁路、渠道、高压线、地下管道等交叉处,拆迁建筑物处、占用耕地及经济林的起终点处)均应设置的里程桩。

③曲线加桩。曲线上设置的起点、中点、终点桩等。

④地质加桩。沿路线在土质变化处及地质不良地段的起、终点处要设置的里程桩。

⑤断链加桩。由于局部改线或事后发现距离错误或分段测量中由于假设起点里程等原因,致使路线的里程不连续,桩号与路线的实际里程不一致,这种现象称为"断链",为说明该情况而设置的桩,称为断链加桩。测量中应尽量避免出现"断链"现象。

⑥行政区域加桩。在省、地(市)县级行政区分界处应加桩。

⑦改、扩建路加桩。在改、扩建公路地形特征点、构造物和路面面层类型变化处应加的桩。

加桩应取位至米,特殊情况下可取位至 0.1m。

3. 里程桩的书写及钉设

对于中线控制桩,如路线起、终点桩、公里桩、转点桩、大中桥位桩以及隧道起终点等重要桩,一般采用尺寸为 5cm×5cm×30cm 的方桩;其余里程桩一般多用(1.5~2)cm×5cm× 25cm 的板桩。

(1)里程桩的书写

所有中桩均应写明桩号和编号,在桩号书写时,除百米桩、公里桩和桥位桩要写明公里数外,其余桩可不写。另外,对于交点桩、转点桩及曲线基本桩还应在桩号之前标明桩号(一般标其缩写名称)。目前,我国公路工程上桩名采用汉语拼音的缩写名称,见表 10-4。

路线主要标志桩名称 表 10-4

标志桩名称	简 称	汉语拼音缩写	英文缩写	标志桩名称	简 称	汉语拼音缩写	英文缩写
转角点	交点	JD	IP	公切点	—	GQ	CP
转点	—	ZD	TP	第一缓和曲线起点	直缓点	ZH	TS
圆曲线起点	直圆点	ZY	BC	第一缓和曲线终点	缓圆点	HY	SC
圆曲线中点	曲中点	QZ	MC	第二缓和曲线起点	圆缓点	YH	CS
圆曲线终点	圆直点	YZ	EC	第二缓和曲线终点	缓直点	HZ	ST

桩志一般用红色油漆或记号笔书写(在干旱地区或即将施工的路线也可用墨汁书写),书写字迹应工整醒目,一般应写在桩顶以下 5cm 范围内,否则将被埋于地面以下无法判别里程桩号。

(2)钉桩

新线桩志打桩,不要露出地面太高,一般以 5cm 左右能露出桩号为宜。钉设时将写有桩号的一面朝向路线起点方向,如图 10-11 所示。对起控制作用的交点桩、转点桩以及一些重要的地物加桩,如桥位桩、隧道定位桩等均应钉设方桩,将方桩钉至与地面齐平,桩顶钉一小铁钉表示点位。在距方桩 20cm 左右设置指示桩,上面书写桩的名称和桩号,字面朝向方桩。

改建桩志位于旧路上时,由于路面坚硬,不宜采用木桩,此时常采用大帽钢钉。钉桩时一律打桩至与地面齐平,然后在路旁一侧打上指示桩,桩上注明距中线的横向距离及其桩号,并以箭头指示中桩位置。在直线上,指示桩应钉在路线的同一侧;交点桩的指示桩应在圆心和交点连线方向的外侧,字面朝向交点;曲线主点桩的指示桩均应钉在曲线的外侧,字面朝向圆心。

图 10-11 桩号和编号方向

遇到岩石地段无法钉桩时,应在岩石上凿刻"⊕"标记,表示桩位并在其旁边写明桩号、编号等。在潮湿或有虫蚀地区,特别是近期不施工的路线,对重要桩位(如路线起、终点、交点、转点等)可改埋混凝土桩,以利于桩的长期保存。

四、圆曲线的测设

圆曲线是指具有一定半径的一段圆弧线,是路线转向常用的一种曲线形式。圆曲线的测设一般分以下两步进行:首先测设曲线的主点,称为圆曲线的主点测设,即测设曲线的起点(称为直圆点,以 ZY 表示)、中点(称为曲中点,以 QZ 表示)和终点(称为圆直点,以 YZ 表示)。然后在已测定的主点之间进行加密,按规定桩距测设曲线上的其他各桩点,称为曲线的详细测设。

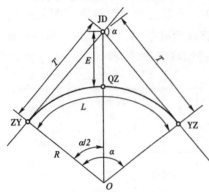

图 10-12 圆曲线的主点测设

1. 圆曲线的主点测设

(1)圆曲线测设元素的计算

如图 10-12 所示,设交点(JD)的转角为 α,圆曲线半径为 R,则曲线的测设元素可按下列公式计算:

切线长　　　　　　　　$T = R \cdot \tan \dfrac{\alpha}{2}$

曲线长　　　　　　　　$L = R \cdot \alpha$
(式中,α 的单位应换算成 rad)

外距　　　　　　　　　$E = \dfrac{R}{\cos \dfrac{\alpha}{2}} - R = R\left(\sec \dfrac{\alpha}{2} - 1\right)$ 　　(10-4)

切曲差　　　　　　　　$D = 2T - L$

(2)主点里程的计算

交点(JD)的里程由中线丈量中得到,根据交点的里程和计算的曲线测设元素,即可计算出各主点的里程。由图 10-12 可知:

$$\left.\begin{array}{l} \text{ZY 里程} = \text{JD 里程} - T \\ \text{YZ 里程} = \text{ZY 里程} + L \\ \text{QZ 里程} = \text{YZ 里程} - L/2 \\ \text{JD 里程} = \text{QZ 里程} + D/2 (校核) \end{array}\right\} \quad (10\text{-}5)$$

【例 10-1】 已知某 JD 的里程为 K2+968.43,测得转角 $\alpha = 34°12′$,圆曲线半径 $R = 200\text{m}$,求曲线测设元素及主要里程。

(1)曲线测设元素的计算

解:由式(10-4)代入数据计算得:$T = 61.53\text{m}$;$L = 119.32\text{m}$;$E = 9.25\text{m}$;$D = 3.74\text{m}$。

(2)主点里程的计算

由式(10-5)得:

JD 里程	K2 +968.43
$-T$	-61.53
ZY 里程	K2 +906.90
$-L$	$+119.32$
YZ 里程	K2 +026.28
$-L/2$	-59.66
QZ 里程	K2 +966.59
$+D/2$	$+1.87$
JD 里程	K2 +968.43

(10-6)

(3) 主点的测设

圆曲线的测设元素和主点里程计算出后,便可按下述步骤进行主点测设:

①ZY 的测设。测设 ZY 时,将仪器置于交点 JD_i 上,望远镜照准后一交点 JD_{i-1} 或此方向上的转点,沿望远镜视线方向量取切线长 T,得 ZY,先插一测钎标志。然后用钢尺丈量 ZY 至最近一个直线桩的距离,如两桩号之差等于所丈量的距离或相差在容许范围内,即可在测钎处打下 ZY 桩。如超出容许范围,应查明原因,重新测设,以确保桩位的正确性。

②YZ 的测设。在 ZY 点测设完成后,转动望远镜照准前一交点 JD_{i+1} 或此方向上的转点,往返丈量切线长 T,得 YZ 点,打下 YZ 桩。

③QZ 的测设。可自交点 JD_i 沿分角线方向往返丈量外距 E,打下 QZ 桩。

2. 圆曲线的详细测设

在圆曲线测设时,除了设置圆曲线的主点桩及地形、地物等加桩外,当圆曲线较长时,应按曲线上中桩桩距的规定进行加桩(桩距 l_0 应符合表 11-1 的规定),即进行圆曲线的详细测设。

按桩距 l_0 在曲线上设桩,通常有以下两种方法:

①整桩号法。将曲线上靠近起点(ZY)的第一个桩的桩号凑整成为 l_0 倍数的整桩号,且与 ZY 点的桩距小于 l_0,然后按桩距 l_0 连续向曲线终点 YZ 设桩。这样设置的桩的桩号均为整桩。

②整桩距法。从曲线起点 ZY 和终点 YZ 开始,分别以桩距 l_0 连续向曲线中点 QZ 设桩。由于这样设置的桩的桩号一般为零数桩号,因此,在实测中应注意加设百米桩和公里桩。

目前公路中线测量中一般均采用整桩号法。

圆曲线的详细测设方法很多,下面仅介绍两种常用方法。

(1) 切线支距法

切线支距法又称直角坐标法,是以曲线 ZY 点(对于前半曲线)或 YZ 点(对于后半曲线)为坐标原点,以过 ZY 点或 YZ 点的切线为 x 轴,过原点的半径为 y 轴,按曲线上各点坐标 x、y 设置曲线上各点的位置。

如图 10-13 所示,设 p_i 为曲线上欲测设的点位,该点 ZY 点或 YZ 点的弧长为 l_i,φ_i 为 l_i 所对的圆心角,R 为圆曲线半径,则 P_i 点的坐标按下式计算:

$$\left. \begin{array}{l} x_i = R \cdot \sin\varphi_i \\ y_i = R \cdot (1 - \cos\varphi_i) = x_i \cdot \tan\dfrac{\varphi_i}{2} \end{array} \right\} \quad (10\text{-}7)$$

$$\varphi_i = \frac{l_i}{R}(\text{rad}) \quad (10\text{-}8)$$

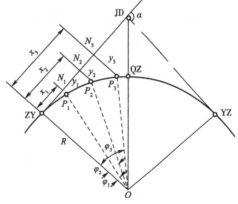

图 10-13 切线支距法详细测设圆曲线

【例 10-2】 在【例 10-1】中,若采用切线支距法,并按整桩号设桩,试计算各桩坐标。【例 10-1】中已计算出主点里程(ZY 里程、QZ 里程 YZ 里程),在此基础上按整桩号法列出详细测设的桩号,并计算其坐标。

解:具体计算见表 10-5。

切线支距法详细测设圆曲线,为了避免支距过长,一般是由 ZY 点和 YZ 点分别向 QZ 点施

测,其测设步骤如下:

①从 ZY 点(或 YZ 点)用钢尺或皮尺沿切线方向量取 P_i 点的横坐标 x_i 得垂足 N_i。

切线支距法坐标计算　　　　　　　　表 10-5

桩号	桩点至 ZY 点(或 YZ 点)的曲线长 l_i(m)	圆心角 φ_i	横坐标 x_i(m)	纵坐标 y_i(m)
ZY 桩:K2+906.90	0	0°00′00″	0	0
+920	13.10	3°45′17″	13.09	0.43
+940	33.10	9°29′14″	32.95	2.73
+960	53.10	15°13′11″	52.48	7.01
QZ 桩:K2+966.56	59.66	17°06′00″	58.81	8.84
+980	46.22	13°14′52″	45.83	5.32
K3+000	26.22	7°30′55″	26.16	1.72
+020	6.22	1°46′58″	6.22	0.10
YZ 桩:K3+026.22	0	0°00′00″	0	0

②在垂足点 N_i 上,用方向架或经纬仪定出切线的垂直方向,沿垂直方向量出 y_i,即得到待测定点 P_i。

③曲线上各点测设完毕后,应量取相邻各桩之间的距离,并与相应的桩号之差作比较,若较差均在限差之内,则曲线测设合格,否则应查明原因,予以纠正。

这种方法适用于平坦开阔地区,具有测点误差不累积的优点。

(2)偏角法

偏角法是以曲线起点(ZY)或终点(YZ)至曲线上待测设点 P_i 的弦线于切线之间的弦切角(这里称为偏角)Δ_i 和弦长 c_i 来确定 P_i 点的位置。

如图 10-14 所示,根据几何原理,偏角 Δ_i 等于相应弧长所对的圆心角 φ_i 的一半,即 $\Delta_i = \dfrac{\varphi_i}{2}$。顾及到式(10-8),则有:

$$\Delta_i = \frac{l_i}{2R}(\mathrm{rad}) = \frac{l_i}{R}\frac{90°}{\pi} \quad (10\text{-}9)$$

式中:l_i——P_i 点至 ZY 点(或 YZ 点)的曲线长度。

弦长 c 可按下式计算:

$$c = 2R\sin\frac{\varphi_i}{2} = 2R\sin\Delta_i \quad (10\text{-}10)$$

【例 10-3】 仍以例 10-1 为例,采用偏角法按整桩号设桩,计算各桩的偏角和弦长。

解:设曲线由 ZY 点向 YZ 点测设,计算内容及结果见表 10-6。

偏角法的测设步骤如下:

①将经纬仪置于 ZY 点上,瞄准交点 JD 并将水平度盘配置在 0°00′00″。

图 10-14　偏角法详细测设圆曲线

偏角法详细测设圆曲线测设数据计算　　　　　　　　表 10-6

桩号	桩点至 ZY 点(或 YZ 点)的曲线长 l_i(m)	偏角值 Δ_i	偏角读数	相邻桩间的弧长（m）	相邻桩间的弦长（m）
ZY 桩:K2+906.90	0.00	0°00′00″	0°00′00″	0	0
+920	13.10	1°52′39″	1°52′39″	13.10	13.10
+940	33.10	4°44′37″	4°44′37″	20.00	20.00
+960	53.10	7°36′36″	7°36′36″	20.00	20.00
QZ 桩:K2+966.56	59.66	8°33′00″	8°33′00″	6.56	6.56
			351°27′00″	13.44	13.44
+980	46.22	6°37′26″	353°22′34″	20.00	20.00
K3+000	26.22	3°45′28″	356°14′33″	20.00	20.00
+020	6.22	0°53′29″	359°06′31″	6.22	6.22
YZ 桩:K3+026.22	0	0°00′00″	0°00′00″	0	0

②转动照准部使水平度盘读数为桩 K2+920 的偏角读数 1°52′39″，从 ZY 点沿此方向量取弦长 13.10m，定出 K2+920 的位置。

③转动照准部使水平度盘读数为桩 K2+940 的偏角读数 4°44′37″,，由桩 K2+920 量弦长 20m 与视线方向相交，定出 K2+940 的位置。

④按上述方法逐一定出 K2+960 及 QZ 点 K2+966.56，此时定出的 QZ 点应与主点测设时定出的 QZ 点重合。如不重合，其闭合差不得超过限差规定。

⑤将经纬仪移至 YZ 点上，瞄准交点 JD 并将水平度盘配置在 0°00′00″。

⑥转动照准部使水平度盘读数为桩 K3+020 的偏角读数 359°06′31″，从 YZ 点沿此方向量取弦长 6.22m，定出 K3+020 的位置。

⑦转动照准部使水平度盘读数为桩 K3+000 的偏角读数 356°14′33″，由桩 K3+020 量弦长 20m 与视线方向相交，定出 K3+000 的位置。

⑧依照此法逐一定出 K2+980 及 QZ 点。QZ 点的偏差亦应满足限差规定。

上例路线为右转角，当路线为左转时，由于经纬仪的水平度盘注记为顺时针增加，则偏角增大，而水平度盘的读数是减小的。此时应查表 10-6 的数据，采用经纬仪角度反拨的方法。即经纬仪安置于 ZY 点上，瞄准 JD，使水平度盘的读数为 00°00′00″（可理解为 360°00′00″），则瞄准 +920 桩时，需拨偏角 Δ_i = 01°52′35″，此时水平度盘的读数应为 358°07′25″（由 360°00′00″ - 01°52′35″ 而得到），此拨角法称为角度反拨。依此类推拨出其他桩的偏角，进行测设。

偏角法不仅可以在 ZY 点上安置仪器测设曲线，而且还可在 YZ 或 QZ 上安置仪器进行测设。也可以将仪器安置在任一点上测设。这是一种测设精度较高，适用性较强的常用方法。但此法存在测点误差累积的缺点，所以宜采取从曲线两端向中点或自中点向两端测设曲线的方法。

五、缓和曲线的测设

汽车在行驶过程中，经历一条曲率连续变化的曲线，这条曲线称为缓和曲线。即为了使路线的平面线形更加符合汽车的行驶轨迹、离心力的逐渐变化，确保行车的安全和舒适，需要在直线与圆曲线之间插入一段曲率半径由无穷大逐渐变化到圆曲线半径的过渡性曲线。

缓和曲线的作用是使曲率连续变化，车辆便于遵循，保证行车安全；离心加速度逐渐变化，有利于旅客的舒适。曲线上超高和加宽的逐渐过渡，行车平稳和路容美观；与圆曲线配合适当的缓和曲线，可提高驾驶员的视觉平稳性，增加线形美观。带有缓和曲线的平曲线，其最基本形式由三部分组成，如图10-15所示，即由直线终点到圆曲线起点的缓和段，称为第一缓和段；由圆曲线起点到圆曲线终点的单曲线段；以及由圆曲线终点到下一段直线起点的缓和段，称为第二缓和段。因此，带有缓和曲线的平曲线的基本线形的主点有直缓点(ZH)、缓圆点(HY)、曲中点(QZ)、圆缓点(YH)和缓直点(HZ)，见表10-4。

图10-15 带有缓和曲线的平曲线基本线形

我国交通部颁发实施的《公路工程技术标准》(JTG B01—2014)中规定：缓和曲线采用回旋曲线，亦称辐射螺旋线。

下面介绍带有缓和曲线的平曲线的基本线形测设数据计算与测设方法。

1. 缓和曲线公式

(1) 基本公式

如图10-16所示，回旋线是曲率半径 ρ 随曲线长度 l 的增大而成反比地均匀减小的曲线，即在回旋线上任一点的曲率半径 ρ 为：

$$\rho = \frac{c}{l} \text{ 或写成}: c = \rho \cdot l \tag{10-11}$$

式中，c 为常数，表示缓和曲线曲率半径 ρ 的变化率，与行车速度有关。目前我国公路采用：$c = 0.035v^3$ (v 为计算行车速度，以 km/h 为单位)。

而在曲线上，c 值又可按以下方法确定：在第一缓和曲线终点即HY点(或第二缓和曲线起点YH点)的曲率半径等于圆曲线半径 R，即 $\rho = R$，该点的曲线长度即是缓和曲线的全长 l_s，由式(10-11)可得：

$$c = R \cdot l_s \tag{10-12}$$

式中：$c = 0.035v^3$。

故有缓和曲线的全长为：

$$l_s = \frac{0.035v^3}{R} \tag{10-13}$$

我国《公路工程技术标准》(JTG B01—2014)中规定：当公路平曲线半径小于设超高的最小半径时，应设缓和曲线。缓和曲线采用回旋曲线。缓和曲线的长度应根据其计算行车速度 V 求得，并尽量采用大于表10-7所列数值。

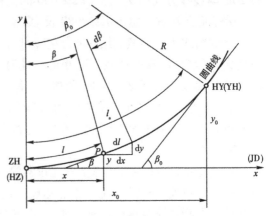

图10-16 缓和曲线

各级公路缓和曲线最小长度　　　　　表 10-7

公路等级	高速公路				一		二		三		四	
设计速度(km/h)	120	100	80	60	100	60	80	40	60	30	40	20
缓和曲线最小长度(m)	100	85	70	50	85	50	70	35	50	25	35	20

(2) 回旋线切线角公式

缓和曲线上任一点 P 处的切线与曲线的起点(ZY)或终点(HZ)切线的交角 β 与缓和曲线上该点至曲线起点或终点的曲线长所对应的中心角相等。为求切线角 β 可在曲率半径为 ρ 的 P 点处取一微分弧段 $\mathrm{d}l$,其所对应的中心角 $\mathrm{d}\beta$ 为:

$$\mathrm{d}\beta = \frac{\mathrm{d}l}{\rho} = \frac{l \cdot \mathrm{d}l}{c}$$

积分得

$$\beta = \frac{l^2}{2c} = \frac{l^2}{2Rl_s}(\mathrm{rad}) \tag{10-14}$$

当 $l = l_s$ 时,则缓和曲线全长 l_s 所对应中心角即为缓和曲线的切线角,也称为缓和曲线角,β_0 为:

$$\beta_0 = \frac{l_s}{2R}(\mathrm{rad})$$

以角度表示为

$$\beta_0 = \frac{l_s}{2R} \times \frac{180°}{\pi} \tag{10-15}$$

(3) 参数方程

如图 10-16 所示,设以缓和曲线的起点(ZH 点)为坐标原点,过 ZH 点的切线为 x 轴,半径方向为 y 轴,缓和曲线上任意一点 P 的坐标为 x、y,仍在 P 点处取一微分弧段 $\mathrm{d}l$,由图可知,微分弧段在坐标轴上的投影为:

$$\left.\begin{array}{l}\mathrm{d}x = \mathrm{d}l \times \cos\beta \\ \mathrm{d}y = \mathrm{d}l \times \sin\beta\end{array}\right\} \tag{10-16}$$

将式中 $\cos\beta$、$\sin\beta$ 按级数展开为:

$$\cos\beta = 1 - \frac{\beta^2}{2!} + \frac{\beta^4}{4!} - \cdots$$

$$\sin\beta = \beta - \frac{\beta^3}{3!} + \frac{\beta^5}{5!} - \cdots$$

顾及式(10-14),则式(10-16)可写成:

$$\mathrm{d}x = \left[1 - \frac{1}{2}\left(\frac{l^2}{2Rl_s}\right)^2 + \frac{1}{24}\left(\frac{l^2}{2Rl_s}\right)^4 - \cdots\right]\mathrm{d}l$$

$$\mathrm{d}y = \left[\frac{l^2}{2Rl_s} - \frac{1}{6}\left(\frac{l^2}{2Rl_s}\right)^3 + \frac{1}{1200}\left(\frac{l^2}{2Rl_s}\right)^5 - \cdots\right]\mathrm{d}l$$

积分后略去高次项得:

$$\left.\begin{array}{l}x = l - \dfrac{l^5}{40R^2 l_s^2} \\ y = \dfrac{l^3}{6Rl_s}\end{array}\right\} \tag{10-17}$$

上式称为缓和曲线的参数方程。

当 $l = l_s$ 时,则第一缓和曲线的终点(HY)的直角坐标为:

$$\left.\begin{array}{l} x_0 = l_s - \dfrac{l_s^3}{40R^2} \\ y_0 = \dfrac{l_s^2}{6R} \end{array}\right\} \quad (10\text{-}18)$$

2. 带有缓和曲线的平曲线的主点测设

(1)内移值 p 和切线增长值 q 的计算

如图 10-17 所示,当圆曲线加设缓和曲线段后,为使缓和曲线起点与直线段的终点相衔接,必须将圆曲线向内移动一段距离 p(称为内移值),这时曲线发生变化,使切线增长距离 q(称为切线增长值)。

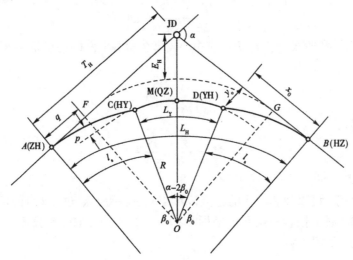

图 10-17 主点测设

圆曲线内移有两种方法:一种是圆心不动,半径相应减小;另一种是半径不变,而改变圆心的位置。目前公路工程中,一般采用圆心不动,半径相应减小的平行移动方法,即未设缓和曲线时的圆曲线为 FG,其半径为 $(R+p)$ 插入两段缓和曲线 AC 和 DB 后,圆曲线内移,保留部分为 CDM 段,半径为 R,该段所对的圆心角为 $(\alpha - 2\beta_0)$,在图 10-17 中由几何关系可知:

$$R + p = y_0 + R \cdot \cos\beta_0$$
$$q + R \cdot \sin\beta_0 = x_0$$

即

$$\left.\begin{array}{l} p = y_0 - R(1 - \cos\beta_0) \\ q = x_0 - R \cdot \sin\beta_0 \end{array}\right\} \quad (10\text{-}19)$$

将式(10-19)中的 $\cos\beta_0$、$\sin\beta_0$ 展开为级数,略去积分高次项并将式(10-15)中 β_0 和式(10-18)中的 x_0、y_0 代入后整理可得:

$$\left.\begin{array}{l} p = \dfrac{l_s^2}{24R} \\ q = \dfrac{l_s}{2} - \dfrac{l_s^3}{240R^2} \end{array}\right\} \quad (10\text{-}20)$$

(2) 测设元素的计算

在圆曲线上增设缓和曲线后,要将圆曲线与缓和曲线作为一个整体考虑。如图 10-17 所示,当通过测算得到转角 α,并确定圆曲线半径 R 与缓和曲线长 l_s 后,即可按式(10-15)和式(10-20)求得切线角 β_0、内移值 p 和切线增长值 q,此时必须有 $\alpha \geqslant 2\beta_0$,否则无法设置缓和曲线,应重新调整 R 或 l_s,直至满足 $\alpha \geqslant 2\beta_0$,然后按下式计算测设元素:

$$\left. \begin{aligned} \text{切线长} \quad & T_H = (R+p) \cdot \tan\frac{\alpha}{2} + q \\ \text{曲线长} \quad & L_H = R(\alpha - 2\beta_0)\frac{\pi}{180°} + 2l_s \\ \text{圆曲线长} \quad & L_y = R(\alpha - 2\beta_0)\frac{\pi}{180°} \\ \text{外距} \quad & E_H = (R+p) \cdot \sec\frac{\alpha}{2} - R \\ \text{切曲差} \quad & D_H = 2T_H - L_H \end{aligned} \right\} \quad (10\text{-}21)$$

(3) 主点里程计算与测设

根据交点里程和曲线的测设元素值,计算各主点里程:

$$\left. \begin{aligned} \text{直缓点} \quad & \text{ZH 里程} = \text{JD 里程} - T_H \\ \text{缓圆点} \quad & \text{HY 里程} = \text{ZH 里程} + l_s \\ \text{圆缓点} \quad & \text{YH 里程} = \text{HY 里程} + L_Y \\ \text{缓直点} \quad & \text{HZ 里程} = \text{YH 里程} + l_s \\ \text{曲中点} \quad & \text{QZ 里程} = \text{HZ 里程} - L_H/2 \\ \text{交点} \quad & \text{JD 里程} = \text{QZ 里程} + D_H/2 (\text{校核}) \end{aligned} \right\} \quad (10\text{-}22)$$

主点 ZH、HZ、QZ 的测设方法与圆曲线主点测设方法相同。HY 点、YH 点是根据缓和曲线终点坐标 (x_0, y_0) 用切线支距法测设。

3. 带有缓和曲线平曲线的详细测设

(1) 切线支距法

切线支距法是以 ZH 点或 HZ 点为坐标原点,以过原点的切线为 x 轴,过原点的半径为 y 轴,利用缓和曲线段和圆曲线段上的各点的坐标 (x, y) 测设曲线。在缓和曲线段上各点坐标 (x, y) 可按缓和曲线的参数方程求得。即:

$$\left. \begin{aligned} x &= l - \frac{l^5}{40R^2 l_s^2} \\ y &= \frac{l^3}{6Rl_s} - \frac{l^7}{336R^3 l_s^3} \end{aligned} \right\} \quad (10\text{-}23)$$

在圆曲线上各点的坐标可由图 10-18 按几何关系求得:

$$\left. \begin{aligned} x &= R \cdot \sin\varphi + q \\ y &= R(1 - \cos\varphi) + p \end{aligned} \right\} \quad (10\text{-}24)$$

式中:$\varphi = \dfrac{l - l_s}{R} \times \dfrac{180}{\pi} + \beta_0$,单位为 Deg;

l——该点至 ZH 点或 HZ 点的曲线长。

在计算出缓和曲线段上和圆曲线段上各点的坐标 (x, y) 后,即可按用切线支距法测设圆曲线的同样方法进行测设。

另外,圆曲线上各点也可以缓圆点 HY 或圆缓点 YH 为坐标原点,用切线支距法进行测设。此时只要将 HY 或 YH 点的切线定出。如图 10-19 所示,计算出 T_d 长度后,HY 或 YH 点的切线即可确定。T_d 可由下式计算:

$$T_d = x_0 - \frac{y_0}{\tan\beta_0} = \frac{2}{3}l_s + \frac{l_s^3}{360R^2} \tag{10-25}$$

图 10-18　圆曲线上点的坐标　　　　　图 10-19　HY 点或 YH 点的切线方向

(2) 偏角法

用偏角法详细测设带有缓和曲线的平曲线时,其偏角应分为缓和曲线段上的偏角与圆曲线段上的偏角两部分进行计算。

①缓和段上各点测设。对于测设缓和曲线段上的各点,可将经纬仪安置于缓和曲线的 ZH 点(或 HZ 点)上进行测设,如图 10-20 所示,设缓和曲线上任一点 P 的偏角值为 δ,由图可知:

$$\tan\delta = \frac{y}{x} \tag{10-26}$$

式中的 x、y 为 P 点的直角坐标,可由曲线参数方程式(10-23)求得,由此求得:

$$\delta = \tan^{-1}\frac{y}{x} \tag{10-27}$$

在实测中,因偏角 δ 较小,一般取:

$$\delta \approx \tan\delta = \frac{y}{x} \tag{10-28}$$

将曲线参数方程式(10-23)中 x、y 代入上式得(取第一项):

$$\delta = \frac{l^2}{6Rl_s} \tag{10-29}$$

在上式中,当 $l = l_s$ 时,得 HY 点或 YH 点的偏角值 δ_0,称之为缓和曲线的总偏角。即:

$$\delta_0 = \frac{l_s}{6R} \tag{10-30}$$

由于 $\beta_0 = \frac{l_s}{2R}$,所以得:

$$\delta_0 = \frac{1}{3}\beta_0 \tag{10-31}$$

由式(10-29)和式(10-30)并顾及式(10-31)可得：

$$\delta = \left(\frac{l}{l_s}\right)^2 \delta_0 = \frac{1}{3}\left(\frac{l}{l_s}\right)^2 \beta_0 \tag{10-32}$$

在按式(10-29)或式(10-32)计算出缓和曲线上各点的偏角值后，采用与偏角法测设圆曲线同样的步骤进行缓和曲线的测设。由于缓和曲线上弦长 $c = l - \frac{l^5}{90R^2 l_s^2}$，近似地等于相应的弧长，因而在测设时，弦长一般就取弧长值。

②圆曲线段上各点测设。圆曲线段上各点的测设，应将仪器安置于 HY 点或 YH 点上进行。这时只要定出 HY 点或 YH 点的切线方向，就可按前面所讲的无缓和曲线的圆曲线的测设方法进行。如图10-20所示，关键是计算 b_0，显然有：

$$b_0 = \beta_0 - \delta_0 = \frac{2}{3}\beta_0 \tag{10-33}$$

将 b_0 求得后，将仪器安置于 HY 点上，瞄准 ZH 点，将水平度盘读数配置为 b_0（当曲线右转时，应配置为 $360° - b_0$）后，旋转照准部，使水平度盘的读数为 $0°00'00''$ 后倒镜，此时视线方向即为 HY 点的切线方向，然后按前述偏角法测设圆曲线段上各点。

(3)极坐标法

由于全站仪在公路工程中的广泛使用，极坐标法已成为曲线测设的一种简便、迅速、精确的方法。

用极坐标法测设带有缓和曲线的平曲线时，首先设定一个直角坐标系：一般以 ZH 或 HZ 点为坐标原点，以其切线方向为 x 轴，并且正向朝向交点 JD，自 x 轴正向顺时针旋转 $90°$ 为 y 轴正向。这时，曲线上任一点 p 的坐标 (x_p, y_p) 仍可按式(10-23)和式(10-24)计算。但当曲线位于 x 轴正向左侧时，y_p 应为负值。

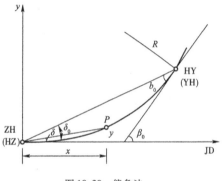

图10-20 偏角法

具体测设按下述方法进行：

如图10-21所示，在待测设曲线附近选择一视野开阔，便于安置仪器的点 A，将仪器安置于坐标原点 O 上，测定 OA 的距离 S 和 x 轴正向顺时针至 A 点的角度 α_{OA}（即直线 OA 在设定坐标系中的方位角），则 A 点的坐标为：

$$\left.\begin{array}{l} x_A = S \cdot \cos\alpha_{OA} \\ y_A = S \cdot \sin\alpha_{OA} \end{array}\right\} \tag{10-34}$$

直线 AO 和 AP 在设定的坐标系中的方位角为：

$$\left.\begin{array}{l} \alpha_{AO} = \alpha_{OA} \pm 180° \\ \alpha_{AP} = \tan^{-1}\dfrac{y_P - y_A}{x_P - x_A} \end{array}\right\} \tag{10-35}$$

则

$$\left.\begin{array}{l} \delta = \alpha_{AP} - \alpha_{AO} \\ D_{AP} = \sqrt{(x_P - x_A)^2 + (y_P - y_A)^2} \end{array}\right\} \tag{10-36}$$

图10-21 极坐标法

在按上述算式计算出曲线上各点测设角度和距离后，将仪器安置在 A 点上，后视坐标原点，并将水平度盘配制为 $0°00'00''$，然后转动照准部，拨水平角 δ，便得到 A 点至 P 点的方向线，沿此方向线，测定距离

D_{AP}即得待测点P的地面位置,按此方法便可将曲线上各点的位置测定。

六、虚交的测设

曲线测设中,往往因地形复杂、地物障碍,不能按常规方法进行,如交点、曲线起点不能安置仪器,视线受阻等,必须根据现场情况具体解决。虚交是道路中线测量中常见的一种情形。它是指路线的交点(JD)落入水中或遇建筑物等不能设桩或安置仪器处不能设桩,更无法安置仪器(如交点落入河中、深谷中、峭壁上和建筑物上等),此时的处理方法。有时交点虽可钉出,但因转角很大,交点远离曲线或遇地形地物等障碍,也可改成虚交。下面介绍两种常用的处理方法。

1. 圆外基线法

图 10-22 圆外基线法

如图 10-22 所示,路线交点落入河里不能设桩,这样便形成虚交点(JD),为此在曲线外侧沿两切线方向各选择一辅助点A、B,将经纬仪分别安置在A、B两点测算出α_a和α_b,用钢尺往返丈量得到A、B两点的距离$\overline{AB}$,所测角度和距离均应满足规定的限差要求。由图 10-22 可知:在由辅助点A、B和虚交点(JD)构成的三角形中,应用边角关系及正弦定理可得:

$$\left.\begin{array}{l} \alpha = \alpha_a + \alpha_b \\ a = \overline{AB}\dfrac{\sin\alpha_b}{\sin(180°-\alpha)} = \overline{AB}\dfrac{\sin\alpha_b}{\sin\alpha} \\ b = \overline{AB}\dfrac{\sin\alpha_a}{\sin(180°-\alpha)} = \overline{AB}\dfrac{\sin\alpha_a}{\sin\alpha} \end{array}\right\} \quad (10\text{-}37)$$

根据转角α和选定的半径R,即可算得切线长T和曲线长L,再由a、b、T,分别计算辅助点A、B至曲线起点 ZY 点和终点 YZ 点的距离t_1和t_2:

$$\left.\begin{array}{l} t_1 = T - a \\ t_2 = T - b \end{array}\right\} \quad (10\text{-}38)$$

式中:$T = R \cdot \tan\dfrac{\alpha_a + \alpha_b}{2}$。

如果计算出的t_1和t_2出现负值,说明曲线的 ZY 点或 YZ 点位于辅助点与虚交点之间。根据t_1和t_2即可定出曲线的 ZY 点和 YZ 点。A点的里程得出后,曲线主点的里程亦可算出。

曲中点 QZ 的测设,可采用以下方法:

如图 10-22 所示,设 MN 为 QZ 点的切线,则:

$$T' = R \cdot \tan\dfrac{\alpha}{4} \quad (10\text{-}39)$$

测设时由 ZY 和 YZ 点分别沿切线量出T'得M点和N点,再由M点和N点沿 MN 或 NM 方向量出T'得 QZ 点。

【例 10-4】 如图 10-22 所示,测得$\alpha_a = 15°18'$,$\alpha_b = 18°22'$,$\overline{AB} = 54.68\text{m}$,选定半径$R =$

300m，A 点的里程桩号为 K9+048.53。试计算测设主点的数据及主点的里程桩号。

由 $\alpha_a = 15°18'$，$\alpha_b = 18°22'$ 得：$\alpha = \alpha_a + \alpha_b = 33°40' = 33.667°$

解：根据 $\alpha = 33.667°$，$R = 300\text{m}$，计算 T 和 L：

$$T = R \cdot \tan\frac{\alpha}{2} = 300 \times \tan\frac{33.667°}{2} = 90.77\text{m}$$

$$L = R \cdot \alpha \cdot \frac{\pi}{180°} = 300 \times 33.667° \times \frac{\pi}{180°} = 176.28\text{m}$$

又因为：

$$a = \overline{AB} \cdot \frac{\sin\alpha_b}{\sin\alpha} = 54.68 \times \frac{\sin 18.367°}{\sin 33.667°} = 31.08\text{m}$$

$$b = \overline{AB} \cdot \frac{\sin\alpha_a}{\sin\alpha} = 54.68 \times \frac{\sin 15.3°}{\sin 33.667°} = 26.03\text{m}$$

因此：

$$t_1 = T - a = 90.77 - 31.08 = 59.69\text{m}$$
$$t_2 = T - b = 90.77 - 26.03 = 64.74\text{m}$$

为测设 QZ 点，计算 T' 如下：

$$T' = R \cdot \tan\frac{\alpha}{4} = 300 \times \tan\frac{33.667°}{2} = 44.39\text{m}$$

计算主点里程如下：

A 点里程	K9+048.53
$-t_1$	−59.69
ZY 点里程	K8+988.84
$+L$	+176.28
YZ 点里程	K9+165.12
$-L/2$	−88.14
QZ 点里程	K9+076.98

曲线三主点测定后，即可采用上一节的方法进行曲线的详细测设，在此不再赘述。

2. 切基线法

与圆外基线法比较，切基线法计算较简单，而且容易控制曲线的位置，是解决虚交问题的常用方法。

如图 10-23 所示，设定根据地形需要，曲线通过 GQ 点（GQ 点为公切点），则圆曲线被分为两个同半径的圆曲线，其切线长分别为 T_1 和 T_2，过 GQ 点的切线 AB 称为切基线。

现场施测时，应根据现场的地形和路线的最佳位置，在两切线方向上选取 A、B 两点，构成切基线 AB。并量测 A、B 两点间的长度 $\overline{AB}$，观测计算出角度 α_1 和 α_2。

因为 $\qquad T_1 = R \cdot \tan\frac{\alpha_1}{2} \qquad T_2 = R \cdot \tan\frac{\alpha_2}{2}$ （10-40）

将以上两式相加：$\overline{AB} = T_1 + T_2$，整理后得：

$$R = \frac{T_1 + T_2}{\tan\frac{\alpha_1}{2} + \tan\frac{\alpha_2}{2}} = \frac{\overline{AB}}{\tan\frac{\alpha_1}{2} + \tan\frac{\alpha_2}{2}} \text{（算至 cm）} \qquad (10\text{-}41)$$

由式 (10-41) 求得 R 后，即可根据 R、α_1 和 α_2，利用式 (10-40) 求得 T_1、T_2 和 L_1、L_2，将 L_1

与 L_2 相加即得到圆曲线的总长 L。

测设主点时,在 A 点安置仪器,分别沿两切线方向量测长度 T_1 得到 ZY 点和 GQ 点;在 B 点安置仪器,分别沿两切线方向量测长度 T_2 得到 YZ 点和 GQ 点,以 GQ 点进行校核。

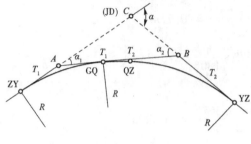

图 10-23 切基线法

曲中点 QZ 可在 GQ 点处用切线支距法测设。由图可知 GQ 点与 QZ 点之间的弧长为:

①当 QZ 点在 GQ 点之前时,弧长 $l = \dfrac{L}{2} - L_1$。

②当 QZ 点在 GQ 点之后时,弧长 $l = L/2 - L_2$。

在运用切基线法测设时,当求得的曲线半径 R 不能满足规定的最小半径或不适合于地形时,说明切基线位置选择不当,可把已定的 A、B 点作为参考点进行调整,使其满足要求。

曲线中三个主点定出后,即可采用前述的方法进行曲线的详细测设。

七、道路中线逐桩坐标计算与测设

1. 道路中线逐桩坐标计算

逐桩坐标的测量和计算方法是按"从整体到局部"的原则进行的。

(1) 测定和计算导线点坐标

采用两阶段勘测设计的路线或一阶段设计但遇地形困难的路线工程,一般都要先做平面控制测量,而路线的平面控制测量多采用导线测量的方法。在有条件时可优先采用 GPS 卫星全球定位系统测量控制点的坐标。

(2) 计算交点坐标

当导线点的坐标得到后,将导线点展绘在图纸上测绘地形图。在测出地形图之后,即可进行纸上定线,交点坐标可以在地形图上量取;受条件限制或地形方案较简单,也可采用现场定线,交点坐标则可用红外测距仪或全站仪测量、计算获得。

(3) 计算逐桩坐标

如图 10-24,交点 JD 的坐标 X_{JD}、Y_{JD} 已经测定,路线导线的坐标方位角 A 和边长 S 按坐标反算求得。在选定各圆曲线半径 R 和缓和曲线长度 l_s 后,计算测设元素,根据各桩的里程桩号,按下述方法即可求出相应的坐标值 X、Y。

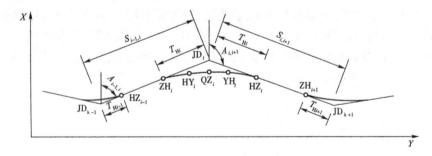

图 10-24 中桩坐标计算示意图

① HZ 点(包括路线起点)至 ZH 点之间的中桩坐标计算。如图 10-24 所示,此段为直线,桩点的坐标按下式计算:

$$\left.\begin{array}{l}X_i = X_{\mathrm{HZ}_{i-1}} + D_i\cos A_{i-1,i}\\ Y_i = Y_{\mathrm{HZ}_{i-1}} + D_i\sin A_{i-1,i}\end{array}\right\} \tag{10-42}$$

式中：$A_{i-1,i}$——路线导线 JD_{i-1} 至 JD_i 的坐标方位角；

D_i——桩点至 HZ_{i-1} 点的距离，即桩点里程与 HZ_{i-1} 点里程之差；

$X_{\mathrm{HZ}_{i-1}}$、$Y_{\mathrm{HZ}_{i-1}}$——HZ_{i-1} 的坐标。

由下式计算：

$$\left.\begin{array}{l}X_{\mathrm{HZ}_{i-1}} = X_{\mathrm{JD}_{i-1}} + T_{\mathrm{H}_{i-1}}\cos A_{i-1,i}\\ Y_{\mathrm{HZ}_{i-1}} = Y_{\mathrm{JD}_{i-1}} + T_{\mathrm{H}_{i-1}}\sin A_{i-1,i}\end{array}\right\} \tag{10-43}$$

式中：$X_{\mathrm{JD}_{i-1}}$、$Y_{\mathrm{JD}_{i-1}}$——交点 JD_{i-1} 的坐标；

$T_{\mathrm{H}_{i-1}}$——切线长。

ZH 点为直线的起点，除可按式(10-42)计算外，亦可按下式计算：

$$\left.\begin{array}{l}X_{\mathrm{ZH}_i} = X_{\mathrm{JD}_{i-1}} + (S_{i-1,i} - T_{\mathrm{H}_i})\cos A_{i-1,i}\\ Y_{\mathrm{ZH}_i} = Y_{\mathrm{JD}_{i-1}} + (S_{i-1,i} - T_{\mathrm{H}_i})\sin A_{i-1,i}\end{array}\right\} \tag{10-44}$$

式中：$S_{i-1,i}$——路线导线 JD_{i-1} 至 JD_i 的边长。

②ZH 点至 YH 点之间的中桩坐标计算。此段包括第一缓和曲线及圆曲线，可按切线支距公式先算出切线支距坐标 x、y，然后通过坐标变换将其转换为测量坐标 X、Y。坐标变换公式为：

$$\begin{bmatrix}X_i\\Y_i\end{bmatrix} = \begin{bmatrix}X_{\mathrm{ZH}_i}\\Y_{\mathrm{ZH}_i}\end{bmatrix} + \begin{bmatrix}\cos A_{i-1,i} & -\sin A_{i-1,i}\\ \sin A_{i-1,i} & -\cos A_{i-1,i}\end{bmatrix}\begin{bmatrix}x_i\\y_i\end{bmatrix} \tag{10-45}$$

在运用式(10-45)计算时，当曲线为左转角时，应以 $y_i = -y_i$ 代入。

③YH 点至 HZ 点之间的中桩坐标计算。此段为第二缓和曲线，仍可按切线支距公式先算出切线支距坐标，再按下式转换为测量坐标：

$$\begin{bmatrix}X_i\\Y_i\end{bmatrix} = \begin{bmatrix}X_{\mathrm{HZ}_i}\\Y_{\mathrm{HZ}_i}\end{bmatrix} - \begin{bmatrix}\cos A_{i,i+1} & -\sin A_{i,i+1}\\ \sin A_{i,i+1} & -\cos A_{i,i+1}\end{bmatrix}\begin{bmatrix}x_i\\y_i\end{bmatrix} \tag{10-46}$$

当曲线为右转角时，应以 $y_i = -y_i$ 代入。

【例 10-5】 路线交点 JD_2 的坐标：$X_{\mathrm{JD}_2} = 2588711.270\mathrm{m}$，$Y_{\mathrm{JD}_2} = 20478702.880\mathrm{m}$；$\mathrm{JD}_3$ 的坐标：$X_{\mathrm{JD}_3} = 2591069.056\mathrm{m}$，$Y_{\mathrm{JD}_3} = 20478662.850\mathrm{m}$；$\mathrm{JD}_4$ 的坐标：$X_{\mathrm{JD}_4} = 2594145.875\mathrm{m}$，$Y_{\mathrm{JD}_4} = 20481070.750\mathrm{m}$。$\mathrm{JD}_3$ 的里程桩号为 K6+790.306，圆曲线半径 $R = 2000\mathrm{m}$，缓和曲线长 $l_s = 100\mathrm{m}$。试计算曲线测设元素、主点里程、曲线主点及 K6+100、K6+500 和 K7+450 的中桩坐标。

解：(1) 计算路线转角

$$\tan A_{32} = \frac{Y_{\mathrm{JD}_2} - Y_{\mathrm{JD}_3}}{X_{\mathrm{JD}_2} - X_{\mathrm{JD}_3}} = \frac{+40.030}{-2357.3786} = -0.016977792$$

$$A_{32} = 180° - 0°58'21.6'' = 179°01'38.4''$$

$$\tan A_{34} = \frac{Y_{\mathrm{JD}_4} - Y_{\mathrm{JD}_3}}{X_{\mathrm{JD}_4} - X_{\mathrm{JD}_3}} = \frac{+2407.900}{+3076.819} = 0.78259397$$

$$A_{34} = 38°02'47.5''$$

右角 $\qquad \beta = 179°01'38.4'' - 38°02'47.5'' = 140°58'50.9''$

$\beta < 180°$，为右转角。

转角 $\qquad \alpha = 180° - 140°58'50.9'' = 39°01'09.1''$

(2) 计算曲线测设元素

$$\beta_0 = \frac{l_s}{2R} \times \frac{180°}{\pi} = 1°25'56.6''$$

$$p = \frac{l_s^2}{24R} = 0.208\mathrm{m}$$

$$q = \frac{l_s}{2} - \frac{l_s^3}{240R^2} = 49.999\mathrm{m}$$

$$T_\mathrm{H} = (R+p)\tan\frac{\alpha}{2} + q = 758.687\mathrm{m}$$

$$L_\mathrm{H} = R(\alpha - 2\beta_0)\frac{\pi}{180°} + 2l_s = 1462.027\mathrm{m}$$

$$L_\mathrm{Y} = R(\alpha - 2\beta_0)\frac{\pi}{180°} = 1262.027\mathrm{m}$$

$$E_\mathrm{H} = (R+p) \times \sec\frac{\alpha}{2} - R = 122.044\mathrm{m}$$

$$D_\mathrm{H} = 2T_\mathrm{H} - L_\mathrm{H} = 55.347\mathrm{m}$$

(3) 计算曲线主点里程

$$\mathrm{ZH} = \mathrm{JD}_3 - T_\mathrm{H} = \mathrm{K}6+790.306 - 758.687 = \mathrm{K}6+031.619$$
$$\mathrm{HY} = \mathrm{ZH} + l_s = \mathrm{K}6+031.619 + 100 = \mathrm{K}6+131.619$$
$$\mathrm{YH} = \mathrm{HY} + L_\mathrm{Y} = \mathrm{K}6+131.619 + 1262.027 = \mathrm{K}7+393.646$$
$$\mathrm{HZ} = \mathrm{YH} + l_s = \mathrm{K}7+393.646 + 100 = \mathrm{K}7+493.646$$
$$\mathrm{QZ} = \mathrm{HZ} - L_\mathrm{H}/2 = \mathrm{K}7+493.646 - 731.014 = \mathrm{K}6+762.632$$
$$\mathrm{JD}_3 = \mathrm{QZ} + D_\mathrm{H}/2 = \mathrm{K}6+762.632 + 27.674 = \mathrm{K}6+790.306(\text{校核})$$

(4) 计算曲线主点及其他中桩坐标

ZH 点的坐标：

$$S_{23} = \sqrt{(X_{\mathrm{JD}_3} - X_{\mathrm{JD}_2})^2 + (Y_{\mathrm{JD}_3} - Y_{\mathrm{JD}_2})^2} = 2358.126\mathrm{m}$$

$$A_{23} = A_{32} = 180° = 359°01'38.4''$$

$$X_{\mathrm{ZH}_3} = X_{\mathrm{JD}_2} + (S_{23} - T_{\mathrm{H}_3})\cos A_{23} = 2590310.479\mathrm{m}$$

$$Y_{\mathrm{ZH}_3} = Y_{\mathrm{JD}_2} + (S_{23} - T_{\mathrm{H}_3})\sin A_{23} = 20478675.729\mathrm{m}$$

第一缓和曲线上的中桩坐标的计算：

如中桩 K6+100 的支距法坐标为：

$$x = l - \frac{l^5}{40R^2 l_s^2} = 68.380\mathrm{m}$$

$$y = \frac{l^3}{6Rl_s} = 0.266\mathrm{m}$$

按式(10-45)转换坐标：

$$X = X_{\mathrm{ZH}_3} + x\cos A_{23} - y\sin A_{23} = 2590378.854\mathrm{m}$$

$$Y = Y_{ZH_3} + x\sin A_{23} + y\cos A_{23} = 20478674.834\text{m}$$

圆曲线部分的中桩坐标计算：

如中桩 K6+500 的切线支距法坐标为：

$$x = R\sin\varphi + q = 465.335\text{m}$$
$$y = R(1-\cos\varphi) + p = 43.809\text{m}$$

代入式(10-45)得 K6+500 的坐标：

$$X = X_{ZH_3} + x\cos A_{23} - y\sin A_{23} = 2590776.491\text{m}$$
$$Y = Y_{ZH_3} + x\sin A_{23} + y\cos A_{23} = 20478711.632\text{m}$$

QZ 点坐标为（同 K6+500 计算相同）：

$$X_{QZ} = 2591666.257\text{m}$$
$$Y_{QZ} = 20478778.562\text{m}$$

HZ 点的坐标为：

$$X_{HZ_3} = X_{JD_3} + T_{H_3}\cos A_{34} = 2591666.530\text{m}$$
$$Y_{HZ_3} = Y_{JD_3} + T_{H_3}\sin A_{34} = 20479130.430\text{m}$$

YH 点的支距法坐标与 HY 点完全相同：

$$x_0 = 99.994\text{m}$$
$$y_0 = 0.833\text{m}$$

按式(10-46)转换坐标，并顾及曲线为右转角，$y = -y_0$ 代入：

$$X_{YH_3} = X_{HZ_3} - x_0\cos A_{34} - y_0\sin A_{34} = 2591587.270\text{m}$$
$$Y_{YH_3} = Y_{HZ_3} - x_0\sin A_{34} - (-y_0)\cos A_{34} = 20479069.460\text{m}$$

第二缓和曲线上的中桩坐标计算：

如中桩 K7+450 的支距法坐标为：

$$x = 43.646\text{m}$$
$$y = 0.069\text{m}$$

按式(10-52)转换坐标，y 以负值代入得：

$$X = 2591632.116\text{m}$$
$$Y = 20479195.976\text{m}$$

直线上的中桩坐标计算

如 K7+600，$D = 106.354$，代入式(10-42)得：

$$X = X_{HZ_3} + D\cos A_{34} = 2591750.285\text{m}$$
$$Y = Y_{HZ_3} + D\sin A_{34} = 20479195.976\text{m}$$

2. 极坐标法测设中线

极坐标法测设中线的基本原理是以控制导线为依据，以角度和距离定点。如图 10-25 所示，在导线点 G_i 安置仪器，后视 G_{i+1}，待放点为 P。已知 G_i 的坐标 (X_i, Y_i)，G_{i+1} 的坐标 (X_{i+1}, Y_{i+1})，P 点的坐标 (X_p, Y_p)，由此求出坐标方位角 A、A_0，则有

$$J = A_0 - A \tag{10-47}$$

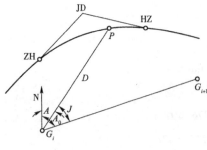

图 10-25 极坐标法测设中桩

$$D = \sqrt{(X_p - X_i)^2 + (Y_p - Y_i)^2} \quad (10\text{-}48)$$

当仪器瞄准 G_{i+1} 定向后,根据夹角 J 找到 P 点的方向,从 G_i 沿此方向量取距离 D,即可定出 P 点。

若利用全站仪的坐标放样功能测设点位,只需输入有关的坐标值即可,现场不需做任何手工计算,而是由仪器内电脑自动完成有关数据计算。具体操作可参照全站仪操作手册。

另外,对于通视条件较差的路线,亦可用 GPS 卫星全球定位系统进行中桩定位。

第二节 道路纵、横断面测量

路线纵端面测量又称中线高程测量,它的任务是道路中线测定之后,测定中线各里程桩的地面高程,供路线纵断面图点绘地面线和设计纵坡之用。横断面测量是测定路中线各里程桩两侧垂直于中线方向的地面高程,供路线横断面图绘出地面线、路基设计、土石方数量计算以及施工边桩放样等使用。

路线纵断面高程测量采用水准测量。为了保证测量精度和有效地进行成果检核,按照"从整体到局部"的测量原则,纵断面测量可分为基平测量和中平测量。一般先是沿路线方向设置水准点,建立路线高程控制测量,即为基平测量;再根据基平测量测定的水准点高程,分段进行水准点测量,测定路线各里程桩的地面高程,称为中平测量。

一、基平测量

基平测量工作主要是沿线设置水准点,测定其高程,建立路线高程控制测量,作为中平测量、施工放样及竣工验收的依据。

1. 路线水准点设置

路线水准点是用水准测量方法建立的路线高程控制点,在道路设计、施工及竣工验收阶段都要使用。因此,根据需要和用途不同,道路沿线可布设永久性水准点和临时性水准点。在路线的起终点、大桥两岸、隧道两侧以及一些需要长期观测高程的重点工程附近均应设置永久性水准点,在一般地区也应每隔适当距离设置一个。永久性水准点应为混凝土桩,也可在牢固的永久性建筑物顶面凸出处位置,点用红油漆画上"×"记号;山区岩石地段的水准点桩可利用坚硬稳定的岩石并用金属标志嵌在岩石上。混凝土水准点桩顶面的钢筋应锉成球面。为便于引测及施工放样方便,还需沿线布设一定数量的临时水准点。临时性水准点可埋设大木桩,顶面钉入大铁钉作为标志,也可设在地面突出的坚硬岩石或建筑物墙角处,并用红油漆标记。

水准点布设的密度,应根据地形和工程需要而定。水准点沿路线布设宜设于道路中线两侧 50～300m 范围之内。水准点布设间距宜为 1～1.5km;山岭重丘区可根据需要适当加密为 1km 左右;大桥、隧道洞口及其他大型构造物两端应按要求增设水准点。水准点应选在稳固、醒目、易于引测、便于定测和施工放样,且不易被破坏的地点。

水准点用"BM"标注,并注明编号、水准点高程、测设单位及埋设的年月。

2.基平测量的方法

基平测量时,首先应将起始水准点与附近国家水准点进行联测,以获取绝对高程,并对测量结果进行检测。如有可能,应构成附和水准路线。当路线附近没有国家水准路线或引测困难时,则可参考地形图或用气压表选定一个与实际高程接近的高程作为起始水准点的假定高程。

我国公路水准测量的等级,高速、一级公路为四等,二、三、四级公路为五等。公路有关构造物的水准测量等级应按有关规定执行。点的高程测定,应根据水准测量的等级选定水准仪级水准尺,通常采用一台水准仪在水准点间作往返观测,也可用两台水准仪作单程观测。具体观测及计算方法也可参阅水准测量一章。

基平测量时,采用一台水准仪往返观测或两台水准仪单程观测所得高差不符值应符合水准测量的精度要求,且不得超过容许值。

对于高速、一级公路:

①平原、微丘区

$$f_{h容} = \pm 20\sqrt{L} \text{ mm}$$

②山岭重丘区

$$f_{h容} = \pm 0.6\sqrt{n} \text{ mm 或 } f_{h容} = \pm 25\sqrt{L} \text{ mm}$$

对于二、三、四级公路:

①平原、微丘区

$$f_{h容} = \pm 30\sqrt{L} \text{ mm}$$

②山岭重丘区
$$f_{h容} = \pm 45\sqrt{L} \text{ mm}$$

上述式中:L——水准点的路线长度(km);

n——测站数。

当测段高差不符值在规定容许闭合差之内,取其高差平均值作为两水准点间的高差,超出限差则必须重测。

二、中平测量

中平测量主要是利用基平测量布设的水准点及高程,引测出各桩的地面高程,作为绘制路线纵断面地面的依据。

1.中平测量的方法

中平测量的实施如图10-26所示,水准仪安置于I站,后视水准点BM_1,前视转点ZD_1,将两读数分别记入表10-8中相应的后视、前视栏内。然后观测BM_1和ZD_1间的中间点K0+000、+020、+040、+060,并将读数分别记入相应的中视栏,并按式(10-49)分别计算ZD_1和各中桩点的高程,第一个测站的观测与计算完成。再将仪器搬至II站,后视转点ZD_1,前视转点ZD_2,将读数分别记入相应后视、前视栏。然后观测两转点间的各中间点,将读数分别记入相应的中视栏,并计算ZD_2和各中桩点的高程,第二个测站的观测与计算完成。按上述方法继续向前观测,直至附合于水准点BM_2。前视点高程及中桩处地面高程应用式(10-49),按所属测站的视线高进行计算,参考表10-8。

图 10-26 中平测量

$$测站视线高 = 后视点高程 H_A + 后视读数 a$$
$$前视转点 B 的高程 H_B = 视线高 - 前视读数 b \quad (10\text{-}49)$$
$$中桩高程 H_K = 视线高 - 中视读数 k$$

中平测量记录计算表　　　　　　　表 10-8

工程名称：_____　　日期：_____　　观测员：_____
仪器型号：_____　　天气：_____　　记录员：_____

测　点	水准尺读数(m)			视线高(m)	测点高程(m)	备　注
	后视 a	中视 k	前视 b			
BM_1	2.317			106.573	104.256	基平测得
K0+000		2.16			104.41	
+020		1.83			104.74	
+040		1.20			105.37	
+060		1.43			105.14	
ZD_1	0.744		1.762	105.555	104.811	
+080		1.90			103.66	沟内分开测
ZD_2	2.116		1.405	106.266	104.150	
+140		1.82			104.45	
+160		1.79			104.48	
ZD_3			1.834		104.432	基平测得 BM_2 点高程为:104.795m
…	…	…	…	…	…	
K1+480		1.26			104.21	
BM_2			0.716		104.754	

复核：$\Delta h_测 = 104.754 - 104.256 = 0.498 \text{m}$
$\sum a - \sum b = (2.317 + 0.744 + 2.116 + \cdots) - (1.762 + 1.405 + 1.834 + \cdots + 0.716) = 0.498 \text{m}$
说明高程计算无误。
$f_h = 104.754 - 104.795 = -0.041 \text{m} = -41 \text{mm}$
$f_{h容} = 50\sqrt{L} = 50\sqrt{1.48} = 61 \text{mm}$（按三级公路要求）
显然 $f_h < f_{h容}$，说明满足精度要求。

中平测量只作单程观测。一测段结束后,应先计算中平测量测得的该段两端水准点高差。并将其与基平所测该测段两端水准点高差进行比较,二者之差,称为测段高差闭合差。测段高差闭合差应满足表10-9要求。若不满足要求,必须重测。

中桩高程测量精度 表10-9

公 路 等 级	闭合差(mm)	两次测量之差(cm)
高速公路,一、二级公路	$\leqslant 30\sqrt{L}$	$\leqslant 5$
三级及三级以下公路	$\leqslant 50\sqrt{L}$	$\leqslant 10$

注:L为高程测量的路线长度(km)。

2.跨越沟谷中平测量

中平测量遇到跨越沟谷时,由于沟坡和沟底钉有中桩,且高差较大,按中平测量一般方法进行,要增加许多测站和转点,以致影响测量的速度和精度。为避免这种情况,可采用以下方法进行施测。

(1)沟内沟外分开测

如图10-27所示,当采用一般方法测至沟谷边缘时,仪器置于测站Ⅰ,在此测站,应同时设两个转点,用于沟外测的 ZD_{16} 和用于沟内测的 ZD_A。施测时后视 ZD_{15},前视 ZD_{16} 和 ZD_A,分别求得 ZD_{16} 和 ZD_A 的高程。此后以 ZD_A 进行沟内中桩点高程的测量,以 ZD_{16} 继续沟外测量。

图10-27 跨越沟谷中平测量

测量沟内中桩时,仪器下沟安置于测站Ⅱ,后视 ZD_A,观测沟谷内两侧的中桩并设置转点 ZD_B。再将仪器迁至测站Ⅲ,后视转点 ZD_B,观测沟底各中桩,至此沟内观测结束。然后仪器置于测站Ⅳ,后视转点 ZD_{16},继续前测。

这种测法使沟内、沟外高程传递各自独立,互不影响。沟内的测量不会影响到整个测段的闭合,但由于沟内的测量为支水准路线,缺少检核条件,故施测时应倍加注意。另外,为了减少Ⅰ站前、后视距不等所引起的误差,仪器置于Ⅳ站时,尽可能使 $l_3 = l_2$、$l_4 = l_1$ 或者 $l_3 + l_1 = l_2 + l_4$。

(2)接尺法

中平测量遇到跨越沟谷时,若沟谷较窄、沟边坡度较大,个别中桩处高程不便测量,可采用接尺的方法进行测量,如图10-28所示,用两根水准尺,一人扶 A 尺,另一人扶 B 尺,从而把水准尺接长使用。必须注意此时的读数应为从望远镜内的读数加上接尺的数值。

利用上述方法测量时,沟内沟外分开测的记录须断开,另做记录;接尺要加以说明。以利于计算和检查,否则容易发生混乱和误会。

3.用全站仪进行中平测量

传统的中平测量方法是用水准仪测定中桩处地面高程,施测过程中测站多,特别是在地形起伏较大的地区测量,工作量相当繁重。全站仪由于具有三维坐标测量的功能,在中线测量中可以同时测量中桩高程(中平测量)。

图 10-28 接尺法

全站仪中平测量是在中线测量时进行。仪器安置于控制点,利用坐标测设中桩点。在中桩位置定出后,即可测出该桩的地面高程。

如图 10-29 所示,设 A 点为已知控制点,B 点为待测高程的中桩点。将全站仪安置在已知高程的 A 点,棱镜立于待测高程的中桩点 B 点上,量出仪器高 i 和棱镜高 l,全站仪照准棱镜测出视线倾角 α。则 B 点的高程 H_B 为:

$$H_B = H_A + S \cdot \sin\alpha + i - l \tag{10-50}$$

式中:H_A——已知控制点 A 点高程;
H_B——待测高程的中桩点 B 点高程;
i——仪器高;
l——棱镜高;
S——仪器至棱镜斜距离;
α——视线倾角。

在实际测量中,只需将安置仪器的 A 点高程 H_A、仪器高 i、棱镜高 l 及棱镜常数直接输入全站仪,就可测得中桩 B 点高程 H_B。

该方法的优点是在中桩平面位置测设过程中直接完成中桩高程测量,而不受地形起伏及高差大小的限制,并能进行较远距离的高程测量。高程测量数据可从仪器中直接读取,或存入仪器并在需要时调入计算机处理。

图 10-29 高程测量原理

三、纵断面测量

纵断面图是表示沿路线中线方向的地面起伏状态和设计纵坡的线状图,它反映出各路段纵坡的大小和中线位置处的填挖尺寸,是道路设计和施工中的重要文件资料。

1. 纵断面图

如图 10-30 所示,在图的上半部,从左至右有两条贯穿全图的线。一条是细的折线,表示中线方向的实际地面线,它是以里程为横坐标、高程为纵坐标,根据中平测量的中桩地面高程绘制的。图中另一条是粗线,是包含竖曲线在内的纵坡设计线,是在设计时绘制的。此外,图上还注有水准点的位置和高程,桥涵的类型、孔径、跨数、长度、里程桩号和设计水位,竖曲线示意图及其曲线元素,同公路、铁路交叉点的位置、里程及有关说明。

图 10-30 路线设计纵断面图

图的下部注有有关测量及纵坡设计的资料,主要包括以下内容:

(1)直线与曲线

根据中线测量资料绘制的中线示意图。图中路线的直线部分用直线表示;圆曲线部分用折线表示,上凸表示路线右转,下凸表示路线左转,并注明交点编号和圆曲线半径;带有缓和曲线的平曲线还应注明缓和段的长度,在图中用梯形折线表示。

(2)里程

根据中线测量资料绘制的里程数。为使纵断面清晰起见,图上按里程比例尺只标注百米桩里程(以数字 1~9 注写)和公里桩的里程(以 K_i 注写,如 K9、K10)。

(3)地面高程

根据中平测量成果填写相应里程桩的地面高程数值。

(4)设计高程

即设计出的各里程桩处的对应高程。

(5)坡度

从左至右向上倾斜的直线表示上坡(正坡),向下倾斜的表示下坡(负坡),水平的表示平坡。斜线或水平线上面的数字是以百分数表示的坡度的大小,下面的数字表示坡长。

(6)土壤地质说明

标明路段的土壤地质情况。

2. 纵断面图的绘制

纵断面图的绘制一般可按下列步骤进行:

(1)按照选定的里程比例尺和高程比例尺(一般对于平原微丘区里程比例尺常用 1:5000 或 1:2000,相应的高程比例尺为 1:500 或 1:200;山岭重丘区里程比例尺常用 1:2000 或 1:1000,相应的高程比例尺为 1:200 或 1:100),打格制表,填写里程、地面高程、直线与曲线、土壤地质说明等资料。

(2)绘出地面线。首先选定纵坐标的起始高程,使绘出的地面线位于图上适当位置。一般是以 10m 整数倍数的高程定在 5cm 方格的粗线上,便于绘图和阅图。然后根据中桩的里程和高程,在图上按纵、横比例尺依次点出各中桩的地面位置,再用直线将相邻点一个个连接起来,就得到地面线。在高差变化较大的地区,如果纵向受到图幅限制时,可在适当地段变更图上高程起算位置,此时地面线将形成台阶形式。

(3)计算设计高程。当路线的纵坡确定后,即可根据设计纵坡和两点间的水平距离,由一点的高程计算另一点的设计高程。

设计坡度为 i,起算点的高程为 H_0,待推算点的高程为 H_P,待推算点至起算点的水平距离为 D,则:

$$H_P = H_0 + i \cdot D$$

式中,上坡时 i 为正,下坡时 i 为负。

(4)计算各桩的填挖尺寸。同一桩号的设计高程与地面高程之差,即为该桩处的填土高度(正号)或挖土深度(负号)。在图上填土高度应写作相应点纵坡设计线之上,挖土深度则相反。也有在图中专列一栏注明填挖尺寸的。

(5)在图上注记有关资料,如水准点、桥涵、竖曲线等。

需要说明的是,目前在工程设计中,由于计算机应用的普及,路线纵断面图基本采用计算机绘制。

四、横断面测量

路线横断面测量是测定各中桩处垂直于中线方向上的地面起伏情况,然后绘制成横断面图,供路基、边坡、特殊构造物的设计、土石方的计算和施工放样之用。横断面测量的宽度由路基宽度和地形情况确定,一般应在公路中线两侧各测 15~50m。进行横断面测量首先要确定横断面的方向,然后在此方向上测定中线两侧地面坡度变化点的距离和高差。

1. 横断面方向的标定

由于公路中线是由直线段和曲线段构成的,而直线段和曲线段上的横断面标定方法是不同的,现分述如下:

(1)直线段上横断面方向的测定

直线段横断面方向与路线中线垂直,一般采用方向架测定。如图 10-31 所示,将方向架置于待标定横断面方向的桩点上,方向架上有两个相互垂直的固定片,用其中一个固定片瞄准该直线段上任意一中桩,另一个固定片所指方向即为该桩点的横断面方向。

(2)圆曲线段上横断面方向的测定

圆曲线段上中桩点的横断面方向为垂直于该中桩点切线的方向。由几何知识可知,圆曲线上一点横断面方向必定沿着该点的半径方向。测定时一般采用求心方向架法,即在方向架上安装一个可以转动的活动片,并有一固定螺旋可将其固定,如图 10-32 所示。

用求心方向架测定横断面方向,如图 10-33 所示,欲测定圆曲线上某桩点 1 的横断面方向,可按下述步骤进行:

①将求心方向架于圆曲线的 ZY(或 YZ)点上,用方向架的一固定片 ab 照准交点(JD)。此时 ab 方向即为 ZY(或 YZ)点的切

图 10-31 用方向架标定直线段上横断面方向

线方向,则另一固定片 cd 所指明方向即为 ZY(或 YZ)点横断面方向。

②保持方向架不动,转动活动片 ef,使其照准 1 点,并将 ef 用螺旋固定。

③将方向架搬至 1 点,用固定片 cd 照准圆曲线的 ZY(或 YZ)点,则活动片 ef 所指方向即为 1 点的横断面方向,标定完毕。

图 10-32　有活动片的方向架

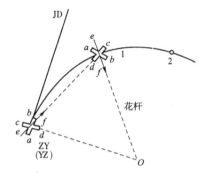

图 10-33　圆曲线段上横断面方向标定

在测定 2 点横断面方向时,可在 1 点的横断面方向上插一花杆,以固定片 cd 照准花杆,ab 片的方向即为切线方向,此后的操作与测定 1 点横断面方向时完全相同,保持方向架不动,用活动片 ef 瞄准 2 点并固定之。将方向架搬至 2 点,用固定片 cd 瞄准 1 点,活动片 ef 方向即为 2 点的横断面方向。

如果圆曲线上桩距相同,在定出 1 点横断面方向后,保持活动片 ef 原来位置,将其搬至 2 点上,用固定片 cd 瞄准 1 点,活动片 ef 即为 2 点的横断面方向,圆曲线上其他各点的横断面方向亦可按照上述方法进行标定。

(3)缓和段上横断面方向的标定

缓和曲线段上一中桩点处的横断面方向是通过该点指向曲率半径的方向,即垂直于该点切线的方向。可采用下述方法进行标定:利用缓和曲线的弦切角 Δ 和偏角 δ 的关系:$\Delta = 2\delta$,定出中桩点处曲率切线的方向,有了切线方向,即可用带度盘的方向架或经纬仪标定出法线(横断面)方向。

具体步骤如下:

如图 10-34 所示,P 点为待标定横断面方向的中桩点。

①按公式 $\delta = \left(\dfrac{l}{l_s}\right)^2 \delta_0 = \dfrac{1}{3}\left(\dfrac{l}{l_s}\right)^2 \beta_0$,计算出偏角 δ,并由 $\Delta = 2\delta$ 计算弦切角 Δ。

②将带度盘的方向架或经纬仪安置于 P 点。

③操作方向架的定向杆或经纬仪的望远镜,照准缓和曲线的 ZH 点,同时使度盘读数为 Δ。

④顺时针转动方向架的定向杆或经纬仪的望远镜,直至度盘的读数为 90°(或 270°)。此时,定向杆或望远镜所指方向即为横断面方向。

2. 横断面的测量方法

横断面测量中的距离、高差的读数取位至 0.1m,即可满足工程的要求。因此横断面测量多采用简易的测量工具和方法,以提高工作效率,下面介绍几种常用的方法。

(1)标杆皮尺方法(抬杆法)

标杆皮尺法(抬杆法)是用一根标杆和一卷皮尺测定横断面方向上的两相邻变坡点的

水平距离和高差的一种简易方法。如图10-35所示，要进行横断面测量，根据地面情况选定变坡点1、2、3…。将标杆竖立于1点上，皮尺靠在中桩地面拉平，量出中桩点至1点的水平距离，而皮尺截于标杆的红白格数（通常每格为0.2m）即为两点间的高差。测量员报出测量结果，以便绘图或记录，报数时通常省去"水平距离"四字，高差用"低"或"高"报出，例如，图示中桩点与1点间，报为"6.0m低1.6m"记录如表10-10所列。同法可测得1点与2点、2点与3点…的距离和高差。表中按路线前进方向分左、右侧，以分数形式表示各测段的高差和距离，分子表示高差，正号为升高，负号为降低；分母表示距离。自中桩由近及远逐段测量与记录。

图10-34 缓和段横断面方向标定

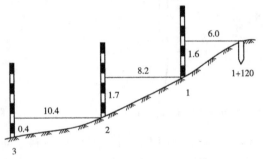

图10-35 抬杆法测横断面

抬杆法横断面测量记录　　　　　　　　　　　　　　　　　　　　　　表10-10

左　　　侧	里程桩号	右　　　侧
…$\dfrac{-0.4}{10.4}$　$\dfrac{-1.7}{8.2}$　$\dfrac{-1.6}{6.0}$	K1+120	$\dfrac{+1.0}{4.8}$　$\dfrac{+1.4}{12.5}$　$\dfrac{-2.2}{8.6}$…
…	…	…

(2) 水准仪皮尺法

水准仪皮尺法是利用水准仪和皮尺，按水准测量的方法测定各变坡点与中桩点间的高差，用皮尺丈量两点的水平距离的方法。如图10-36所示，水准仪安置后，以中桩点为后视点，在横断面方向的变坡点上立尺进行前视读数，并用皮尺量出各变坡点至中桩的水平距离。水准尺读数准确到厘米，水平距离准确到分米，记录格式如表10-11所列。此法适用于断面较宽的平坦地区，其测量精度较高。

图10-36 水准仪皮尺法测横断面

(3) 经纬仪视距法

经纬仪视距法是指在地形复杂、山坡较陡的地段采用经纬仪按视距测量的方法测得各变坡点与中桩点间的水平距离和高差的一种方法。施测时，将经纬仪安置在中桩点上，用视距法测出横断面方向上各变坡点至中桩的水平距离和高差。

高速公路、一级、二级公路横断面测量应采用水准仪—皮尺法、经纬仪视距法，特殊困难地区和三级及三级以下公路可采用标杆皮尺法。检测限差应符合表10-12的规定。

水准仪皮尺法横断面测量记录计算 表 10-11

桩号	各变坡点至中桩点的水平距离(m)		后视读数(m)	前视读数(m)	各变坡点与中桩点间的高差(m)	备注
K1+420	左侧	0.00	1.67	—	—	
		6.5		1.69	-0.02	
		9.0		2.80	-1.13	
		11.3		2.84	-1.17	
		12.6		1.51	+0.15	
		20.0		1.43	+0.24	
	右侧	14.6		1.54	+0.13	
		20.0		1.43	+0.24	

横断面检测互差限差 表 10-12

公路等级	距离(m)	高差(m)
高速公路、一、二级公路	$L/100+0.1$	$h/100+L/200+0.1$
三级及三级以下公路	$L/50+0.1$	$h/50+L/100+0.1$

注：表中的 L 为测站点至中桩点的水平距离(m)；h 为测点至中桩的高差。

3. 横断面图的绘制

横断面图一般采取在现场边测边绘，这样既可省略记录工作，又能及时在现场核对，减少差错。如遇不便现场绘图的情况，须做好记录工作，带回室内绘图，再到现场核对。

横断面图的比例尺一般是 1:200 或 1:100，横断面图绘在厘米方格纸上，图幅为 350mm×500mm，每厘米有一细线条，每 5cm 有一粗线条，细线间一小格是 1mm。

绘图时以一条纵向粗线为中线，以纵线、横线相交点为中桩位置，向左右两侧绘制。先标注中桩的桩号，再用铅笔根据水平距离和高差，将变坡点画在图纸上，然后用小三角板将这些点连接起来，就得到横断面的地面线。显然一幅图上可绘多个断面图，一般规定，绘图顺序是从图纸左下方起，自下而上、由左向右，依次按桩号绘制。

目前，横断面绘图大多采用计算机，选用合适的软件进行绘制。

第三节 道路施工测量

在公路工程建设中，测量工作必须先行，施工测量就是将设计图纸中的各项元素按规定的精度要求准确无误地测设于实地，作为施工的依据；并在施工过程中进行一系列的测量工作，以保证施工按设计要求进行。施工测量俗称"施工放样"。

施工测量是保证施工质量的一个重要环节，公路施工测量的主要任务包括：

①研究设计图纸并勘察施工现场。根据工程设计的意图及对测量精度的要求，在施工现场找出定测时的各控制桩或点（交点桩、转点桩、主要的里程桩以及水准点）的位置，为施工测量做好充分准备。

②恢复公路中线的位置。公路中线定测后，一般情况要过一段时间才能施工，在这段时间内，部分标志桩被破坏或丢失，因此，施工前必须进行一次复测工作，以恢复公路中线的位置。

③测设施工控制桩。由于定测时设立的及恢复的各中桩，在施工中都要被挖掉或掩埋，为

了在施工中控制中线的位置,需要在不受施工干扰,便于引用,易于保存桩位的地方测设施工控制桩。

④复测、加密水准点。水准点是路线高程控制点,在施工前应对破坏的水准点进行恢复定测,为了施工中测量高程方便,在一定范围内应加密水准点。

⑤路基边桩的放样。根据设计要求,施工前应测设路基的填筑坡脚边桩和路堑的开挖坡顶边桩。

⑥路面施工放样。路基施工后,应测出路基设计高度,放样出铺筑路面的高程,作为路面铺设依据。在路面施工中,讲究层层放线,层层操平。层层放线是指每施工一层路面结构层都要放出该层的路面中心线和边缘线,有时为了精确做出路拱,还要放出路面左右高程各1/4的宽度线桩;层层操平是指每施工一层路面结构层都要对各控制的断面在其放样的高程控制位置处进行高程测定,以控制各层的施工高程。

另外,还包括对排水设施、附属设施等工程的放样。主要应放出边沟、排水沟、截水沟、跌水井、急流槽、护坡、挡土墙等的位置和开挖或填筑断面线等。

为做到放样尽可能地准确,上述放样工作仍应遵循测量工作"先控制、后碎部、步步有校核"的基本原则。

一、道路中线恢复

从路线勘测到开始施工经常会出现由于时间过长而引起的丢桩现象,所以施工前要根据设计文件进行道路中桩的恢复,并对原有中线进行复核,保证施工的准确性。恢复中线的方法与路线中线测量方法基本相同。此外,对路线水准点也应进行复核,必要时应增加一些水准点以满足施工的需求。常用的方法有延长线法、平行线法。延长线法是在道路转弯处的中线延长线上以及曲线中点 QZ 至交点 JD 的延长线上,测设施工控制桩。平行线法是在线路直线段路基以外测设两排平行于中线的施工控制桩。控制桩的间距一般为20m。

二、路基边桩的放样

路基边桩的放样就是在地面上将每一个横断面的设计路基边坡线与地面相交的点测设出来,并用桩标定下来,作为路基施工的依据。常用的有以下几种方法:

1. 图解法

直接在路基设计的横断面图上,量出中心桩至边桩的距离。然后到现场直接量取距离,定出边桩位置,此法一般用在填挖不大的地区。

2. 解析法

根据路基设计的填挖高度、边坡率、路基宽度和横断面地形情况,先计算出路基中心桩至边桩的距离,然后到实地沿横断面方向量出距离,定出边桩的位置。对于平原地区和山区来说,其计算和测设方法是不同的,现分述如下:

(1) 平坦地区路基边桩的测设

填方路基称为路堤,如图10-37a)所示。路堤边桩至中心桩的距离为:

$$D = \frac{B}{2} + m \cdot h \tag{10-51}$$

挖方路基称为路堑,如图10-37b)所示。路堑边桩至中心桩的距离为:

$$D = \frac{B}{2} + s + m \cdot h \tag{10-52}$$

式中：B——路基设计宽度；

　　　m——为边坡率；$1:m$ 为路基边坡坡度；

　　　h——填（挖）方高度；

　　　s——路堑边沟顶宽。

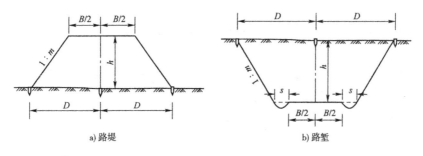

图 10-37　平坦地区路基边桩的测设

（2）山区地段路基边桩的测设

在山区地面倾斜地段，路基边桩至中心桩的距离随着地面坡度的变化而变化。如图 10-38a）所示，路堤边桩至中心桩的距离为：

$$\left.\begin{array}{l}\text{斜坡下侧}:D_{下} = \dfrac{B}{2} + m(h_{中} + h_{下}) \\ \text{斜坡上侧}:D_{上} = \dfrac{B}{2} + m(h_{中} - h_{上})\end{array}\right\} \quad (10\text{-}53)$$

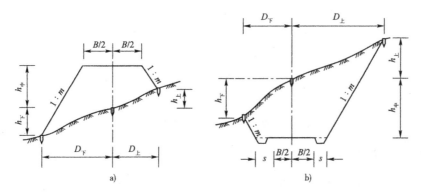

图 10-38　山区地段路基边桩的测设

如图 10-38b）所示，路堑边桩至中心桩的距离为：

$$\left.\begin{array}{l}\text{斜坡下侧}:D_{下} = \dfrac{B}{2} + s + m(h_{中} - h_{下}) \\ \text{斜坡上侧}:D_{上} = \dfrac{B}{2} + s + m(h_{中} + h_{上})\end{array}\right\} \quad (10\text{-}54)$$

式中：$D_{上}$、$D_{下}$——斜坡下、上侧边桩至中桩的平距；

　　　$h_{中}$——中桩处的地面填挖高度，亦为已知设计值；

　　　$h_{上}$、$h_{下}$——斜坡上、下侧边桩处与中桩处的地面高差（均以其绝对值代入），在边桩未定出之前为未知数。

在实际放样过程中应采用逐渐趋近法测设边桩。先根据地面实际情况，并参考路基横断面图，估计边桩的位置。然后测出该估计位置与中桩的平距 $D_{上}$、$D_{下}$ 以及高差 $h_{上}$、$h_{下}$ 并以此代入式(10-53)或式(10-54),若等式成立或在容许误差范围内,说明估计位置与实际位置相符,即为边桩位置。否则应根据实测资料重新估计边桩位置,重复上述工作,直至符合要求为止。

三、边坡放样

有了边桩后,即可确定边坡的位置。可按下述方法测定:

1. 路堤边坡放样

当填土高度较小(如填土小于3m)时,可用长木桩、木板或竹竿标记填土高度,然后用细绳拉起,即为路堤外廓形,如图10-39a)所示。

当路堤填土较高时,可采用分层填土,逐层挂线的方法进行边坡的放样,如图10-39b)所示。

2. 路堑边坡放样

路堑边坡放样一般采用两边桩外侧钉设坡度样板的方法,如图10-39c)所示。

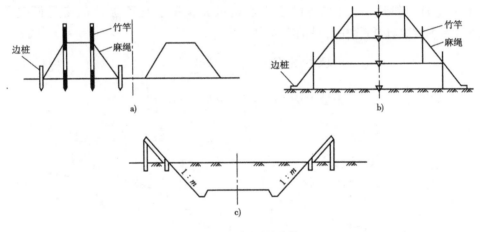

图10-39 路基边坡放样

四、路面结构层的放样

为了便于测量,通常在施工之前,将线路两侧的导线点和水准点引测到路基上,以便施工时就近对路面进行标高复核。引测的导线点与水准点和高一级的水准点进行附合或者闭合导线。

施工阶段的测量放样工作依然包括恢复中线、测量边线以及放样高程。路面基层施工测量方法与路面垫层施工测量方法相同,但高程控制值不同。需要计算该路面面层上3个高程控制点分别是:路面中心线的中桩高程、路面面层左右边缘处的高程、路面面层左右行车道边缘处的高程。路面各结构层的施工放样测量工作依然是先恢复中线,然后由中线控制边线,再放样高程控制各结构层的高程。除面层外,各结构层的路拱横坡按直线形式放样,要注意的是路面的加宽和超高。路基顶精加工验收的内容包括:路基中线高程、边线高程、路基横坡度、路基宽度、路基压实度、路基的弯沉值等内容。根据设计图纸放出路线中心线及路面边线;在路线两旁布设临时水准点,以便施工时就近对路面进行高程复核。引测的导线点和水准点要和高一级的水准点进行附合或闭合导线。施工阶段的测量放样工作依然包括恢复中线、测量边线以及放样高程。常用机具设备有:蛙式打夯机、柴油式打夯机、手推车、筛子、铁锹等,工程量较大时;大型机械有:自卸汽车、推土机、压路机及翻斗车等。

 思考题

1. 道路中线测量的主要任务是什么?
2. 简述放点穿线法测设交点的步骤。
3. 什么是正倒镜分中法? 简述正倒镜分中法延长直线的操作方法。
4. 什么是道路中线测量中的转点? 它与水准测量的转点有何不同?
5. 什么是路线的右角? 什么是路线的转角? 它们之间有何关系? 如何区分左偏还是右偏?
6. 何谓里程桩,在中线的哪些地方应设置里程桩?
7. 怎样推算圆曲线的主点里程? 圆曲线主点位置是如何测定的?
8. 何谓整桩号法设桩? 何谓整桩距法设桩? 各有什么特点?
9. 切线支距法详细测设圆曲线的原理是什么? 简述其操作步骤。
10. 偏角法详细测设圆曲线的绘图,简述偏角法测设圆曲线的操作步骤。
11. 偏角法详细测设圆曲线时,设转角为左偏,将仪器置于起点(ZY),后视切线方向(JD),此时测设曲线上点的偏角时正拨还是反拨? 后视时水平度盘读数设置到多少度可使以后点的偏角计算更简便?
12. 何谓缓和曲线? 设置缓和曲线有何作用?
13. 简述有缓和曲线段的平曲线上主点桩的测设方法和步骤。
14. 什么是虚交? 道路中线测量中遇到虚交应如何解决?
15. 何谓复曲线? 何谓回头曲线? 简述顶点且基线测设回头曲线的步骤。
16. 简述用坐标法测设曲线的原理和方法。
17. 如何根据两点的坐标推算两点连线的方位角?
18. 如何根据路线导线边的方位角计算交点的转角?
19. 路线纵断面测量的任务是什么?
20. 简述路线纵断面测量的施测步骤。
21. 中平测量遇到跨沟谷时,采用哪些措施进行施测? 采取这些措施的目的是什么?
22. 横断面测量的任务是什么?
23. 如何用求心方向架测定圆曲线上任意中桩处横断面方向?
24. 横断面测量的施测方法有哪几种?
25. 横断面测量的记录有何特点? 分述之。
26. 横断面测量的记录有何特点? 横断面的绘制方法是怎样的。
27. 什么是施工测量? 道路施工测量主要包括哪些内容?
28. 试述测设已知长度、已知水平角和已知高程的方法。
29. 已知点的平面位置测设有哪几种常用方法?
30. 叙述路基边坡放样的方法步骤。
31. 一测量员在路线交点JD_6上安置仪器,观测右角,测得后视读数为$42°18'24''$,前视读数为 174°36′8″。问该弯道的转角是多少？是左转还是右转？若观测完毕后仪器度盘不动，分角线方向读数应是多少？

32. 已知弯道 JD_{10} 的桩号为 K5+119.99，右角 $\beta=136°24′$，圆曲线半径 $R=300$m，试计算圆曲线主点元素和主点里程，并叙述测设曲线上主点的操作步骤。

33. 在道路中线测量中，已知交点的里程桩号为 K3+318.46，测得转角 $\alpha_左=15°28′$，圆曲线半径 $R=600$m，若采用切线支距法并按整桩号法设桩，试计算各桩坐标。并说明测设方法。

34. 在道路中线测量中，设某交点 JD 的桩号为 K4+182.32，测得右偏角 $\alpha_右=38°32′$，设计圆曲线半径 $R=500$m，若采用偏角法按整桩号设桩，试计算各桩的偏角及弦长，并说明步骤。

35. 在道路中线测量中，已知交点的里程桩号为 K19+318.46，转角 $\alpha_左=38°28′$，圆曲线半径 $R=300$m，缓和曲线长 l_s 采用75m，试计算该曲线的测设元素、主点里程，并说明主点的测设方法。

36. 某山岭区二级公路，已知 JD_1、JD_2、JD_3 的坐标分别为 (40961.914、91066.103)、(40433.528,91250.097)、(40547.416,91810.392)，JD_2 处的里程桩号为 K2+200.000，$R=150$m，缓和曲线长为40m，计算此曲线的主点坐标。

37. 在中平测量中有一段跨沟谷测量如图 10-40 所示，试根据图上的观测数据设计表格完成中平测量的记录和计算。已知 ZD_2 的高程为 347.426m。

图 10-40　跨沟谷测量

第十一章 桥梁与隧道工程测量

第一节 概 述

在铁路、公路和城市道路等交通运输事业的飞速发展中,我国桥梁和隧道建设日益增多,如铁路桥梁、公路桥梁、铁路隧道、公路隧道、水利工程输水隧道、地下铁道、矿山巷道等。测量工作在桥梁和隧道的勘测设计、建筑施工和运营管理期间都起着重要的作用。

一、桥梁工程测量

桥梁工程测量主要包括桥位勘测和桥梁施工测量两个部分。要经济合理的建造一座桥梁,首先要选好桥址。桥位勘测的目的就是为选择桥址和进行设计提供地形、水文及地质资料,这些资料提供越详细、越全面,就越有利于选出最优的桥址方案和做出经济合理的设计。对于中小桥及技术条件简单、造价比较低廉的桥梁,其桥址位置往往服从于路线的走向,不需单独进行设计,而是包括在路线勘测之内。但对于特大桥梁或技术条件复杂的桥梁,由于其工程量大、造价高、施工期长,则桥位选择合理与否,对造价和使用条件都有极大的影响,所以路线的位置要服从桥梁的位置,为了能够选出最优的桥址,通常需要单独进行勘测。桥梁设计通常需要经过可行性论证、初步设计、施工图设计等几个阶段,各阶段要相应进行不同的测量。在可行性论证阶段,并不单独进行测量工作,而应广泛收集已有的国家地形图。向有关部门索取 1:50000、1:25000 或 1:10000 的地形图。同时也要收集有关水文、气象、地质、农田水利、交通网规划、建筑材料等各项已有的资料,这样可以找出桥址的所有可比方案。

桥位勘测主要工作包括:桥位控制测量(平面控制测量和高程控制测量)、桥位地形图测绘、桥轴线纵断面测量、桥轴线横断面测量、水文地质调查等。

在桥梁的建筑施工阶段,测量的主要任务是:

(1)对桥梁中线位置桩、三角网基准点(或导线点)水准点及其测量资料进行检查、核对,若发现桩点不足、不稳定或测量精度不符合要求时,应按规范要求补测、加固、移设或重新测校。

(2)根据施工条件补充水准点。

(3)测定桥墩、桥台的中心位置及墩、台的纵横轴线。

(4)测定并检查各施工部位的平面位置、高程、几何尺寸。

(5)测定锥坡、翼墙及导流构造物的位置等。

桥涵施工测量的技术要求应符合《公路桥涵施工技术规范》的规定。

二、隧道工程测量

隧道工程测量主要包括隧道勘测和隧道施工测量。其中,隧道勘测主要工作包括隧道方案核查与落实、隧道洞顶及连接路线定测、横断面测量、洞外控制测量、地形测量、水工地质调查等。

隧道施工测量的主要任务是：

(1) 地面控制测量。在地面上建立平面和高程控制网。

(2) 联系测量。将地面上的坐标、方向和高程传到地下，建立地面地下统一坐标系统。

(3) 地下控制测量。包括地下平面与高程控制测量。

(4) 隧道放样测量。为指导开挖及衬砌，需根据隧道设计要求进行中线测设和高程放样测量。

在隧道施工中，尤其是山岭隧道，为了加快工程进度，一般都由隧道两端洞口进行对向开挖。长隧道施工中，往往在两洞口间增加如图 11-1 所示的平洞、斜井或竖井，以增加掘进工作面。在对向开挖的隧道贯通面上，中线不能吻合，这种偏差称为贯通误差。如图 11-2 所示贯通误差包括纵向误差 Δt、横向误差 Δu、高程误差 Δh。其中纵向误差仅影响隧道中线的长度，施工测量时比较容易满足设计要求，因此通常重点控制贯通面上的横向误差 Δu、高程误差 Δh。由于隧道施工的掘进方向在贯通之前无法通视，完全依据敷设支导线形式的隧道中心线或地下导线指导施工，若因施工测量的一时疏忽或错误引起对向开挖隧道不能正确贯通，就可能造成不可挽回的巨大损失。所以工作应细致认真，应特别注意采取多种措施做好校核工作，避免发生错误。

图 11-1　隧道的开挖

图 11-2　隧道贯通误差

第二节　施工控制网测量

一、桥梁控制测量

建造大、中型桥梁时，因江河宽阔，桥墩在水中建造，且墩台较高，基础较深，墩间跨距大，梁部结构复杂，因此，对桥轴线测设、墩台定位等要求较高。为此，需要在施工前布设平面控制网和高程控制网，以用于墩台定位和架设梁部结构。

1. 平面控制测量

桥梁的中心线称为桥轴线。桥轴线两岸控制桩间的水平距离称为桥轴线长度，如图 11-3 所示。在桥梁建设的各个阶段，控制测量的目的不同。在勘测阶段，桥梁平面控制测量主要用以确定桥轴线的长度、位置和方向；在施工阶段，平面控制点主要是用来测定桥梁墩、台及其他构造物的位置。为此，平面控制点应有足够的密度和精度。

桥梁平面控制测量的等级，应根据桥长按表 11-1 确定。对于特殊结构，应根据结构特点，确定桥梁控制测量的等级与精度。

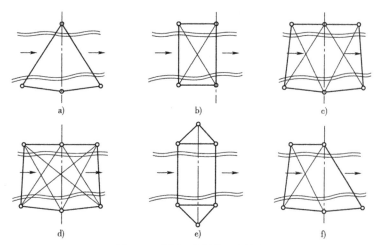

图 11-3 桥梁三角网的基本图形

桥梁轴线相对中误差　　　　　　　　　　　　　　　　　　　　　　表 11-1

测 量 等 级	桥长(m)	桥轴线相对中误差
二等三角	>5000 特大桥	≤1/150000
三等三角	2000～5000 特大桥	≤1/100000
四等三角	1000～2000 特大桥	≤1/60000
一级小三角	500～10000 特大桥	≤1/40000
二级小三角	<500 大中桥	≤1/20000

　　桥梁三角网的基本图形为大地四边形和三角形,并以控制跨越河流的正桥部分为主,应用较多的网形为双三角形、大地四边形、双大地四边形,以及大地四边形与三角形相结合的图形,如图 11-3 所示。图 11-3a)、b)两种网形适用于桥长较短而且需要交会的水中墩、台数量不多的情况。图 11-3c)、f)两种网形的控制点数多、精度高,便于交会墩位,适于特大桥。图 11-3e)为利用江河中的沙洲建立控制网的情况。对于特大桥三角网,沿两岸布设的三角点一般距桥轴线较远,用它们交会墩位,由于交会角不好,使交会点位误差增大。因此在布设三角网时,可在基线的整尺段处设立节点,亦可在两岸设立插点,如图 11-3d)所示,以便在交会时有更多的控制点可供选择。桥梁三角网的布设,除满足三角测量本身的需要外,三角点应选在地势较高、土质坚实稳定、便于长期保存的地方。桥轴线应与基线一端连接且尽可能正交。基线长度一般不小于桥轴线长度的 0.7 倍,困难地段不小于 0.5 倍。

　　平面控制网的技术要求如下:

　　(1)桥梁平面控制测量等级应根据表 11-1 确定。

　　(2)桥梁三角控制网的技术要求,应符合表 11-2 和表 11-3 的规定。

桥位三角网技术要求　　　　　　　　　　　　　　　　　　　　　　表 11-2

测量等级	平均边长(km)	测角中误差(″)	起始边边长相对中误差	三角形闭合差(″)	测 回 数		
					DJ_1	DJ_2	DJ_6
二等	3.0	≤±1.0	≤1/250000	≤3.5	≥12	—	—
三等	2.0	≤±1.8	≤1/150000	≤7.0	≥6	≥9	—
四等	1.0	≤±2.5	≤1/100000	≤9.0	≥4	≥6	—
一级	0.5	≤±5.0	≤1/40000	≤15.0	—	≥3	≥4
二级	0.3	≤±10.0	≤1/20000	≤30.0	—	≥1	≥3

水平角方向观测法的技术要求　　　　　　　　　表 11-3

测量等级	经纬仪型号	光学测微器两次重合读数差(")	半测回归零差(")	同一测回中 2C 较差(")	同一方向各测回间较差(")	测回数
二等	DJ$_1$	≤1	≤6	≤9	≤6	≥12
三等	DJ$_1$	≤1	≤6	≤9	≤6	≥6
三等	DJ$_2$	≤3	≤8	≤13	≤9	≥10
四等	DJ$_1$	≤1	≤6	≤9	≤6	≥4
四等	DJ$_2$	≤3	≤8	≤13	≤9	≥6
一级	DJ$_2$	—	≤12	≤18	≤12	≥2
一级	DJ$_6$	—	≤24	—	≤24	≥4
二级	DJ$_2$	—	≤12	≤18	≤12	≥1
二级	DJ$_6$	—	≤24	—	≤24	≥3

注：当观测方向的垂直角超过±3°时，该方向的 2C 较差可按同一观测时间段内相邻测回进行比较。

（3）GPS 测量控制网的设置精度和作业方法应符合《公路勘测规范》(JTG C10—2007)的规定。基线测量的中误差应小于按式(11-1)计算的标准差。

$$\sigma = \pm \sqrt{a^2 + (b \cdot d)^2} \tag{11-1}$$

式中：σ——标准差(mm)；
　　　a——固定误差(mm)；
　　　b——比例误差系数(mm/km)；
　　　d——基线长度(km)。

GPS 控制网的主要技术指标，见表 11-4。

GPS 控制网的主要技术指标　　　　　　　　　表 11-4

级别	相邻点间平均边长 d(km)	固定误差 a(mm)	比例误差系数 b(mm/km)
二等	3.0	≤5	≤1
三等	2.0	≤5	≤2
四等	1.0	≤5	≤3
一级	0.5	≤10	≤3
二级	0.3	≤10	≤5

注：各级 GPS 控制网每对相邻点间最小距离不应小于平均距离的 1/2，最大距离不宜大于平均距离的 2 倍。

（4）桥梁轴线相对中误差应符合表 11-1 的规定。但对精度有特殊要求的桥梁，其桥轴线和基线精度应按设计要求或另行规定。由于桥梁三角网的主要作用是确定桥长和放样桥墩，因此应分别根据桥梁架设误差和桥墩定位的精度要求来计算桥梁三角网的必要精度。为安全可靠起见，可采用其中较高者作为桥梁三角网的精度要求，亦可按桥轴线所需精度的 1.5 倍计算。

（5）采用光电测距仪测量基线时，光电测距仪应按表 11-5 选用，主要技术要求应符合表

11-6 的规定。

光电测距仪的选用 表11-5

测距仪精度等级	每公里测距中误差 m_D (mm)	适用的测量等级
Ⅰ级	$m_D \leq \pm 5$	二、三、四等,一、二级
Ⅱ级	$\pm 5 < m_D \leq \pm 10$	三、四等,一、二级
Ⅲ级	$\pm 10 < m_D \leq \pm 20$	一、二级

光电测距的主要技术要求 表11-6

测量等级	观测次数 往	观测次数 返	每边测回数 往	每边测回数 返	一测回读数间较差(mm)	单程各测回较差(mm)	往返较差
二等	≥1	≥1	≥4	≥4	≤5	≤7	
三等	≥1	≥1	≥3	≥3	≤5	≤7	
四等	≥1	≥1	≥2	≥2	≤7	≤10	$\leq \sqrt{2}(a+b \cdot D)$
一级	≥1	—	≥2		≤7	≤10	
二级	≥1	—	≥1		≤12	≤17	

注:1.测回是指照准目标1次,读数4次的过程;
   2. a 为固定误差(mm); b 为比例误差系数(mm/km); D 为水平距离(km)。

(6)桥轴线直接丈量的测回数、基线丈量的测回数、用测距仪测量的测回数及三角网水平观测的测回数,按表11-6中的规定执行。

2. 高程控制测量

桥梁高程控制网是桥梁施工中墩台高程放样的依据。在桥梁建成投入运营之后,还作为沉陷变形观测的高程依据。建立高程控制网的常用方法是水准测量和光电测距三角高程测量。高程控制网的主要形式是水准网,按工程测量技术规范规定水准测量分别为一、二、三、四等。当桥长在300m以上时,应采用二等水准测量;当桥长在1000m以上时,两岸的水准连测(即跨河水准)需采用一等水准测量;当桥长在300m以下时施工水准测量可采用三等水准测量。桥址高程控制测量采用的高程基准必须与其两端路线所采用的高程基准完全一致,一般多采用国家高程基准。桥梁高程控制点由基本水准点和施工水准点组成,基本水准点既为桥梁高程施工放样之用,也为桥梁墩台变形观测使用,因此应选择在地质条件好、地基稳定、施工中不易破坏的地方。一般在正桥两岸桥头附近都应设置基本水准点,每岸至少设置一个。当引桥长于1km时,还应在引桥起、终点及其他合适位置设立。为了满足桥墩、台高程放样要求,在距基本水准点较远(一般大于1km)的情况下,应增设一定数量施工水准点。施工水准点可布设成附合水准路线,测量等级可略低于基本水准点。

对于中小桥和涵洞工程,由于工期短,桥型简单,精度要求低于大桥,可以在桥位附近的建筑物上设立水准点,或者采用埋设大木桩作为施工辅助水准点,也可利用路线水准点,但必须加强复核,确保精度符合要求。

(1)高程控制测量的技术要求

①桥梁的高程控制网应按《公路勘测规范》(JTG C10—2007)规定的实施。

②水准测量的高差偶然中误差 M_Δ 按照式(11-2)计算。

$$M_\Delta = \sqrt{\left(\frac{1}{4n}\right) / \left(\frac{\Delta\Delta}{L}\right)} \tag{11-2}$$

式中：M_Δ——高差偶然中误差(mm)；
Δ——水准路线测段往返高差不符值(mm)；
L——水准路线长度(km)；
n——往返测的水准路线测段数。

③水准测量的高差全中误差 M_W 按照式(11-3)计算：

$$M_W = \sqrt{\left(\frac{1}{N}\right)\left(\frac{WW}{L}\right)} \tag{11-3}$$

式中：M_W——高差全中误差(mm)；
W——闭合差(mm)；
L——计算各闭合差时相应的路线长度(km)；
N——附合路线或闭合路线环的个数。

当二、三等水准测量与国家水准点附合时，应进行正常水准面不平行修正。

④特大、大、中桥施工时设立的临时水准点，高程偏差(Δh)不得超过按式(11-4)计算的值：

$$\Delta h = \pm 20\sqrt{L}(\text{mm}) \tag{11-4}$$

式中：L——水准点间距离(km)。

对单跨跨径≥40m 的 T 形刚构、连续梁、斜拉桥等的偏差(Δh)不得超过按式(11-5)计算的值：

$$\Delta h_1 = \pm 10\sqrt{L}(\text{mm}) \tag{11-5}$$

式中：L——水准点间距离(km)。

在山丘区，当平均每公里单程测站多于25站时，高程偏差(Δh)不得超过按式(11-6)计算的值：

$$\Delta h_2 = \pm 4\sqrt{n}(\text{mm}) \tag{11-6}$$

式中：n——水准点间单程测站数。

高程偏差在允许值以内时，取平均值为测段间高差，超过允许偏差时应重测。当水准路线跨越江河(或湖塘、宽沟、洼地、山谷等)时，应采用跨河水准测量方法校测。

(2)跨河水准测量

跨河水准测量路线，应选在桥址附近且河面最窄处。为了避免折光影响，水准视线不宜跨过沙滩及施工区密集的地方。观测时间及气候条件，应选在物镜成像最稳定的时刻。此外，根据跨河视线长度的不同，可采用单线过河或双线过河。当跨河视线短于300m时采用单线过河，超过300m时必须双线过河，并在两岸用等精度联测，形成跨河水准闭合环。

①选择跨河地点的原则

a. 应尽可能选在桥址附近河面狭窄的地方，河中有洲渚应予利用，并使跨河视线最短。

b. 视线尽可能避开草丛、干丘、沙滩、芦苇的上方，以减弱大气折光的影响。

c. 河两岸仪器的水平视线，距水面的高度应接近相等。当跨河视线长度在300m以下时，视线距水面的高度应不小于2m；视线长度在300m以上时，视线距水面的高度应不小于3m。若视线高度不能满足上述要求时，应埋设高木桩并建造牢固的观测台。

d. 两岸仪器至水边的一段河岸，其距离应相等，地形、土质也应相似。同时，仪器位置应选在开阔、通风的地方，不能选在墙壁、石堆、山坡跟前。

e. 置镜点如设在较松软的土质上时,应设立稳固的支架,防止下沉,一般可打 3 个大木桩以支承脚架,必要时可用长木桩并建站台以提高视线。置尺点应设置木桩,木桩顶面直径应大于 10cm,长度一般应不小于 50cm,打入地下后,要求桩顶高于地面约 10cm 以上,并钉上圆帽钉。

②跨河水准测量的布设形式

由于跨河水准的前视、后视的视线长度不能相等且相差很大,同时跨河视线又很长(数百米至几公里),因此仪器 i 角误差及地球曲率和大气折光误差对高差的影响将很大。为消除或减弱上述误差的影响,跨河水准测量应将仪器与水准尺在两岸的安置点位布设成平行四边形、等腰梯形或"z"字形,如图 11-4 所示。

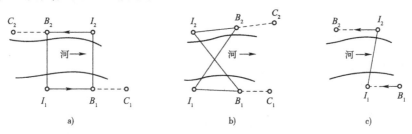

图 11-4 跨河水准测量布设形式

当用两台仪器同时观测时,可采用图 11-4 中 a)或 b)所示的形式。图中,I_1、I_2 分别为两岸的测站点,安置仪器;b_1、b_2 分别为两岸的立尺点,竖立水准尺。跨河视线,I_1b_2 与 I_2b_1 的长度应力求相等,岸上视线,I_1b_1 与 I_2b_2 的长度不得短于 10m,且应彼此相等。

当用一台仪器观测时,宜采用图 11-4c)所示的形式。图中岸上视线,I_1b_1 与 I_2b_2 的长度应相等,并不得短于 10m。此时除 b_1、b_2 要立尺外,测站点 I_1、I_2 在观测中也要作为立尺点立尺。在 I_1、I_2 分别观测 b_1、I_2 两点高差,b_2、I_1 两点高差,在两岸以一般水准测量方法分别测出 b_2、I_2 两点高差,b_1、I_1 两点高差,即可求得两立尺点 b_1、b_2 间的高差。

立尺点应设置木桩,木桩顶面直径应大于 10cm,长度一般应不小于 50cm,打入地下后,桩顶应高出地面 10cm,并在其上钉圆帽钉。

为了传递高程和检核立尺点的高程是否发生变化,应在距跨河地点不远于 300m 的水准路线上埋设水准标识。

③跨河水准测量的方法

跨河水准测量的方法有水准仪倾斜螺旋法、经纬仪倾角法、光学测微法、水准仪直读法、冰上水准测量法、静水面传递高程跨河水准测量法、激光水准仪法等。其中水准仪倾斜螺旋法和经纬仪倾角法适用于任何跨河视线长度的跨河水准测量;光学测微法适用于跨河视线长度短于 500m 的跨河水准测量;水准仪直读法适用于三、四等水准路线跨越宽度在 300m 的跨河水准测量且能直接在水准尺上读数;冰上水准测量法适用于冰冻地区的河流在严寒季节进行的跨河水准测量。下面只介绍水准仪直读法的观测步骤。

水准仪直读法在进行跨河水准测量时,跨河地点一般布设成"Z"字形,如图 11-4c)所示。施测时,先以一般水准测量方法分别测出 B_1、I_1 两点高差,再将水准仪置于 I_1 点上,使水准管气泡居中,照准本岸 B_1 点近尺按中丝读取黑、红面读数各一次。然后照准对岸 I_2 点远尺,按中丝读取黑、红面读数各两次。以上为上半测回。上半测回结束后,应立即将仪器迁至对岸,在 I_2 点上安置,并将 B_1 点和 I_2 点的水准尺分别移至 B_2 点和 I_1 点上,按上半测回观测的相反次序,即先对岸远尺后本岸近尺进行操作,最后再以一般水准测量方法测出 I_2、b_2 两点高差,此为下半测回。

以上操作组成一个测回。一般需观测两测回。

图 11-5 觇板示意图

通过计算即可求得两立尺点 B_1、B_2 间的高差。在有两台仪器作业的情况下,可按图 11-4a)、b)所示布设,两台仪器从两岸同时各观测一个测回。两测回间高差不符值,三等应不超过 8mm,四等应不超过 16mm。在限差以内时,取两测回高差平均值作为最后结果,若超限应检查纠正或重测。

如果观测对岸远尺进行直接读数有困难,为提高读数精度,亦可在远尺上安装觇板,如图 11-5 所示,由操作水准仪者指挥将觇板沿尺上、下移动,使觇板指标线位于仪器水平视线上,然后按指标线在尺上读取读数。

二、隧道地面控制测量

1. 平面控制测量

隧道平面控制测量的主要任务,是测定各洞口控制点的平面位置,将设计方向导向地下,指引隧道开挖,并能按规定的精度进行贯通。因此,平面控制网站的选点工作,应结合隧道平面线形及洞口(包括辅助坑道口)的投点,结合地形地物,在确保精度的前提下,充分考虑观测条件、测站稳定程度。各测站应埋设混凝土金属标桩。

隧道洞外平面控制测量的主要任务是测定洞口控制点的平面位置,并同道路中线联系,以便根据洞口控制点位置,按设计方向和坡度对隧道进行掘进。使隧道以规定的精度贯通。根据隧道的分级和地形状况,洞外平面控制测量通常有中线法、精密导线法、三角锁法以及全球定位系统(GPS)法等。

（1）中线法

对于长度较短的直线隧道,可以采用中线法定线。中线法就是在隧道洞顶地面上用直接定线的方法,把隧道的中线每隔一定的距离用控制桩精确地标定在地面上,作为隧道施工引测进洞的依据。由于洞口两点不通视,需要在洞顶地面上反复校核中线控制桩是否精确地在路线中线上。通常采用正倒镜分中延长直线法从一端洞口的控制点向另一端洞口延长直线。一般直线隧道短于 1000m,曲线隧道短于 500m 时,可采用中线作为控制。

对地形、地质条件简单的中、短隧道,采用敷设中线法作洞外平面控制测量时,必须遵守下列规定:

①所用经纬仪、红外仪、全站仪应有良好性能。使用 J_1 级经纬仪时,经纬仪的两倍视轴差 $2C$ 的绝对值应不大于 30″,使用 J_2 级经纬仪时应不大于 40″。超过上述限值时必须进行视轴校正。

②对直线隧道,可直接在地表沿隧道中线用经纬仪正倒镜延伸直线法进行敷设。每个转点间距视测量仪器及地形而定,一般宜在 200~1000m,且前后相邻导线长度之比不宜过大。以正倒镜法延伸直线钉转点桩时,应观测两次,两个分中点的横向差在每 100m 距离小于 ±5mm 时.可用两个分中点的中点作前方导线点的位置。

③曲线隧道可用其切线及虚交点法的基线组成控制测量导线,以联系两端洞口投点,导线偏角亦采用两次正镜法敷设。

④水平距离测量,宜优先考虑采用光电测距仪(如红外测距离、全站仪),也可采用经过检

定的钢尺或 2m 横基尺,应满足测距精度要求。

⑤采用敷设中线法作平面控制测量,可与隧道洞顶轴线定测工作同时进行。但应按规定布设各开挖洞口应设置的洞口投点。

如图 11-6 所示,图中 A、D 为定测时路线的中线点(也是隧道洞口的控制桩),B、C 为隧道洞顶的中线控制桩,可按如下方法进行测设。

在 A 点安置仪器(经纬仪或全站仪),根据概略方向在洞顶地面上定出 B' 点,搬仪器到 B' 点,采用正倒镜分中法延长直线 AB' 到 C' 点,同法继续延长该直线,直到另一洞口控制桩 D 点的近旁 D' 点。在延长直线的同时,用经纬仪视距法或全站仪测距法测定 AB'、$B'C'$ 和 $C'D$ 的距离。此时 D、D' 两点必定不重合。量取 D、D' 两点的距离 DD'。按比例关系计算出 C 点偏离中线的距离 CC':

图 11-6 中线法地面控制

$$CC' = \frac{AC'}{AD'} \cdot DD' \tag{11-7}$$

在 C' 点沿垂直于 $C'D'$ 的方向量取距离 CC' 定出 C 点,将仪器安置于 C 点,用正倒镜分中法,延长直线 DC 到 B 点,同法继续延长该直线,直到另一洞口控制桩 A 点的近旁得 A' 点,若 A' 点与 A 点重合(或在容许误差范围内),则测设完成。否则,用同样的方法进行第二次趋近,直至 B、C 等点精确位于 A、D 方向上为止。B、C 等点即可作为隧道掘进方向的定向点,A、B、C、D 的分段距离应用全站仪测定,测距的相对误差不应大于 1/5000。

施工时,将仪器安置于隧道洞口控制桩 A 或 D 上,照准定向点 B 或 C,即可向洞内延伸直线。

(2)精密导线法

地面导线的测算方法同第七章的导线测量基本相同,但其要求较高,所以,测角和量测边长均应用较精密的仪器和方法。而且,导线的布设须按隧道工程的要求来确定。直线隧道的导线应尽量沿两洞口连线的方向,布设成直伸形式,因直伸导线的量距误差主要影响隧道的长度,而对横向贯通误差影响较小。在曲线隧道测设中,当两端洞口附近为曲线时,则两端应沿其端点的切线布设导线点;中部为直线时,则中部应沿中线布设导线点;当整个隧道在曲线上时,应尽量沿两端洞口的连线布设导线点。导线应尽可能通过隧道两端洞口及各辅助坑道的进洞点,并使这些点成为主导线点。要求每个洞口有不少于 3 个的能彼此联系的平面控制点,以利于检测和补测。必要时可将导线布设成主副导线闭合环,对副导线只测水平角而不测距。

导线法比较灵活、方便,对地形的适应性比较好。在目前光电测距仪、全站仪已经普及的情况下,是隧道洞外控制形式的首选方案。

精密导线应组成多边形闭合环。它可以是独立闭合导线,也可以与国家三角点相连。导线水平角的观测,应以总测回数的奇数测回和偶数测回,分别观测导线前进方向的左角和右角,以检查测角错误;将它们换算为左角或右角后再取平均值,可以提高测角精度。为了增加检核条件和提高测角精度评定的可行性,导线环的个数不宜太少,最少不应少于 4 个;每个环的边数不宜太多,一般以 4~6 条边为宜。

在进行导线边长丈量时,应尽量接近于测距仪的最佳测程,且边长不应短于300m;导线尽量以直伸形式布设,减少转折角的个数,以减弱边长误差和测角误差对隧道横向贯通误差的影响。

具体应遵守下列规定:

①精密导线法一般是采用正副导线组成的若干个导线环组成的控制网。主导线应沿两洞口联线方向敷设。每1~3个主导线边应与副导线联系。主导线边长视地形及测量仪具而定,一般不宜短于300m,宜相邻边长不宜相差过大,须测水平角及边长;副导线应按测角方便选定,一般只测水平角不测边长。洞口投点,应为主导线点,不宜另外联系。

②主导线各边测距,应优先采用短程光电测距仪。边长时必须按照下列规定进行:主导线采用短程光电测距仪测量边长时,每边应往返测量一次,各照准一次,应取3个读数,其最大较差小于5mm时,取平均值。各边边长相对中误差不得大于设计值规定。一般以其精度最低者预计隧道贯通横向中误差。

③现在已经很少采用钢尺或横基尺测量导线边长。

④主导线各边边长观测值,经各项改正后应归算到隧道平均高程处。环形导线网用简单平差法进行平差。导线桩位置以坐标法表示,导线起始坐标值及坐标方位角,一般宜与隧道两端路线联系,并便利贯通误差计算。实测的洞顶中线应以导线计算值为准进行核对,断链桩应置于控制测量范围以外的整数桩上。

隧道洞外精密导线法测量与《测量学》教材所讲的导线测量法相同,但隧道洞外导线测量的精度要求较高。测角和测边使用较精密的光电测距仪器。

⑤在直线隧道中,导线应尽量沿两洞口连接的方向布设成直伸式,因为直伸式导线量距误差只影响隧道的长度,而对横向贯通误差影响很小。

⑥在曲线隧道中.当两端洞口附近为曲线而中部为直线的隧道时,两端曲线部分可沿中线布设导线点;当整个隧道都在曲线上时,宜沿两端洞口的连接线布设导线点。如受地形、地物限制,可以离开中线或两洞口的连接线,但不宜离开过远。同时,曲线隧道的导线还应尽可能通过洞外曲线起讫点或交点桩,这样曲线交点上的总偏角可根据导线测量结果计算出来。据此,可将定测时所测得的总偏角加以修正,再用所求得的较精确的数值求算曲线元素,导线尽可能通过隧道两端洞口及辅助坑道口的进出洞点,使这些点能成为主导线点。若受条件限制,辅助坑道口的进洞点不便于直接联系为主导线点时,可作支导线点(即副导线点),这些点至少与两个主导线点联测,以保证精度。

⑦为了提高导线测量的精度和增加校核条件,一般将导线布置成多边形闭合环。当丈量距离困难时,可布设成主副导线闭合环,副导线只测其转折角而不量距离。

洞外导线测量量距精度要求较高,一般要求为1/5000~1/10000。在山岭地区,要求采用红外仪或全站仪测角和测距,容易满足精度要求。

(3)三角锁法

对长隧道、曲线隧道及上、下行隧道的施工控制网,由于地形起伏多变,要求更高,故以布设三角锁为宜。测定三角锁的全部角度和若干条边长,或全部边长,使之成为边角网。三角网的点位精度比导线高,有利于控制隧道贯通的横向贯通误差,如图11-7所示。

布设三角锁时,先根据隧道平面图拟定三角网,然后实地选点,用三角测量的方法建立隧道施工控制网。

用三角锁法布设隧道施工控制网时,一般布置成与路线同一方向延伸,隧道全长及各进洞点均包括在控制范围内,三角点应分布均匀,并考虑施工引测方便和使误差最小。基线不应离隧道轴线太远,否则将增加三角锁中三角形的个数,从而降低三角锁最远边推算的精度。

隧道三角锁的图形,取决于隧道中线的形状、施工方法及地形条件。

直线隧道以单锁为主,三角点尽量靠近中线,条件许可时,可利用隧道中线作为三角锁的一边,以减少测量误差对横向贯通的影响。曲线隧道三角锁以沿两端洞口的连线方向布设较为有利,较短的曲线隧道可布设成中点多边形锁,长的曲线隧道,包括一部分是直线、一部分是曲线的隧道,可布设成任意形式的三角形锁。

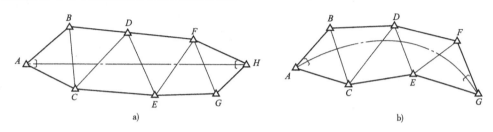

图 11-7　三角锁地面控制

三角锁控制测量,必须重视三角网点位置的选择。布设时应配合地形及隧道平面线形,对布点位置要做周密的考虑,以保证达到以下各项要求:

①三角锁宜沿两洞口联线方向敷设,邻近隧道中线一侧的三角锁各边,宜尽量垂直于贯通面,避免较大的曲折。当地形、气候或其他特殊情况不允许时,方可少许离开隧道方向布设。

②三角锁的组成,以采用单三角形为主,近似等边三角形为佳。地形不许可时,也可采用任意三角形,求其距角应尽量接近 60°,不宜小于 30°,特别困难情况下应不小于 25°。为配合地形可部分采用大地四边形,以提高图形强度,为适应曲线隧道线形,个别图形也可采用中点多边形。

③组成三角锁的三角形个数以少为好,起始边至最弱边的三角形个数不宜超过 6 个,否则应增设起始边。全隧道三角形个数。一般不宜超过 12 个。

④三角锁一般宜在中部设置一条起始边(或基线网扩大边)。必要时可在较远处另设一条起始边以资检核。起始边长度不宜小于三角网最大边长的 1/3。增列基线条件时,起始边应分设于锁的两端。

⑤洞口投点(包括辅助坑道洞口),如因地形不允许定为三角点时,则可采用插点形式与三角锁联系,且以简单三角形联系为佳。

⑥三角点的位置,在确保精度的前提下应稳固,便于施测,且对邻近三角点有良好的通视条件,易于设立长期保存的标志。

(4) 全球定位系统(GPS)法

用全球定位系统(GPS)的定位技术做隧道施工的地面平面控制时,只需要在洞口布设洞口控制点和定向点,除了洞口点及其定向点之间因需要通视而应作施工定向观测之外,洞口与另外洞口之间的点不需要通视,与国家控制点之间的联测也不需要通视,因此,地面控制点的布设灵活方便,且其定位精度目前已能超过常规的平面控制网,加上其他优点,GPS 定位技术将在隧道施工测量的地面控制测量中被广泛应用。

公路隧道洞外平面控制测量参考精度,见表 11-7 和表 11-8。

洞外平面控制测量参考精度(一)　　　　　　　　　　　　　　表 11-7

测量方法	两开挖洞口间距离(km)	测角中误差(″)	最弱边边长相对中误差	起始边边长相对中误差	基线中误差
三角测量	4~6	2	$\frac{1}{20000}$	$\frac{1}{30000}$	$\frac{1}{45000}$
	2~4	2	$\frac{1}{15000}$	$\frac{1}{20000}$	$\frac{1}{30000}$
	1.5~2	2.5	$\frac{1}{15000}$	$\frac{1}{20000}$	$\frac{1}{30000}$
	<1.5	4	$\frac{1}{10000}$	$\frac{1}{15000}$	$\frac{1}{25000}$

注:表列精度按下列情况考虑:
　①按洞口投点为三角网端点,且距洞口为 200m;
　②起始边至最弱边的三角形个数不多于 7 个;
　③一组测量。

隧道洞外平面控制测量的主要任务,是测定相向开挖洞口各控制点的相对位置,并和路线中心线联系,以便根据洞口控制点进行开挖,使隧道按设计的方向和坡度以及规定的精度贯通。

洞外平面控制测量参考精度(二)　　　　　　　　　　　　　　表 11-8

测量方法	两开挖洞口间距离(km)		测角中误差(″)	导线边最小长度(m)		导线边长相对中误差	
	直线隧道	曲线隧道		直线隧道	曲线隧道	直线隧道	曲线隧道
导线测量	4~6	2.5~4	2	500	150	$\frac{1}{5000}$	$\frac{1}{15000}$
	3~4	1.5~2.5	2.5	400	150	$\frac{1}{3500}$	$\frac{1}{10000}$
	2~3	1.0~1.5	4.0	300	150	$\frac{1}{3500}$	$\frac{1}{10000}$
	<2	<1.9	10.0	200	150	$\frac{1}{2500}$	$\frac{1}{10000}$

注:表列精度按下列情况考虑:
　①按洞口投点为导线网端点,且距洞口为 150m;
　②平曲线半径不小于 350m;
　③一组测量。

2. 隧道洞外地面高程控制测量

隧道高程控制测量的任务,是按照规定的精度,施测隧道洞口(包括隧道的进出口、竖井口、斜井口和坑道口等)附近水准点的高程,作为高程引测进洞的依据。保证按规定精度在高程方面正确贯通,并使隧道工程在高程方面按要求的精度正确修建。高程控制采用二、三、四、五等水准测量,四、五等当山势陡峻采用水准测量困难时,亦可采用光电测距仪三角高程的方法测定各洞口高程。多数隧道采用三、四等水准测量。

水准路线应选择在连接两端洞口最平坦和最短的地段,以期达到设站少、观测快、精度高的要求。水准路线应尽量直接经过辅助坑道附近,以减少联测工作。每一洞口埋设的水准点应不少于两个,两个水准点间的高差,以能安置一次水准仪即可联测为宜,两端洞口之间的距离大于 1km 时,应在中间增设临时水准点,水准点间距以不大于 1km 为宜。而且,根据两洞口点间的高差和距离,可以确定隧道底面的设计坡度,并按设计坡度控制隧道底面开挖的高程。

当布设地面导线时,若使用光电测距仪,则采用三角高程测量较为方便。一般规定,当两开挖洞口之间的水准路线长度短于 10km 时,容许高差不符值 $\Delta h \leqslant \pm 30\sqrt{L}\,(\text{mm})$($L$ 为单程路线长度,单位为 km)。如高差不符值在限差以内,取其平均值作为测段之间的高差。

第三节 桥梁轴线和墩台中心定位测量

一、桥梁中线测量

桥位中线(桥轴线)及其长度是用来作为设计与测设墩台位置的依据,所以测量桥位中线的目的,是控制中线的长度和方向,从而确保墩台位置的正确。因此保证桥轴线测量的必要精度是十分重要的。

桥涵中线一般用 4 个(中小桥梁可只用 2 个,涵洞可用转角点桩代替),分设于两岸埋设牢固的桩标固定起来,如图 11-8 所示。选择其中位于地势较高河岸的一个桩标作为全部施工期内架设经纬仪核对墩台位置的依据。如果地势较低不能在整个施工期内从此桩标上用仪器看到施工中墩台的顶面时,可以在此桩标上搭设坚固的塔架,并将标点位置引上塔架。

图 11-8 桥梁中线桩平面布置图

小桥和涵洞中线位置的桩间距离及墩间距离,可用钢尺直接丈量。

大中桥中线位置的桩间距离的检查校核以及墩台位置的放样,当有良好的丈量条件(如桥梁位于旱地、桥侧建有便桥、桥梁的浅滩部分或冬季河流封冻等)时,均应直接丈量。

当沿桥梁中线直接丈量有困难(如河面宽阔、常年有水、冬季不封冻等)或不能保证必要的精度时,各位置桩间与各墩台间的距离可用光电测距法(目前使用电子全站仪测量更为方便)、三角网法等。

对于直线桥梁可以直接采用此三种方法中任一种进行测量;对于曲线桥梁,应结合曲线桥梁的轴线在曲线上的位置而定。

1. 直接丈量法

沿桥轴线方向,地势平坦、旱桥或河水较浅能够用钢尺直接丈量、可以通视时,可采取直接丈量法测量桥轴线长度。这种方法所用设备简单,精度也可靠,是一般中小桥施工测量中常用的方法。

为了保证施工期间的长度丈量精度和量距精度的一致性,在量距之前应对所用的钢尺进行严格的检验,取得尺长改正数 Δ_1。

用钢尺量距的方法如下：

(1)清理中线范围内场地。

(2)如沿中线两侧的地面平坦时可在桩标上安置经纬仪，沿桥轴线 AB 方向用经纬仪定线，钉出一系列木桩，如图11-9所示。桩的标志中心偏离直线最大不得超过±1cm，桩顶打至与地面齐平。为了便于丈量，桩间距应比钢尺的全长略为短一些(约2cm)。

(3)用水准仪测出相邻桩顶间的高差，为了校核应测两次，读至 mm，两次高差之差应不超过2mm。

图11-9　桥梁中线方向定线示意图

(4)丈量时应对钢尺施以标准拉力，每一尺段可连续测量3次，每次读数时均应变换钢尺的前后位置，以防差错。读数应至0.1mm，3次测量结果的较差不得超过1～2mm。在测量距离的同时应记下当时的温度，以便进行温度改正。

(5)计算桥轴线长度。每一尺段的丈量结果应进行尺长改正 Δ_l，温度改正 Δ_t 以及倾斜改正 Δ_h。取各次丈量结果的平均值，即为桥轴线的长度。

(6)评定丈量的精度。

桥轴线的中误差为：

$$M = \pm \sqrt{\frac{[VV]}{n(n-1)}} \tag{11-8}$$

桥轴线的相对中误差为：

$$\frac{M}{L} = \frac{1}{K} \tag{11-9}$$

式中：L——桥轴线的平均长度；

V——桥轴线的平均长度与每次观测值之差；

n——丈量的次数。

丈量结果的相对中误差应满足估算精度的要求。

2.光电测距法

光电测距时，应在气象比较稳定、大气透明度好、附近没有光电信号干扰的情况下进行，且应在不同的时间进行往返观测。观测时间的选择，应注意不要使反光镜镜面正对太阳的方向。

当照准方向时，待显示读数变化稳定后，测3～4次，取平均值，此平均值即为斜距。为了得到平距，还应读取垂直角，经倾斜改正后，即为单方向的水平距离观测值(如果用的是电子全站仪，可直接得到平距)。如果往返观测值之差在容许范围之内，则取往返观测值的平均值作为该边的距离观测值。

3.三角网法

采用直接丈量法有困难或不能保证必要的精度时，可采用间接丈量法测定桥轴线，如图

11-10 所示。即把桥轴线作为三角网的一个连接边,测量基线长度 AC、AD,用三角测量的原理测量并解算,即可得出桥轴线的长度 AB。

二、桥梁墩台定位与墩台轴线测量

在桥梁施工测量中,最主要的工作是准确地定出桥梁墩、台的中心位置和它的纵横轴线,这些工作称为墩台定位。直线桥梁墩台定位所依据的原

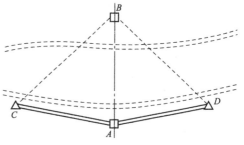

图 11-10 桥涵三角网图

始资料为桥轴线控制桩的里程和墩、台中心的设计里程,根据里程算出它们之间的距离,按照这些距离即可定出墩、台中心的位置。曲线桥所依据的原始资料,除了控制桩及墩、台中心的里程外,尚有桥梁偏角、偏距及墩距或结合曲线要素计算出的墩、台中心的坐标值。

水中桥墩的基础施工定位时,由于水中桥墩基础的目标处于不稳定状态,在其上无法使测量仪器稳定,一般采用方向交会法;如果墩位在干枯或浅水河床上,可用直接定位法;在已稳固的墩台基础上定位,可以采用方向交会法、距离交会法、极坐标法或直角坐标法。

1. 直线桥梁墩台定位

位于直线段上的桥梁,其墩、台中心一般都位于桥轴线上。根据桥轴线控制桩 A、B(图 11-11)及各墩、台中心的里程,即可求得其间的距离。墩位的测设,根据条件可采用直接丈量法、光电测距法或方向交会法。

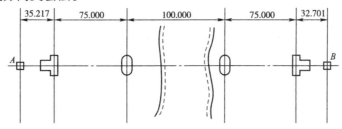

图 11-11 直线桥梁墩台直接丈量定位图

(1)直接丈量法

当桥墩位于地势平坦、可以通视、人可以方便通过的地方且用钢尺可以丈量时,可采用这种方法,如图 11-11 所示。丈量前钢尺要检定,丈量方法与测定桥轴线相同。不同的只是此处是测设已知长度,在测设前应将尺长改正数、温度改正数及倾斜改正数考虑在内,将已知长度转化为钢尺丈量长度。为了保证丈量精度,施测时的钢尺拉力应与检定时的钢尺拉力相同。

(2)光电测距法

只要墩台中心处能安置反光镜,且光电测距仪或全站仪和反光镜之间能通视,则用此法是迅速方便的。

采用测距仪测设时应根据当时测出的气压、温度和测设距离,通过气象改正,得出测设的显示斜距。在测设出斜距并根据垂直角折算为平距后,与应有的(即设计的)平距进行比较,看两者是否相等。根据其差值前后移动反光镜,直至两者相符,则反光镜处即为要测设的墩位。

如果采用全站仪进行测设,由于全站仪可以测量水平距离并具备计算功能,因此通过设定仪器可以直接得出测距差值,具有速度快、效率高的特点。

(3)方向交会法

方向交会法是利用三角网的数据,算出各交会角的角度,然后利用3台经纬仪从不同的点

交会,即可得到桥墩台的位置。现介绍两种基本方法：

①一岸交会施测法。如图 11-12a)所示,在原设三角网中,已知基线 BC 和 BD 长度为 d、d_1,基线与桥轴线夹角为 θ_1 和 θ_2、基线上中线控制点 B 点至各墩、台的距离,则可计算出各交会角 α_i、β_i,将其制成图表供施工使用。

图 11-12 交会法控制墩台位置图

施测过程中用三架 J_1 或 J_2 型经纬仪同时自 3 个方向交会,以加快速度。即将两台仪器安置在 C、D 两点,后视 B 点拨出 α_i、β_i 角,再将一台仪器置于 B 点瞄准 A 点,这样 3 条线形成了一误差三角形,再于此误差三角形内取一点作为欲求之墩、台位置。

各交会角应介于 30°~120°,且 $\gamma \geq 90°$,否则须设辅助点 C_1、D_1 以交会靠近 B 端之墩台。

α、β 可按下列公式计算：

$$\alpha = \arctan \frac{l\sin\theta_1}{d - l\cos\theta_1} \tag{11-10}$$

$$\beta = \arctan \frac{l\sin\theta_2}{d_1 - l\cos\theta_2} \tag{11-11}$$

式中：l——中线控制点 B 至墩中心之距离；

d、d_1——基线长度。

②两岸交会施测法。如图 13-12b)所示,在原设三角网中,已知基线 AD 和 BC 长度,基线与桥轴线夹角 θ_1 和 θ_2、基线上中线控制点 B、A 至各墩、台的距离,则可计算出各交会角 α_i、β_i,将其制成图表供施工使用。

施测时用三架 J_1 或 J_2 型经纬仪同时自 3 个方向交会,以加快速度。用两台经纬仪于 C、D 点置镜,拨出 α_i、β_i 角,另外一台经纬仪置于 B 点(或 A 点)瞄准 A 点(或 B 点),则与中线构成误差三角形,取点时必须以桥轴线方向为准,在其他两个方向线的相交处作垂直桥轴线的交点,即为欲求之墩心位置。交角 α_i、β_i 应介于 30°~120° 之间,中间墩之交角 γ 最好为 60°~90°。

③交会误差的改正与检查——误差三角形。自基线端点(或置镜点)所得两条视线之交点必然会偏出桥轴线一微小距离,或左或右,此误差三角形的改正与检查简述如下：如图 11-13 所示(两岸交会亦同理),置镜于 C、D 两点,拨出 α_i、β_i 角,两交会线与桥轴中线构成误差三角形,以桥轴线方向为准,将两交会线的交点投影于桥轴线上得一点即为桥墩中心位置。误差三角形的边长 P_1P_2、P_1P_3 对墩身底部不宜超过 2.5cm,对墩顶不宜超过 1.5cm。

利用此法可就地在桩上(或墩台砌体上),用折尺或三角板进行。如误差三角形过锐,则应先找出三角形的重心然后将重心点投影于桥轴线上,投影点即为墩台中心。

交会误差之检查：如图 11-13 所示,在得出 P 点后,置镜于 C、D 点测量 $\angle BCP$ 及 $\angle BDP$ 各

2~3个测回。设观测结果为 α' 及 β'。根据 α' 及 β' 值计算 BP 的距离（如按 α' 及 β' 值分别计算的 BP 不同时，取其平均值）。设理论上该墩台中心至 B 点距离为 BP'，则 $BP' - BP$ 为该墩交会点在桥轴线上的误差。此值应在容许误差范围内（砌体墩台容许误差为 2cm，混凝土墩台容许误差为 1cm），如超过规定容许误差时应根据误差值从 P 点沿中轴线量取得出 P'，则 P' 为桥墩、台中心。

在桥墩施工中，随着桥墩的逐渐筑高，中心的放样工作需要重复进行，且要求迅速和准确。为此，在第一次求得正确的桥墩中心位置 P_i 以后，将 CP_i 和 DP_i 方向线延长到对岸，设立固定的瞄准标志 C' 和 D'，如图 11-14 所示。以后每次作方向交会放样时，从 C、D 点直接瞄准 C'、D' 点，即可恢复点的交会方向。

图 11-13　方向交会法的误差三角形

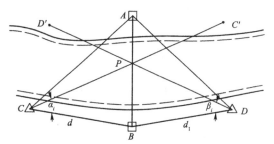

图 11-14　方向交会法的固定瞄准标志

(4) 极坐标及直角坐标法

在使用经纬仪加测距仪（或使用全站仪），并在被测设点位上可以安置棱镜的条件下，若用坐标法放出桥墩中心位置，则更为精确和方便。

对于极坐标法，原则上可以将仪器置于任何控制点上，按计算的放样数据——角度和距离测设点位。

对于全站仪，则还可以根据测站点、后视点及待放点的直角坐标，自动计算出待放点相对于测站点的极坐标数据，再以此测设点位。

但若是测设桥墩中心位置，最好是将仪器安置于桥轴线点 A 或 B 上（图 11-14），瞄准另一轴线点作为定向，然后指挥棱镜安置在该方向上测设 AP_i 或 BP_i 的距离，即可定出桥墩中心位置 P_i 点。

2. 曲线桥梁墩台定位

在山岭地区，路线设弯道较多，桥位要随路线而定，需要架设曲线桥。在现代化的高速公路上，为了使路线顺畅，也需要修建曲线桥，在设计时往往根据具体条件采用不同的处理方法：一是预制安装的简支梁（板）桥梁，线形虽然是曲线，但各孔的梁或板仍采用直线，将各孔的梁或板连接起来实际是折线，各墩的中心即是折线的交点；二是为了美观、协调和线形的顺畅，根据路线的需要设计成弯拱、弯板或弯梁桥，就地浇筑的弯梁（板）以及预制安装的弯梁（板）等。立交桥中的匝道多采用此种形式。

由于跨径、曲线半径、缓和曲线的不同和设置超高、加宽等因素的变化，曲线桥的布置也不尽相同、因此在测量之前，必须详细了解设计文件及有关图表资料，并复核设计图中有关数据，然后进行现场的测量工作。

曲线桥梁墩台中心放样的方法主要有偏角法、支距法、坐标法、交会法和综合法等。对位于干旱河沟的曲线桥，一般采用偏角法、支距法和坐标法；对部分或全部位于水中不能直接丈量的曲线桥墩台,则可采用交会法和综合法进行定位。

(1)偏角法

位于干旱河沟的桥梁,可根据设计平面图按精密导线测设方法,用钢尺量距,经纬仪测角以偏角法来测定墩台中心位置,并根据各墩的横向中心线与梁的中心线的偏角定出墩台横向中心线并设立护桩。即对设计图纸中给定的有关参数和墩台中心距 L、外偏距 E 进行复核无误后,自桥梁一端的台后开始,按顺序逐墩台测角、量距进行定位,最后应闭合至另一台后的已知控制点上。量距的要求同前面所述。

(2)坐标法

如果采用测距仪或全站仪进行定位,可以使用坐标法,首先沿桥中线附近布设一组导线,然后根据各墩台中心的理论坐标与邻近的导线点坐标差(应为同一坐标系)求出导线点与墩台中心连线的方位和距离。置镜该导线点拨角测距即可定出墩台中心,并可用偏角法进行复核。

(3)交会法

凡属曲线大桥和有水不能直接丈量的桥墩、台,均应布设控制三角网,用前方交会法控制墩位。对三角网的要求、测设和计算如前所述。

(4)综合法

①一部分为直线,一部分为曲线,曲线在岸上或浅滩上,如图 11-15a)所示。

图 11-15 曲线桥墩台放样图

测量时由基线 A、B、C 三角点上交会河中两墩,施测的详细方法见前部分内容。对岸曲线上的桥台可自曲线起点(也即三角点 D)用精密导线直接丈量法测定,本岸桥台用直接丈量法或由辅助点 A'、B' 交会亦可。

②一部分为直线,一部分为曲线,曲线起点(或终点)在河中,如图 11-15b)所示。

在直线延长线上设 D 点,由三角网 $BACD$ 中测算 AD 长度,AD 减去 A 至曲线起点距离得 t_1,再计算 F 点在切线上的投影 x 及支距 y,由 D 点在直线上丈量 t_1-x 得点 H,量支距 y 得 F 台。同样用支距法定出 E 墩,或置镜于 F 点用偏角法定出 E 墩。

③桥梁全部在曲线上,如图 11-15c)所示。这时应先在室内按比例绘制出全桥在曲线上的平面位置图,拟定 AB 辅助切线。AB 最好切于某一墩中心,以减少部分计算。选择 A、B(或 A'、B')点要能通视各墩,便于交会。然后算出:曲线起点至 A 点距离,曲线终点至 B 点距离,偏角 α_1、α_2,AB 长度,AB 至各墩之垂足 E'、F'、G'…之间的距离,$E'E$、$F'F$、$G'G$…各墩的切线支距。然后进行现场实测,由起点和终点引出 A、B 两点;设置基线 AD、BC,从三角网 $ABCD$ 中测算 AB 长,量出 α_1、α_2 角值。这时测算值与图上算得值不符时,应检查错误,改正后重测。只有当这些数值无误后,方能计算由 C、D 三角点至 E'、F'、G'…点之交会角 α_i、β_i 以交会出各墩垂足,再从垂足用支距法引出墩中心。如支距过长,可算出墩中心坐标,由 C、D 点直接交会。桥台位于岸上,用偏角法或切线支距法测设均可。

一般路线设计中常用的有圆曲线和缓和曲线,它们的曲线要素有较为固定的计算公式。

在设计文件已给定墩、台定位有关数据时,只需重新复核无误即可按其进行放样定位。但数据通常并不能满足施工的需要,应按路线测设资料、曲线有关要素,求出各墩台中心为顶点的直线,再用偏角进行定位。

对于坐标值的计算,一般在直角坐标系中的应用较为普遍、简便。可以先建立以墩台中心为原点、切线及法线方向为坐标轴的局部坐标系,在局部坐标系中确立待放点局部坐标值;再利用墩台中心的路线坐标值将局部坐标值转换至路线坐标中。

三、墩台纵横轴线测量

墩台中心测设定位以后,尚需测设墩台的纵横轴线,作为墩台细部放样的依据。在直线桥上,墩台的横轴线与桥的纵轴线重合,而且各墩台一致。所以可以利用桥轴线两端控制桩来标志横轴线的方向,而不再另行测设标志桩。如图 11-16 所示。

在测设桥墩台纵轴线时,应将经纬仪安置在墩台中心点上,然后盘左、盘右以桥轴线方向作为后视,然后旋转 90°(或 270°),取其平均位置作为纵轴线方向,如图 11-17 所示。因为施工过程中经常要在墩台上恢复纵横轴线的位置,所以应于桥轴线两侧各布设两个固定的护桩。

在水中的桥墩,因不能架设仪器,也不能钉设护桩,则暂不测设轴线,等筑岛、围堰或沉井露出水面以后,再利用它们钉设护桩,准确地测设出墩台中心及纵横轴线。

对于曲线桥,由于路线中线是曲线,而所用的梁板是直的,因此路线中线与梁的中线不能完全一致,如图 13-15 所示,梁在曲线上的布置是使各跨梁的中线连接

图 11-16 直线桥梁纵横轴线图

起来,成为与路中线相符合的折线,这条折线成为桥梁的工作线。墩台中心一般就位于这条折线转折角的顶点上。放样曲线桥的墩台中心,就是测设这些顶点的位置。在桥梁设计中,梁中心线的两端并不位于路线中线上,而是向曲线外侧偏移一段距离 E,这段距离 E 称为偏距;相邻两跨梁中心线的交角 α 称为偏角;每段折线的长度 L 称为桥梁中心距。这些数据在桥梁设计图纸上已经标定出来,可直接查用。

曲线桥在设计时,根据施工工艺可设计成预制板装配曲线桥或者现浇曲线桥,对于前者桥

墩台中心与路线中心线不重合,桥墩台中心与路中线有一个偏距 E。如图 11-17 所示;对于后者,如图 11-18 所示,桥墩台中心与路线中线重合,在放样时要注意。

图 11-17　预制安装曲线桥梁桥墩纵横轴线图　　　　图 11-18　现浇曲线桥梁桥墩纵横轴线图

对于预制板装配曲线桥放样时,可根据墩台标准跨径计算墩台横轴线与路中线的交点坐标,放出交点后,再沿横轴线方向量取偏距 E 得墩台中心位置,或者直接计算墩台中心的坐标,直接放样墩台中心位置;对于现浇曲线桥,因为路中线与桥墩台中心重合,可以计算墩台中心的坐标,根据坐标放样墩台中心位置。

第四节　隧道施工测量

一、隧道掘进方向、里程的测设

洞外平面和高程控制测量完成后,即可求得洞口点(各洞口至少有两个)的坐标和高程,同时按设计要求计算洞内中线点的设计坐标和高程。然后,按坐标反算方法,求出洞内设计点位与洞口控制点之间的距离、角度和高差关系,由此按极坐标法或其他方法指示进洞的开挖方向,并测设洞内设计点位,指导隧道施工。

1. 掘进方向测设数据计算

图 11-19 所示为一直线隧道的平面控制网,A、B、C、…、G 为洞外平面控制点,其中,A、G 为洞口点,S_1、S_2 为 A 点洞口进洞后的隧道中线的第一、第二个里程桩。为了求得 A 点洞口隧道中线掘进方向及掘进后测设中线里程桩 S_1,应首先计算下列极坐标法测设数据:

$$\alpha_{AB} = \arctan \frac{y_B - y_A}{x_B - x_A}$$

$$\alpha_{AG} = \arctan \frac{y_G - y_A}{x_G - x_A}$$

$$\beta_A = \alpha_{AG} - \alpha_{AB} \tag{11-12}$$

$$D_{AS_1} = \sqrt{(x_{S_1} - x_A)^2 + (y_{S_1} - y_A)^2} \tag{11-13}$$

对于 G 点洞口的掘进数据,可以做类似的计算。

对于中间具有曲线的隧道,如图 11-20 所示,隧道中线转折点 C 的坐标和半径 R 均已由设计所指定,因此,可以计算出测设两端进洞口隧道中线的方向和里程。当掘进达到曲线段的里程后,可以按照测设道路圆曲线的方法测设曲线上的里程桩。

2. 洞口掘进方向标定

隧道贯通的横向误差,除与洞外、洞内控制测量的精度有关外,还与中线测设精度有关。而进洞时的初始方向尤为重要。因此,在隧道洞口要埋设若干个固定点,将中线方向标定于地面上,作为开始掘进及以后洞内控制点联测的依据。如图 11-21 所示,用 1、2、3、4 号桩标定掘进方向,再在洞口 A 和中线垂直方向上埋设 5、6、7、8 号桩。所有固定点应埋设在施工中不易受破坏的地方,并测定 A 点至 2、3、6、7 号点的水平距离。这样在施工过程中,可以随时检查或恢复洞口控制点的位置和进洞中线的方向和里程。

图 11-19　直线隧道掘进方向

图 11-20　曲线隧道掘进方向

图 11-21　洞口控制点和掘进方向标定

二、开挖施工测量

1. 隧道中线测设

图 11-22 所示为直线隧道,图中 P_4、P_5 为导线点,A、D 为待测设的隧道中线点,测设数据 β_5、L、B_A 可由 P_4、P_5 的实测坐标和 A 点的设计坐标以及隧道中线的设计方位角 α_{AD} 求出。

在求得测设数据后,可将经纬仪置于导线点 P_5 上,后视 P_4 点,用极坐标法放出中线点 A,在 A 埋设标志。然后在 A 点安置经纬仪,后视 P_5 点,拨角 β_A,即得中线方向。随着隧道逐渐向前延伸,A 点距开挖面越来越远,就必须在开挖面处埋设新的中线点 D,然后将仪器置于 D 点,后视 A 点,用正倒镜分中法继续向前标出中线方向,用以指导开挖。

如遇到曲线进洞,ZD_1、ZD_2、ZD_3、ZD_4 为切线上的隧道施工控制网的控制点,其坐标均已精确测出,可根据 4 个控制点的坐标计算出两切线间的偏角 α,由 α 及设计半径 R 按曲线元素公式元素公式计算出切线总长 T 和曲线总长 L,再按 ZD_2、ZD_3 的坐标及两切线的方位角计算出 JD 的坐标。然后由 T 算得 ZH 与 HZ 的坐标,并由外矢距 E 算出曲线中点 QZ 的坐标,这样就将曲线上的几个主点纳入了施工坐标系内。

至于曲线细部放样,洞内工作面狭小,常采用延长弦线法测设中线桩,也可采用偏角法测设。

2. 隧道腰线测设

在隧道施工中,为了随时控制洞底的高程和隧

图 11-22　直线隧道中线的测设

道横断面的放样,在隧道岩壁每隔一定距离(5~10m)测设出比洞底设计地坪高出1m的高程线,称为腰线。腰线的高程由引测入洞内的施工水准点进行测设。由于隧道有一定的设计坡度,因此腰线也按此坡度变化,它和隧道设计地坪高程线是平行的。

3. 掘进方向指示

隧道的开挖掘进过程中,洞内工作面狭小,光线暗淡。因此,在隧道掘进的定向工作中,经常使用自动导向系统或激光指向仪来指示中线或腰线方向。它具有直观、对其他工序影响小、便于实现自动控制等优点。例如,采用机械化掘进设备,用固定在一定位置上的激光指向仪,配以装在掘进机上的光电接受靶,当掘进机向前推进中,方向如果偏离了指向仪发出的激光束,则光电接受靶会自动指出偏移方向及偏移值,为掘进机提供自动控制的信息。

4. 隧道断面量测

隧道开挖过程中,要求控制超挖、减少欠挖。测量人员必须及时测量断面尺寸,包括开挖测量断面尺寸和初衬断面尺寸,指导施工。为使开挖断面能较好地符合设计断面,在每次掘进前,应在开挖断面上,根据中线和轨顶高程,标出设计断面尺寸线。需要注意的是,如前所述,模板放样时,允许将设计的衬砌轮廓线扩大5cm,确保衬砌不侵入隧道建筑限界。这样,开挖轮廓线相应扩大5cm,同时,要考虑拱顶下沉预留的沉落量,以保证隧道的净空。测量人员必须把上述尺寸计算在内。分部开挖由隧道在拱部和马口开挖后,全断面开挖的隧道在开挖成型后,应采用断面自动测绘仪或断面支距法测绘断面,检查断面是否符合要求;并用来确定超挖和欠挖工程数量。测量时按中线和外拱顶高程,从上至下每0.5m(拱部和曲墙)和1.0m(直墙)向左右量测支距。量支距时,应考虑到曲线隧道中心与线路中心的偏移值和施工预留宽度。

仰拱断面测量,应由设计洞顶高程线每隔0.5m(自中线向左右)向下量出开挖深度。

随着技术的进步,激光断面仪、免棱镜全站仪在隧道断面中的应用愈来愈广,仪器通过辐射测量极坐标的方式,能准确迅速地完成断面测量、放样等工作。

在拱部扩大和马口开挖工作完成后,应采用断面支距法量测应绘出断面。即:根据中线及拱顶外线高程,从上而下每隔0.5m(拱部和曲线地段)和1.0m(直墙地段)向中线左右量测支距(量测支距时,应考虑隧道中心与路线中心的偏移值和施工的预留宽度),以指导开挖及检查断面,并作为立拱架的依据。遇有仰拱的隧道,仰拱断面应由中线起向左右每隔0.5m量出路面高程向下的开挖深度。

5. 隧道衬砌位置控制

隧道衬砌,不论任何类型均不得侵入隧道建筑界限,否则隧道为不合格工程。因此各个部位的衬砌放样都必须在线路中线,水平测量正确的基础上认真做好,使其位置正确,尺寸和高程符合设计要求,具体做法如下:

拱部衬砌是在安装好的拱架模型板上来完成的,拱架必须架立在开挖断面符合净空要求及中线水平桩点正确无误的基础上。拱架制作是根据设计的拱架图,在放样台上按1:1的比例尺放出大样,按大样制作构件拼装而成;拱架在受力后可能发生下沉及向内挤,影响隧道净空,因此必须根据地质情况预留加宽和沉落量,一般方法是将拱圈半径加大2~5cm;必要时提高起拱线和拱顶高程,但边墙基底高程应固定不变,砌筑边墙时,应以此不变高程控制,加上提高起拱线的数值。

在拱圈衬砌之前,还必须检查拱架和模型板的安装质量及净空尺寸、中线水平是否都合乎要求。在衬砌过程中,应随时检查模型板及拱架的状态,发现变形和走动,应停止灌注。立即纠正,以保证净空要求。

衬砌边墙放样、仰拱及铺底施工放样不再详细讲述，需要特别指出的是，隧道施工不同于桥梁工程和路基工程，必须保证净空要求，否则隧道为不合格工程。根据《公路隧道施工技术规范》(JTG F60—2009)规定，进行隧道衬砌(包括喷锚衬砌)施工时，中线、高程、隧道开挖断面形状、几何尺寸必须满足设计要求。除测量精度必须符合要求外，还应事先考虑施工误差、超欠挖控制。否则，将影响衬砌厚度、隧道净空。对复合式衬砌，初期支护完成后，应再次检查内空尺寸，保证二次衬砌的厚度。有条件时应采用激光断面仪精确测量。

6. 竖井联系测量

在隧道工程施工中，除了开挖横洞、斜井来增加工作面以外，还可以用开挖竖井的方法来增加工作面。这时，必须将地面控制网中的坐标、方向及高程，经由竖井传递到井下去。这种传递工作称为竖井联系测量。其中坐标和方位角的传递称为竖井定向测量；高程的传递称高程联系测量。

(1) 竖井定向

竖井定向就是通过竖井将地面控制点的坐标和直线的方位角传递到地下，井口附近地面上导线点的坐标和边的方位角，将作为地下导线测量的起始数据。

竖井定向的方法一般采用连接三角形法。

① 连接三角形法。在竖井中悬挂两根细钢丝，为了减小钢丝的振幅，需将挂在钢丝下边的重锤浸在液体中以获得阻尼。阻尼用的液体黏度要恰当，使得重锤不能滞留在某个位置，也不因为黏度小而振幅衰减缓慢。当钢丝静止时，钢丝上的各点平面坐标相同，据此推算地下控制点的坐标。

如图11-23a)所示，A、B为地面控制点，其坐标是已知的，C、D为地下控制点。为求C、D两点的坐标，在竖井上方O_1、O_2处悬挂两条细钢丝，由于悬挂钢丝点O_1、O_2不能安置仪器，因此选定井上、井下的连接点B和C，从而在井上、井下组成了以O_1O_2为公用边的三角形$\triangle O_1O_2B$和$\triangle O_1O_2C$。一般把这样的三角形称为连接三角形。图11-23b)所示便是井上、井下连接三角形的平面投影。

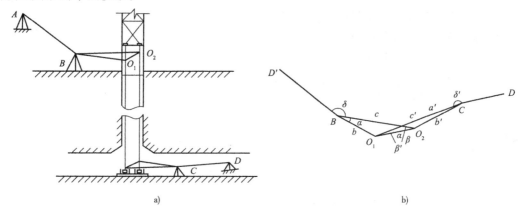

图11-23 竖井定向联系测量及连接三角形法

当已知A、B两点的坐标时，即可推算出AB边的方位角，若再测出地面上$\triangle O_1O_2B$中的$\angle O_1BO_2 = \alpha$和三边长a、b、c及连接角$\angle ABO_1 = \delta$，便可用三角形的边角关系和第七章导线测量计算的方法，计算出O_1、O_2两点的平面坐标及其连线的方位角。同样在井下，根据已求得的O_1、O_2坐标及其连线方位角和测得井下$\triangle O_1O_2C$中的$\angle O_1O_2C = \alpha'$及三边长a、b'、c'，并在C点测出$\angle O_2CD = \delta'$，即可求得井下控制点C及D的平面坐标及CD边的方位角。洞内导线

取得起始点 C 的坐标及起始边 CD 边的方位角以后,即可向隧道开挖方向延伸,测设隧道中线点位。

②陀螺经纬仪竖井定向。利用陀螺经纬仪可以直接在地面上测定某一方向的真方位角,同时可以利用该点的坐标计算子午线收敛角,计算该点到某一方向的坐标方位角,方便精确地为隧道中线定向。近年来陀螺经纬仪在自动化和高精度等方面有较大的发展,使陀螺经纬仪在竖井隧道自动测定方面有更大的应用。

(2)高程联系测量(导入高程)

高程联系测量的任务是把地面的高程系统经竖井传递到井下高程的起始点,导入高程的方法有:钢尺导入法、钢丝导入法、测长器导入法及光电测距仪导入法。这里仅介绍光电测距仪导入高程法。

如图11-24所示在井口搭一支架,支架可根据光电测距仪主机及配套的经纬仪的外部轮廓加工制作,并在测距仪头上安装专备的直角棱镜,将测距仪安置于支架上,安置中心与井下反射镜的安置中心,均应在原投点位置,观测时使测距头通过直角棱镜瞄准井底的反射棱镜测距,一般应观测 3～4 测回。每测回读数 3 次,限差应符合《公路勘测规范》(JTG C10—2007)的要求。

图 11-24 竖井高程传递至井下基点

距离应加气象常数改正(但不需测竖直角倾斜改正);改正后的距离即为测距仪中心至井底反射棱镜的高差 D_h,然后用一台水准仪分别测出井上基点至测距仪中心的高差及井下基点至井下长射棱镜的高差,按式(11-14)计算,将井上基点的高程传递至井下基点。

$$H_下 = H_上 + a_上 - b_上 - D_h + b_下 - a_下 \tag{11-14}$$

式中:$H_下$——井下基点高程;

$H_上$——已知井上基点高程;

$a_上$——井上用水准仪测量的后视读数;

$b_上$——井上用水准仪测量的前视读数;

$a_下$——井下用水准仪测量的后视读数;

$b_下$——井下用水准仪测量的前视读数;

D_h——测距仪中心至井底棱镜的距离。

1. 桥梁、隧道工程测量的主要内容有哪些?
2. 跨河水准测量具有哪些特点?针对这些特点应采取哪些措施?
3. 何谓墩、台施工定位?简述墩、台定位常用的几种方法。
4. 隧道地面控制测量包括哪些内容?有何特点?
5. 什么是联系测量?联系测量包含哪些内容?

第十二章 建筑工程施工测量

第一节 建筑施工控制测量

施工测量同其他测量工作一样,也必须遵循"从整体到局部,先控制后碎部"的原则和秩序,即在控制测量的基础上进行细部施工放样工作,但是由于施工控制网是为测图而建立的,未考虑施工的要求,因而其控制点的范围、精度、密度都难以满足施工测量的要求。另外,平整场地时,点位极易遭到破坏,因此,为后续方便,要先在图纸上设计好然后并将其测设于实地。布设的点位应画在施工设计的总平面图上,并提醒工地上的所有人员注意保护。本节仅介绍建筑施工场地的控制测量。

建筑施工控制网的布设形式,应根据建筑物的总体布置、建筑场地的大小以及测区地形条件等因素来确定。在大中型建筑施工场地上,施工控制网一般布置成正方形或矩形的网格,称为建筑方格网。在面积不大又不十分复杂的建筑施工场地上,常布置一条或几条相互垂直的基线,称为建筑基线。对于山区或丘陵地区建立方格网或建筑基线有困难时,宜采用导线网或三角网来代替建筑方格网或建筑基线。

一、施工控制网特点及布设要求

施工控制网的布设,应根据建筑总平面设计图和施工地区的地形条件来确定。在大中型建筑施工场地上,施工控制网多用正方形和矩形网格组成,称为建筑方格网,在面积不大又不十分复杂的建筑场地上常布设一条或几条基线作为施工控制。

一般来说,施工阶段的测量网具有以下特点:

(1)控制范围小,控制点密度大,精度要求高。

工程施工的地区相对总是比较小的,因此控制网所控制的范围就比较小,如一般工业建筑物地通常都在 1km² 以内。但在这样一个较小的范围内,各种建筑物的施工错综复杂,若没有较为密集的控制点,是无法满足施工期间放样工作的。

施工测量的主要任务是放样建筑物的轴线,这些轴线位置,其偏差都有一定的限值,其测量要求也相对比较高,因此施工控制网的要求也是相对较高。

(2)控制点位使用频繁。

在施工过程中,控制点常直接用与放样。随着施工层面逐级升高,需经常地进行轴线点位的测量,因此,控制点位的测量相当频繁。从施工初期到竣工完成,这些控制点都会被使用若干次,这样一来,对于控制点的稳定性、使用时的方便性,以及点位在施工期间保存的可能性等,都提出了比较高的要求。

(3)易受施工干扰。

现代工程的施工,常采用同时交叉作业的施工方法,这样就使得工地上的各建筑物施工高度有时相差很大,从而妨碍了控制点间的相互通视,因此施工控制点的位置应分布恰当,密度应比较大,以便在放样时可以供选择。

图 12-1 坐标系

据此特点,施工控制网的布设应作为整个工程施工设计的一部分。布网时,必须考虑到施工程序、方法,以及施工场地的布设情况。为防止控制点的标桩不被破坏,所布设的点位应画在施工设计总平面图上。

当施工控制网与测图控制网不一致时(因为建筑总平面是在地形图上设计的,所以施工场地上的已有高等级控制点的坐标是测图坐标系下的坐标),应进行两种坐标系的数据换算,以便坐标统一。如图 12-1 所示,设 P 点的设计坐标为 (x'_p, y'_p),换算为测量坐标 (x_p, y_p) 时,按下式计算

$$x_p = x_0 + x'_p \cos\alpha - y'_p \sin\alpha$$
$$y_p = y_0 + x'_p \sin\alpha + y'_p \cos\alpha$$

式中:x_0、y_0——施工坐标系原点的测量坐标;

α——施工坐标轴相对于测量坐标轴的旋转角,它们一般由设计人员提供。

同样,若已知 P 点的测量坐标 (x_p, y_p),要将其换算为施工坐标 (x'_p, y'_p),则可按下式计算

$$x'_p = (x_p - x_0)\cos\alpha + (y_p - y_0)\sin\alpha$$
$$y'_p = -(x_p - x_0)\sin\alpha + (y_p - y_0)\cos\alpha$$

二、建筑基线

1. 建筑基线布设形式

建筑基线是建筑场地的施工控制基准线,即在建筑场地的中央放样一条长轴线或若干条与其垂直的短轴线,它适用于总平面图布置比较简单的小型建筑场地。基线点不得少于 3 个,以便检查点位有无变动;基线点应便于保存,相邻点观测良好,以便于施工放样之用。常见布设形式如图 12-2 所示。

a) 三点"一"字形　　b) 三点"L"形　　c) 四点"T"形　　d) 五点"+"形

图 12-2 建筑基线布设形式

2. 建筑基线布设要求

(1)建筑基线应尽可能靠近拟建的主要建筑物,并与其主要轴线平行,以便使用比较简单的直角坐标法进行建筑物的定位。

(2)建筑基线应尽可能与施工场地的建筑红线相联系。

(3)基线点位应选在通视良好和不易被破坏的地方,为能长期保存,要埋设永久性的混凝土桩。

3. 建筑基线测设方法

根据施工场地的条件不同,建筑基线的测设方法主要有以下两种:

(1)根据建筑红线测设建筑基线。由城市测绘部门测定的建筑用地界定基准线,称为建

筑红线。在城市建设区,建筑红线可用作建筑基线测设的依据。

如图12-3所示,AB、AC为建筑红线,1、2、3为建筑基线点,利用建筑红线测设建筑基线的方法如下:

①从A点沿AB的方向,沿垂线量取d_2定出P点,沿AC方向量取d_1定出Q点。

②过B点作AB的垂线,沿垂线量取d_1定出2点,作出标志;过C点作AC的垂线,沿垂线量取d_2定出3点,作出标志;用细线拉出直线$P3$和$Q2$,两条直线的交点即为1点,作出标志。

③在1点安置经纬仪,精确观测$\angle 213$,其与90°的差值应小于±20″。

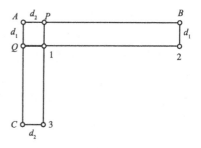

图12-3 根据建筑红线测设建筑基线

(2)根据附近已有控制点测设建筑基线。在新建筑区,可以利用建筑基线的设计坐标和附近已有控制点的坐标,用极坐标法测设建筑基线。

如图12-4a)所示,A、B为附近已有控制点,1、2、3为选定的建筑基线点。

测设方法如下:

首先,根据已有控制点和建筑基线点的坐标,计算出测设数据β_1、d_1、β_2、d_2、β_3、d_3。然后,用极坐标测设1、2、3点。

由于存在测量误差,测设的基线点往往不在同一直线上,且点与点之间的距离与设计值也不完全相符,因此,需要精准测出一只测设直线的折角β'和距离D',并与设计值相比较。如图12-4所示,如果$\Delta\beta = \beta' - 180°$超过$\pm 15''$,则应对$1'$、$2'$、$3'$点在与基础垂直的方向上进行等量调整,调整量按下式计算

$$\delta = \frac{ab}{a+b} \times \frac{\Delta\beta}{2\rho}$$

式中:δ——各点的调整值(m);

a、b——分别为12、23的长度(m)。

如果测设距离超限,如图12-4b)所示,则以2点为准,按设计长度沿基线方向调整$1'$、$3'$点。

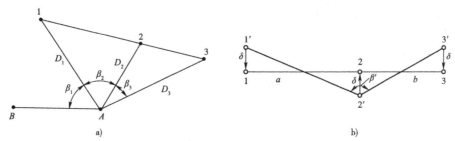

图12-4 根据控制点测设建筑基线及基线点调整图

三、建筑方格网

建筑方格网是建筑场地中常用的一种控制网形式,适用于按照正方形或者矩形设的建筑群或大型建筑场地,该网建成后测设建筑物的轴线很方便,且精度较高,但由于建筑方格网必须按照建筑总平面图进行设计与布置,其点位易被破坏,因而自身的测设工作量较大,且测设

的精度要求及困难相应较大。

建筑方格网的主轴线是建筑方格网扩展的基础。当场区很大时,主轴线较长,一般只测设其中的一段,主轴线的定位点称为主点。主点的施工坐标一般由设计单位给出,也可在总平面图上用图解法求得一点的施工坐标后,再按主轴线的长度推算其他主点的施工坐标。

当施工坐标系与国家测量坐标系不一致时,在施工方格网测设前,应把主点的施工坐标换算为测量坐标,以便求算测设数据。然后利用原勘测设计阶段所建立的高等级测图控制点将建筑方格网测设在施工场区上,建立施工控制网的第一级网施工场区控制网。

建筑方格网的布置,应根据建筑物设计总平面上各建筑物、构筑物、道路及各种管线的布设情况,结合现场地形情况拟定,布置时应先选定建筑方格网的主轴线,然后再布置方格网,方格网的形式可布置为正方形或矩形。当场区面积较大时,常分为两级布设,首选可采用"十"字形、"口"字形、"田"字形,然后再加密方格网;当场区面积不大时,尽量布置成全方面方格网。

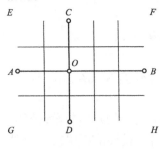

图 12-5 建筑方格网

建筑方格网的布设同样要根据设计建筑物的分布、场地的地形和原有控制点的情况而定,如图 12-5 所示。建筑方格网适用于按矩形布置的建筑群或大型建筑场地。

1. 主轴线测设

主轴线测设与建筑基线测设方法相似。首先,准备测设数据。然后,测设两条互相垂直的主轴线 AOB 和 COD,如图 12-5 所示。主轴线实质上是由 5 个主点 A、B、O、C 和 D 组成,最后,精确检测主轴线点的相对位置关系,并与设计值相比较,如果超限,则应进行调整。建筑方格网的主要技术要求见表 12-1。

建筑方格网技术要求　　　　　　　表 12-1

等 级	边长(m)	测角中误差(″)	边长相对中误差	测角检测限差(″)	边长检测线差
Ⅰ级	100~300	5	1/30000	10	1/15000
Ⅱ级	100~300	8	1/20000	16	1/10000

2. 方格网点测设

如图 12-5 所示,主轴线测设后,分别在主点 A、B 和 C、D 安置经纬仪,后视主点 O,向左右测设 90°水平角,即可交会出田字形方格网点。随后再做检核,测量相邻两点间的距离,看是否与设计值相等,测量其角度是否为 90°,误差均应在允许范围内,并埋设永久性标志。

建筑方格网的主轴线应临近主要建筑物,并与其主要轴线平行,因此,可用直线坐标进行建筑物的定位,计算简单,测设比较方便,而且精度较高。其缺点是必须按照总平面图布置,其点位易被破坏,而且测设工作量也较大。

由于建筑方格网的测设工作量大,测设精度要求高,因此可委托专业测量单位进行。

3. 方格网各交点的测设

主轴线测设好后,分别在各主点上安置经纬仪,均以 O 点为后视方向,向左、向右精确地测出 90°,即形成"田"字形方格网,然后在各交点上安置经纬仪,进行角度测量,看其是否为 90°,并测量各相邻点间的距离,看其是否等于设计边长,进行检核,其误差均应在允许范围内。最后在以基本方格网为基础,加密方格网中其余各点,完成第一级网场区控制网的布设。

场区控制网布设后,还需为每一个建筑物或厂房建立施工控制网的二级网厂房控制网。厂房控制网是厂房施工的基本控制,厂房骨架及其内部独立设备的关系尺寸,都是根据它放样到实地上的。建立厂房控制网时,必须先依据厂房控制网的尺寸在总平面图上设计网形和各主点,然后图解出厂房控制点的坐标,最后选用适当的平面位置测设方法将其放样到施工场地上,其所用设计网形一般有基线法和轴线法两种。

基线法是先根据场区控制网定出矩形网的一条边作为基线,如图12-6a)所示中的 S_1S_2 边,再在基线的两端测设直角,定出矩形的两条短边,并沿着各边测设距离,埋设距离指示桩,该网形布设简单,只适用于一般的中小型建筑物或小型厂房。

轴线法是先根据场区控制网定出厂房控制网的长轴线,由长轴线测设短轴线,再根据十字轴线测设出矩形的四边,并沿着矩形的四边测设距离,埋设距离指示桩如图12-6b)所示。该网形布设灵活,但测设工序多,适用于大型厂房或建筑物。

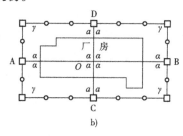

图12-6 矩形网角桩与距离指标桩
α-实测角;γ-矩形闭合角(非实测角)

四、施工高程控制

施工场地的高程施工控制网,其在点位分布和密度方面应完全满足施工时的需要。在施工期间,要求在建筑物旁边的不同高度上都必须布设临时水准点,其密度应保证放样时只设一个测站,便可将高程传递到建筑物的施工层面上。场地的水准点应布设在土质坚固、不受施工干扰且便于长期使用的地方。

高程控制网通常也分为两级布设,第一级网为布满整个施工场地的基本高程控制网,二级网为根据各施工阶段放样需布设的加密网,对其基本高程控制网的布设,中小型建筑物可按照四等水准测量要求进行;连续生产的厂房或下水管道等工程施工场地则采用三等施工测量,一般应布设附和路线或是闭合环线网,在施工场地应布设不少于3个基本高程水准点;加密网可用图根水准测量或四等水准测量要求进行布设,以满足建筑施工高程测设的要求,一般在施工场地上平面控制点均应联测在高程控制网中,同时兼做高程控制点使用。高程控制网可分首级网和加密网,相应的水准点成为基本水准点和施工水准点。

1. 基本水准点

基本水准点应布设在土质坚实,不受施工影响、无振动和便于实测,并埋设永久性标志。对于为连续性生产车间或地下管道测设所建立的基本水准点,需按三等水准测量的方法测定其高程。一般情况下,按四等水准测量的方法测定其高程。

2. 施工水准点

施工水准点是用来直接测设建筑物高程的。为了测设方便和减少误差,施工水准点应靠近建筑物。通常可以采用建筑物方格网的标志桩加设圆头钉作为施工水准点。为了放样方便,在每栋较大的建筑物附近,还要布设±0.000水准点(一般以低层建筑物的地坪高程为

±0.000),其位置多选在较稳定的建筑物墙、柱的侧面,用红油漆画成上顶为"▼"形,其顶端表示±0.000位置。

第二节 民用建筑施工测量

民用建筑一般指住宅、学校用房、办公楼、食堂、医院、水塔等建筑物。民用建筑物有单层、低层(2~3层)、多层(4~8层)和高层(9层以上),由于类型不同,其测设方法和精度要求也就不同,但放样过程基本相同,一般为建筑物定位、放线、基础工程施工测量、墙体工程施工测量等。在建筑场地完成了施工控制测量工作之后,就可按照施工的各个施工工序放样工作,将建筑物的位置、基础、墙、柱、门、窗、楼板、顶盖等基本结构顺次测设出来,并设置标志,作为施工的依据。建筑场地施工放样的主要过程如下:

(1)准备资料。如总平面图、基础图平面图、轴线平面图及建筑物的设计与说明等。
(2)熟悉资料。对图纸及资料进行识读,结合施工场地情况及施工组织设计方案制订施工测设方案,满足工程测量技术规范。如表12-2所示。
(3)现场放样。按照设计方案进行实地放样,检测及调整等。

建筑物施工放样的主要技术要求   表12-2

建筑物结构特征	测距相对中误差	测角中误差(")	测站高差中误差(mm)	施工水平面高程中误差(mm)	竖向传递轴线点中误差(mm)
钢结构、装配式混凝土结构、建筑物高度100~120m或跨度30~36m	1/20000	5	1	6	4
15层房屋、建筑物高度60~100m或跨度18~30m	1/10000	10	2	5	3
5~15层房屋、建筑物高度15~60m或跨度6~18m	1/5000	20	2.5	4	2.5
5层房屋、建筑物高度15m或跨度6m以下	1/3000	30	3	3	2
木结构、工业管线或公路铁路专线	1/2000	30	5		
土工竖向整平	1/1000	45	10		

一、民用建筑物施工前的一般工作

1.施工放样前的准备工作

通过建筑平面图,可查取建筑物的总尺寸及内部各定位轴线间的关系。如图12-7所示,为该拟建的建筑物底层平面图,从中可查的建筑物总长、宽度尺寸和内部各定位轴线尺寸,据此可得到建筑物细部放样的基础数据。

基础平面图给出了建筑物的整个平面尺寸及细部结构与各点位轴线之间的关系,以此可确定基础轴线放样的测设数据。图12-8为该建筑物的基础布置平面图。

基础剖面图给出了基础剖面的尺寸(边线至中轴线的距离)及其设计高程(基础与设计底层室内地坪±0.000的高差),从而可确定基础开挖边线的位置及基坑底面的高度位置,它是基础开挖与施工的依据,如图12-9所示。

图 12-7 建筑物基础平面图(尺寸单位:mm)

图 12-8 建筑物底层平面图(尺寸单位:mm)

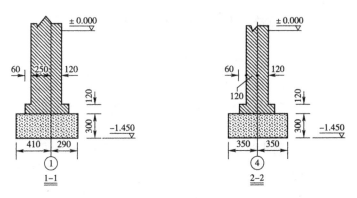

图 12-9 建筑物基础平面图(尺寸单位:mm)

另外,还可以通过其他各种立面图、剖面图、建筑物的结构图、设计基础图及土方开挖图等,查取地板、基础、楼梯、楼板等的设计高程,获得在施工建筑中所需的测设高程数据资料。

219

2. 实地现场踏勘

通过现场实踏勘测,主要是为了搞清施工现场的地物、地貌和测量控制点的分布情况,同时可调查与施工测设相关的一些问题,踏勘后,应对场地上的平面控制点、高程控制点进行校核,已获得正确的测设起始坐标数据和测站点位。

3. 制订测设方案

在熟悉建筑物的设计与说明的基础上,从施工组织设计中了解建筑物的施工进度计划,然后结合现场地形和施工控制网布置情况,编制详细的施工测量方案,在方案中依据建筑物施工放样的主要技术要求,确定出建筑定位及细部放线的精度标准。在图纸上拟建的建筑物,与其左侧的现有建筑物平齐,两者南墙面平行,相邻的两外墙皮间距为18.00m,故可编制出根据现有建筑物进行测设的放样方案。

4. 计算测设数据并绘制建筑物测设略图

依据设计图纸计算所编制的测设方案的对应测设数据,然后绘制测设略图,并将计算数据标入图中,从图12-9可知,拟建的建筑物的外墙面距定位轴线为0.250m,故拟建的建筑物的A-A轴距离现有的建筑物外墙的尺寸为18.250m,1-1轴距离测设的基线mn的间距为3.250m,按此数据进行实地测设方可满足施工后两建筑物南墙面平齐等的设计要求,如图12-10所示。

图12-10 建筑物测设略图(尺寸单位:mm)

二、民用建筑物定位与放样

1. 民用建筑物的定位

建筑物的定位方法,可根据施工现场情况和设计条件,通常采用以下几种方法。

(1)根据红线定位

建筑物或道路的规划红线点是城市规划部门所测设的城市规划用地与建设单位用地的界址线,新建建筑物的设计位置与红线的关系应得到城市规划部门的批准。因此,建筑物的设计位置应以规划红线为依据,这样在建筑物定位时,便可根据规划红线进行。

如图12-11所示,A、BC、MC、EC、D为城市规划道路红线点,其中$A—BC$、$EC—D$为直线段,BC为圆曲线起点,EC为圆曲线终点,IP为两直线段的交点,该交角为90°,M、N、P、Q为所设计的高层建筑的轴线的交点,规定MN轴应离红线$A—BC$为12m,且与红线平行;NP轴离红线$EC—D$为15m。

实地定位时,在红线上从IP点得N'点,再测设一点M'点,使其与N'的距离等于建筑物的设计长度MN,然后在这两点上安置经纬仪,用直角坐标法测设轴线交点M、N,使其与红线的距离等于12m;同时在各自的直角方向上依据建筑物的设计宽度测设Q、P点。最终,再对M、N、P、Q点进行校核调整,直至定位点在限差范围内。

（2）根据原有建筑物定位

在建筑区新建或扩建建筑物时，一般设计图上都给出新建筑物与附近原有建筑物或道路中心线的相互关系。

如图 12-12 所示，图中绘有斜线的是原有建筑物，没有斜线的是拟建建筑物。拟建的建筑物轴线 MN 在原有建筑物轴线 AB 的延长线上，可用延长直线法定位。其做法是先沿原建筑物 DA 与 CB 墙面向外量出 AA′ 及 BB′，并使 AA′ = BB′，在地面上定出 A′ 和 B′ 两点作为建筑基线。在安置经纬仪于 A′ 点，照准 B′ 点，然后沿视线方向，根据图纸上所给的 MB 和 MN 尺寸，从 B′ 点用钢尺量距依次定出 M′ 和 N′ 两点。在安置经纬仪于 M′ 和 N′ 测设 90°而定出 MP 和 NQ。

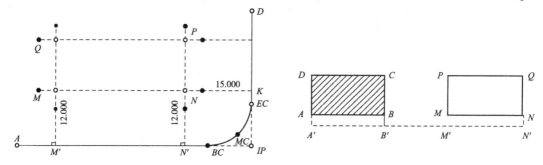

图 12-11　根据红线定位(尺寸单位:m)　　图 12-12　原有建筑物的定位

如图 10-13a) 所示，可用直角坐标法定位。先按上法做 AB 的平行线 A′B′，然后安置经纬仪于 A′ 点，作 A′B′ 的延长线，用钢尺量取 B′M 的距离，定出 M′ 点，再将经纬仪安置于 M′ 点上测设 90°角，丈量 MM′ 值定出 M 点，继续丈量 MN 值而定出 N 点。最后在 M 和 N 点安置经纬仪测设 90°，根据建筑物的宽度而定出 P 和 Q 点。

如图 10-13b) 所示，拟建建筑物 ABCD 与道路中心线平行，根据图示条件，主轴线的测设可用直角坐标法。测法是先用拉尺分中法找出道路中心线，然后用经纬仪作垂线，定出拟建建筑物的轴线 A′B′，其余点位定位同上述方法。

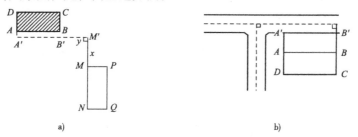

图 12-13　原有建筑物直角坐标法定位

2.民用建筑物的放线

建筑物的放线是指根据定位的主轴线桩（即角桩），详细测设其他各轴线交点的位置，并用木桩（桩顶钉小钉）标定出来，称为中心桩。并据此按基础宽和放坡宽用白灰线撒出基槽边界线。

由于施工开挖基槽时中心桩要被挖掉，因此，在基槽外各轴线延长线的两端应钉轴线控制桩，作为开槽后各阶段施工中恢复轴线的依据。控制桩一般定在槽外 2～4m 不受施工干扰并便于引测和保存桩位的地方。如附近有建筑物，亦可把轴线投测到建筑物上，用红油漆作出标志，以代替控制桩。

在一般民用建筑中,为了便于施工,常在基槽开挖之前将各轴线引测至槽外的水平板上,以作为挖槽后各阶段施工恢复轴线的依据。水平板称为龙门板,固定木板的木桩称为龙门桩,如图 12-14 所示。

图 12-14 轴线控制桩与龙门桩

设置龙门板的步骤如下:

(1)在建筑物四角和隔墙两端基槽开挖边线以外 1.5～2m 处(根据土质情况和挖槽深度确定)钉设龙门板,龙门桩要钉得竖直、牢固,木桩侧面与基槽平行。

(2)根据建筑场地的水准点,在每个龙门桩上测设 ±0.000m 高程线,在现场条件不许可时,也可测设比 ±0.000m 高或低一定数值的线。

(3)在龙门桩上测设同一高程线,钉设龙门板,这样,龙门板的顶面高程就在一个水平面上了。龙门板高程测定的容许误差一般为 ±5mm。

(4)根据轴线桩,用经纬仪将墙、柱的轴线投到龙门板顶面上,并钉上小钉标明,称为轴线投点,投点容许误差为 ±5mm。

(5)用钢尺沿龙门板顶面检查轴线钉的间距,经检验合格后,以轴线钉为准,将墙宽、基槽宽划在龙门板上,最后根据上口宽度拉线,用石灰撒出开挖边线。

三、建筑物基础工程施工测量

在一般民用建筑物施工中,由于其基础多为条形基础或扩大基础,所以当完成建筑物轴线的定位和放线后,便可按照基础平面图上的设计尺寸,利用龙门板上所标示的基槽宽度,在地面上洒出白灰线,由施工人员进行破土开挖。

开挖边线标定之后,就可进行基槽开挖。如果超挖基底,不得回填,因此,必须控制好基槽的开挖深度。为了控制基础的挖深,在基槽快要挖到基底设计高程时,应在槽壁上每隔 3～4m 及拐角处测设水平控制桩,使木桩的上顶面距槽底的设计高程为一常数(一般为 0.5m),如图 12-15 所示。沿着桩顶面拉线绳,即可作为清底和垫层高程控制的依据。

基础垫层打好后,在龙门板上的轴线钉之间拉上线绳,用锤球线将基础轴线投测在垫层上,如图 12-16 所示,并用墨线将基础轴线、边线和洞口线在垫层上弹出来,作为基础施工的依据。也可在轴线控制桩上安置经纬仪来投测基础轴线。

图 12-15 水平桩的测设(尺寸单位:m)

基础的高程是用基础皮数杆控制的。基础皮数杆是一根木制的杆子,如图12-17所示,在杆子事先按照设计尺寸,将砖、灰缝厚度画出线条,并标明±0.000m和防潮层等的高程位置。立皮数杆时,可先在立杆处打一木桩,用水准仪在木桩侧面定出一条高于垫层高程某一数值(如10cm)的水平线,然后将皮数杆高度与其相同的一条线与木桩上的水平线对齐,并用大铁钉把皮数杆与木桩钉在一起,作为基础墙的高程依据。

图12-16 基础轴线的投测

1-龙门板;2-细线;3-垫层;4-基础边线;5-墙中线

图12-17 皮数杆

1-防潮层;2-皮数杆;3-垫层;4-大放脚

基础施工结束后,应检查基础面的高程是否符合设计要求。可用水准仪测出基础面上若干点的高程与设计高程进行比较,允许误差为±10mm。

四、建筑物墙体施工测量

民用建筑物墙体施工中,主要是墙体的定位和墙体各部位的高程控制。

1. 墙体定位

在基础施工结束,对轴线控制桩进行检查复核,若无误后,可利用轴线控制桩将轴线投测到基础或防潮部位的侧面,并用红三角"▼"标志,如图12-18所示,以此确定上部砌体的轴线位置,施工人员就可以进行墙体施工。

2. 墙体皮数杆的设置

民用建筑墙体施工中,墙身上各部位的高程通常用皮数杆来控制和传递。

皮数杆是根据建筑物剖面图画有每皮砖和灰缝的厚度,并

图12-18 基础侧面的标志

标有墙体上窗台、门窗洞口、过梁、雨篷、楼板等构件高度位置的专用杆,如图12-19所示,在墙体施工中,使用皮数杆可以控制墙身各部件的准确度高位置,并保证每皮砖灰缝厚度均匀,每皮砖都处在同一水平面上。

皮数杆一般厚立在建筑物转角和隔墙处,立皮数杆时,先在地面上打一木桩,用水准仪测出±0.000m高程位置,并画一横线作为标志,然后把皮数杆上的±0.000m线与木桩上±0.000m对齐,钉牢。皮数杆钉好后要用水准仪进行检测,并用锤球来校正皮数杆的竖直。

3. 墙体各部位高程控制

当墙体砌筑到1.2m时,可用水准仪测出高出室内地坪面的+0.500m的高程线与墙体

图 12-19 皮数杆的设置

上,以此高程线主要用于控制层高,并作为设置门、窗过梁高度的依据,同时也是为后期做工时高程的依据,在楼板施工时,还应在墙体上测设出楼板板底高程低 10m 的高程线,以此作为现浇楼板板面平整及楼板板底抹面施工的依据,同时在抹好层面的墙体上弹出墙的中心线及楼板安装的位置线,以作为楼板吊装的依据。

内墙面的垂直度一般用拖线板检测,将拖线板的侧面紧靠墙面,观察板的垂线是否与板的墨线一致,且每层的偏差不超过 5mm,同时应该用钢角尺检测墙的阴角是否为 90°阳角与阴角线是否为一直线或垂直角一般也用拖线板检测。

4. 轴线投测

按规范规定,在多层建筑施工测量中,一般应每施工 2~3 层后用经纬仪投测轴线。为了保证施工质量,必须重点控制建筑物的竖向偏差,也就是说,竖向误差不应超过 5mm,全楼的累积误差不应超过 20mm。

建筑物轴线的投测,一般可应用经纬仪进行,施测时将经纬仪安置在建筑物附近设立的轴线控制桩上进行竖向投测,称为经纬仪引桩投测法,也称经纬仪竖向投测法。

在建筑物平面定位之后,一般在地面标出建筑物的各轴线,并根据建筑物的施工高度和施工现场情况,在距建筑物尽可能远的地方,引测轴线控制桩,用于后期的轴线引测,当基础工程完工后,便可利用轴线控制桩将各轴线精确的投测在建筑物基础底部,并做标记标定各投测点,然后,随着建筑物施工高度的逐层升高,并可利用经纬仪逐层引测轴线。

如图 12-20a)所示,CC' 和 $33'$ 为某建筑物的中心轴线,C、C' 和 3、$3'$ 点为该两轴线在地面上引测的轴线控制桩,在基础工程施工完后,将经纬仪安置在控制桩 C 上,照准控制桩 C' 点,用盘左盘右的基础底部进行投测,并取其投测点的中点 b 作为向上引测的标记点,并标记于建筑物的基础侧面;同法得到 a 和 a' 标志点,同时将轴线恢复的基础面层上,施工人员依据基础轴线进行楼层施工,当施工完第一层后,由于砌筑的墙体影响了轴线控制桩之间的相互透视,因而用经纬仪进行轴线引测时,必须依据基础侧面投测的标记将轴线与基础底部投测到各楼层面上,具体投测过程为:将经纬仪分别安置在 CC' 和 $33'$ 轴的各控制桩点上,照准基础底部侧面的标记 b、b'、a、a',用盘左、盘右的两个盘位向上投测到楼层楼板上并取其中点作为该层中心轴线的投影点,如图中的 b_1b'、a_1a'、bb' 和 aa' 的两线的交点 O' 即为该层轴线点的投影中心。随着建筑物的逐层增高,便可将轴线点逐层向上引测。

当楼层逐渐增高,而建筑控制桩距离建筑物又较近时,望远镜的仰角将较大,这样操作极不方便,同时投测精度也将随仰角的增大而降低。为此,应将原定位轴线控制桩引测到距离建筑物更远的安全地方,或者附近大楼的屋顶上。具体的操作为:将经纬仪安置与某楼层以投测好的中心轴线的交点处,照准原有的轴线控制桩 C、C'、3 和 $3'$ 点,将轴线重新引测到远处或附近大楼的屋顶上,如图 12-20b)中的 C'' 和 C_1' 即为新的 CC' 轴的控制桩点,更高的各层中心轴线的引测,可将经纬仪安置在新的引桩上,按以上相同的操作继续进行,如图中 b_{30} 和 b'_{30} 点便是该建筑物第 30 层上 CC' 轴引测的中心投影点同法可以引测到 $33'$ 轴的中心投影点 b_{30} 和 b'_{30},两引测轴线的交点即为该层的轴线投测中心。

投测时,经纬仪一定要经过严格校验才能使用,为了减小外界条件的不利影响,投测工作应在阴天且无风天气进行。

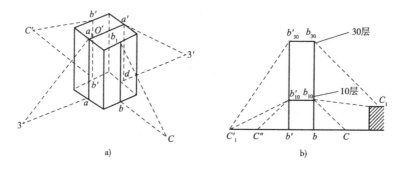

图 12-20 轴线投测

五、高层建筑物施工测量

1. 高层建筑物的特点

由于高层建筑的建筑物层数多、高度高、建筑结构复杂、设备和装修标准高,特别是高速电梯的安装要求最高,因此,在施工过程中对建筑物各部位的水平位置、垂直度及轴线位置尺寸、高程等的测精度的要求都十分严格。总体的建筑限差有较严格的规定,因而对质量检测的允许偏差也有严格要求。高层建筑物的施工测量,须将建筑物首层轴线准确地逐层向上投测,供各层细部控制放线;需将首层高程逐层向上传递,以便使楼板、窗户、梁等的高程符合设计要求。

高层建筑的施工用多种方法,但目前多采用如下两种:一种是滑模施工,即分层滑升逐层现浇楼板的方法;另一种是预制构件装配式施工。国家建筑施工规范中对高层建筑结构的施工质量标准有明确规定,见表 12-3。高层建筑施工测量主要包括基础施工测量,高楼墙体、柱列、楼板施工测量和幕墙施工测量三项,现就其基本测量工作作一介绍。

高层建筑结构施工的限差要求　　　　表 12-3

高层施工种类	竖向偏差限值		高程偏差限值	
	各层(mm)	总累计(mm)	各层(mm)	总累计(mm)
滑模施工	5	$H/1000$(最大 50)	10	50
装配式施工	5	20	5	30

另外,由于高层建筑施工的工程最大,且多设地下工程,同时一般多是分期施工,工期长,施工现场变化大,因而,为保证工程的整体性和局部性施工的精密要求,进行高程建筑施工测量之前,必须谨慎地制定测设方案,选用适当的仪器,并拟出各种控制和检测的措施以确保放样精度。

2. 高层建筑施工测量的施工步骤

在高层建筑施工过程中有大量的施工测量工作,为了达到指导施工的目的,施工测量应紧密配合施工,具体步骤如下:

(1)施工控制网的布设

高层建筑必须建立施工控制网。其平面控制一般布设建筑方格网较为实用,且使用方便,精度可以保证,自检也方便。建立建筑方格网,必须从整个施工过程考虑,打桩、挖土、浇筑基础垫层及其他施工工序的轴线测设要均能应用所布设的施工控制网。由于打桩、挖土对施工控制网的影响较大，除了经常进行控制网点的复测校核之外，最好随着施工的进行，将控制网延伸到施工影响区之外。而且，必须及时的伴随着施工将控制轴线投测到相应的建筑面层上，这样便可根据投测的控制轴线，进行柱列轴线等细部放样，以备绑扎钢筋、立模板和浇筑混凝土之用。为了将设计的高层建筑测设到实地，同时简化设计点位的坐标计算和在现场便于建筑物细部放样，该控制网的轴系应严格平行于建筑物的主轴线或道路的中心线。施工方格网的布设必须与建筑总平面相配合，以便在施工过程中能够保存最多数量的方格控制点。

建筑方格网的实施，与一般建筑场地上所建立的控制网实施过程一样，首先在建筑总平面图上设计，然后依据高等级测图点用极坐标法或是直角坐标法测设在实地，最后进行校核调整，保证精度在允许的先插范围之内。

在高层建筑施工中，高程测设在整个施工测量工作所占比例很大，同时也是施工测量中的重要一部分，能正确的在施工现场中布置水准高程控制点，能在很大的程度上使立面和建筑物的施工顺利进行，施工现场的高程控制点必须以精度的数据来保证施工的质量要求。

一般的建筑物施工场地上的高程控制网用三四等水准测量的方法进行实施，以保证高程控制点的密度，满足工程建筑的需要，所建网形一般为符合水准路线或者闭合水准路线。

(2)高层建筑物的轴线投测

当完成建筑物的基础施工后，为保证后期各层的建筑物其相应轴线位于同一平面内，应进行建筑物各轴线的投测工作。因此采用流水作业法施工，在第一层柱子施工好后，马上进行围护墙的砌筑，这样原有的轴线控制标桩与基础之间的通视横块就被阻断，因而，为了轴线的投测需要，必须在基础面上直接标定出各轴线标志。

当在建筑物比较密集的建筑区，施工场地狭小，无法在建筑物以外的轴线上安置仪器时，多采用内控法，施测试必须先在建筑物基础面上测设室内轴线控制点，然后用垂准线原理将各轴线点向建筑物上部各层进行投测，作为各层轴线测设的依据。

首先在基础平面上，测设的建筑物轴线控制桩测设主轴线，然后选择适当位置测设处于建筑物主轴线平行的辅助轴线，并建立室内辅助轴线的控制点，室内轴线控制点的布置根据建筑物的平面形状而定。对一般平面形状不复杂的建筑物，可布设成"L"形或矩形，内控点应设在角点的柱子附近，各控点连线与柱子设计轴线平行，间距为 0.5~0.8m，且应选择在能保持不受梁等构件的影响和不受柱子等影响的位置。内控点的测设，应在基础工程完成后进行，先根据建筑物施工控制点，检测建筑物轴线控制桩的桩位，看其是否移位变动，若无变化，依据轴线控制桩点，将轴线内控桩点测设到基础平面上，并埋设标志。为保证投测精度，一般用专用的施工测量仪器激光铅垂仪进行投测。

3. 轴线控制的测设方法

激光铅垂仪是一种专用的铅直定位仪器，适用于高烟筒、高塔等高层建筑的铅直定位测量。图 12-21a)是激光铅垂仪的示意图。仪器的竖轴是一个空心筒轴，两端有螺扣连接望远镜的套筒，将激光器安在筒轴的下端，望远镜安在上端，构成向上发射的激光铅垂仪；也可以反向安装，成为向下发射的激光铅垂仪。使用时将仪器对中、整平后，接通激光电源，启动激光器，便可以铅直发射激光束。

为了把建筑物的平面定位轴线投测到各层上去，每条轴线至少需要两个投测点。投测点距轴线以 500~800mm 为宜，其平面布置如图 12-21b)所示。为了使激光束能从底层投测到各层楼板上，在每层楼板的投测点处，需要预留孔洞，洞口大小一般在 300mm × 300mm 左右。

有时,仅预留两个投点孔,用铅垂仪或钢丝垂线将两轴线交点投影到上层楼上,再用经纬仪或全站仪标设施工层的其他轴线。

图 12-21 激光铅垂仪示意图与投测轴线
1-氦氖激光器;2-竖轴;3-发射望远镜;4-水准管;5-基座

4. 高层建筑物的高程传递

高层建筑施工中,要由下层楼面向上层传递高程,以使上层楼板、门窗。室内装修等工程的高程设计要求,楼面高程误差不超过 ±10mm,传递高程的方法有以下几种:

(1) 皮数杆法

在皮数杆上至 ±0.000 高程线起,门窗、楼板、过梁等构件的高程都已标明,一层楼砌筑好后,则可从一层皮数杆起一层一层往上接,就可以把高程传递到各楼层,在接杆时要注意检查下层杆位置是否正确。

(2) 吊钢尺法

根据高层建筑物的具体情况在楼梯间或电梯井悬吊钢尺,不过此时需用钢尺代替水准仪作为读数依据,从首层高程逐层向上传递。传递的步骤如下:

如图 12-22 所示,由地面已知高程点 A,向建筑物楼面 B 传递高程,先从楼梯间悬挂一支钢尺,钢尺下端悬一重锤,观测时,为了使钢尺稳定,可将重锤浸于一盛满油的容器中,然后在地面及楼板上个安置一台水准仪,按水准测量的方法同时读取 a_1、b_1 和 a_2 读数,则可计算出楼面 B 上设计高程为 H_b 的测设数据 $b_2 = H_a + a_1 - b_1 + a_2 - H_b$,据此可采用测设已知高程的测设方法放样出楼面 B 的高程位置。

(3) 钢尺竖直测量法

在高程精度要求较高时,可用钢尺沿墙面或柱面竖直向上竖直测量,把高程传递过去,然后根据下面传递上来的高程立皮数杆,作为该层墙身砌筑和安装门窗、过梁及室内装修、地坪抹灰时控制高程时的依据,将首层高程逐层向上传递。

(4) 全站仪天顶测距法

利用高层建筑物的电梯井或垂直孔等竖直通道,在首层架设全站仪,将望远镜指向天顶,在各层的竖直通道上安置反射棱镜,即可测得全站仪至反射棱镜

图 12-22 水准仪高程传递法

的高差,从而将首层高程传递至各层。

5. 幕墙施工测量

高层建筑的幕墙是作为建筑物外部的保护层与装饰品,其施工特点是按设计尺寸在工厂加工、现场定位与装配,是属于精密金属结构的施工测量,精度要求远远高于土建结构施工要求。但是幕墙结构必须附着于土建结构之上。附着的方法为:预埋铁板作为一级附着;安装或焊接铁基座(铁马)为二级附着,它可以作三维的位置调整;铝合金的主柱和横梁作为三级附着。然后安装显框或隐框玻璃。

幕墙施工测量一般应按幕墙施工控制测量、土建结构竣工测量、幕墙施工放线测量的程序进行,现分别作一介绍。

(1) 幕墙施工控制测量

从控制到细部是测量工作的原则。幕墙施工测量属于精密工程测量(要求毫米级精度),尤其应遵循这一原则。控制网的起算数据(其始点的坐标与起始方向角)必须与原有上述施工控制网相一致,以取得幕墙结构与土建结构的最佳吻合。但是除了起始数据以外,必须建立自己的控制网系统与数据。对于较复杂的高层建筑物,平面控制网一般要在大楼外围布设高精度的三角网,测定控制点的平面与高程中误差均为 $\pm 3mm$。而一般高层建筑(立柱体的主楼,加面积较大的裙房),则布设矩形或十字形控制网较为合适。

高程控制可利用垂直通道,用同轴发射红外光的全站仪向天顶进行测距(用直角目镜是观测),反光棱镜安放于对中铁板上。这是一种利用全站仪的性能、快速精确地测定各层高差的方法,高程误差一般不大于 $\pm 2mm$。

(2) 土建结构竣工测量

由于幕墙的金属结构必须附着于土建结构之上,幕墙结构与土建结构的连接基座调节范围是有限的,因此土建结构的施工误差为幕墙设计者所关心。根据各层的高程控制点可以测定预埋螺栓、预埋铁板等的中心位置,了解施工误差情况,如果发现施工误差超限,可以预先采取措施,以保证幕墙结构安装的精度。

(3) 幕墙施工的放线测量

在幕墙控制网的基础上,需要加密一些控制点线,放样出幕墙的每个连接构件的三维位置,用弹墨线的办法在实地标明。在墙面竖直方向拉紧钢丝,作为安装立柱的控制。施工放线是幕墙施工测量的最后一道工序,是一项细致而必须保证精度的工作,一般用极坐标法、距离交会法放样,并且必须有充分的检核。

第三节 工业建筑施工测量

工业建筑主要指工业企业的生产性建筑,如厂房、仓库、运输设备、动力设备等,其主体是生产厂房。一般厂房多是金属结构及装配式钢精混凝土结构单层厂房。其施工测量精度明显高于民用建筑,故其定位一般是根据现场建筑方格网,其放样的工作内容与民用建筑大致相似,主要包括厂房矩形控制网的放样、厂房控制网的测设、厂房外轮廓线的线轴、厂房基础施工测量、工业厂房预制构件安装测量。

一、厂房矩形控制网的放样

工业建筑同民用建筑一样在施工测量之前,首先是必须做好设计前的准备工作,通过对设计图纸的熟悉,以及对施工场地的现场踏勘,便可按照施工进度计划,制定出详细的测设方案。厂房矩形控制网是为厂房放样布设的专用平面控制网,布设时应使矩形网的轴线平行于厂房的外墙轴线(两条中轴线的间距一般取 4～6m),并根据厂房外墙轴线交点的施工坐标和两种轴线的间距,给出矩形网角点的施工坐标。

对于一般中、小型工业厂房,在其基础的开挖线以外约 4m 左右,测设一个与厂房轴线平行的矩形控制网,即可满足放样的需要。对于大型厂房或设备基础复杂的厂房,为了使厂房各部分精度一样,须先测设好控制网的轴线,然后根据主轴线测设矩形控制网。对于小型厂房,也可采用民用建筑定位的方法进行控制。

如图 12-23a)所示。放样时,根据矩形网角点的施工坐标和地面建筑方格网,利用直角坐标法即可将矩形网的 4 个角点在地面上直接标定出来。对于大型或设备基础复杂的厂房,可选用其相互垂直的两条轴线作为主轴线,用测设建筑方格网主要轴线同样的方法将其测设出来,然后再根据这两条主要轴线测设矩形控制网的 4 个角点,如图 12-23b)所示。

图 12-23 厂房矩形控制图测设

二、厂房矩形控制网的测设

厂房与一般的民用建筑相比,它的柱子多、轴线多且施工精度要求高,因而对于每栋厂房还应在建筑方格网的基础上,在建立满主厂房特殊精度要求的厂房矩形控制网,作为厂房施工的基本控制网,如图 12-24 所示描述了建筑方格网、厂房矩形控制网以及厂房车间的相互位置关系。

单一厂房控制网的建设,对于中小型厂房而言,一般直接设计建立一个由四边围成的矩形控制网即可满足后期测设要求。对于大型或设备基础复杂的厂房,由于施测精度要求较高,为了保证后期测设的精度,其矩形厂房控制网的建立一般分为多步进行。厂房矩形控制网是依据已有建筑方格网按直角坐标法来建立的,其边长误差小于 1/10000,各角度误差小于 ±10″。

图 12-24 厂房矩形控制网

在旧厂房进行改建或扩建前,最好能找到原有厂房施工时的控制点,作为扩建与改建时进行控制测量的依据;但原有控制点必须与已有的吊车轨道及主要设备中心线联测,将实测结果提交设计部门。

若原厂房控制点已不存在,应按下列不同情况,恢复厂房控制网。

①厂房内有吊车轨道时,应以原有吊车轨道的中心线为依据。

②扩建与改建的厂房内的主要设备与原有设备有联动或衔接关系时,应以原有设备中心

线为依据。

③厂房内无重要设备及吊车轨道,以原有厂房柱子中心线为依据。

三、厂房外轮廓线的线轴和桩基测设

厂房矩形控制网建立后,再根据各柱列轴线间的距离在矩形边上用钢尺定出柱列轴线的位置,并设置轴线控制桩且在桩顶设置小钉,作为厂房轴线及柱基放样和厂房构件安装的依据。如图12-25所示,并做好标志。A、C、1、6点即为外轮廓轴线端点;B、2、3、4、5点即为柱列轴线端点。然后再两台经纬仪分别安置于外轮廓轴线端点(如A、1点)上,分别后视对应端点(A、1点)即可交会出厂房的外轮廓轴线角桩点E、F、G、H,柱列轴线桩确定之后,在两条相互垂直的轴线上各安置一部经纬仪,沿轴线方向交会柱基。然后在柱基基坑外的两条轴线上打入4个定位小桩,作为修坑和竖立模板依据。柱基基坑施工放样如图12-26所示。

图12-25 柱基详图及柱基定位桩

图12-26 柱基放样

四、厂房基础施工测量

厂房矩形控制网建立之后,根据控制桩和距离指示桩,用钢尺沿控制网边线逐段丈量出各柱列轴线端的位置,并设置轴线控制桩,作为柱基放样的依据。

1. 柱基的定位与放线

用定外轮廓轴线角桩点相同的方法,依据轴线控制桩交会出各柱列轴线上柱基的中心位置,均用4个定位小木桩和小钉标志,然后在离柱基开挖边线$0.5 \sim 1.0$m处的轴线方向上定出4个柱基定位桩,并钉上小钉标示柱子轴线的中心线,供修坑立模之用,如图12-27所示,定位小木桩应设在开挖边线外比基坑深度大1.5倍的地方。柱基定位后用特制的角尺放出基坑开挖边线,并撒上灰线,用灰线把基坑开挖边线的实地位置标出,此项工作为柱列基线的放线。

2. 基坑抄平

当基坑开挖到一定深度,快要挖到柱基设计高程时,应在基坑的四壁或者坑底边沿打入小木桩,如图12-28所示,并用水准仪在木桩上引测同一高程的高程,以便根据标点拉线修整坑底和打垫层,并标出高程的容许误差为± 5mm。

3. 立模定位

基础垫层打好后,在基础定位小木桩间拉线绳,用垂球把柱列轴线投测到垫层上弹一

墨线,立模板时其模板上口还可由坑边定位桩直接拉线,用吊垂球的方法检查模板的位置是否正确竖直。然后用水准仪在模板的内壁引测基础面的设计高程,并画线标明,作为浇筑混凝土的依据。支模时还应使杯底的实际高程比其设计值低5m,以便吊装柱子时易于找平。

图 12-27 柱基定位与放线(尺寸单位:cm;高程单位:m)　　图 12-28 基坑抄平(尺寸单位:cm)

4. 设备基础施工测量

设备基础施工方法一般有两种:一种是厂房柱子基础和厂房部分建成后才进行设备基础施工。若采用此施工方法,测设前,必须将厂房外面的控制网在砌筑砖墙之前,引入厂房内部,布设一个内部控制网,作为设备基础施工和设备安装放线的依据。另一种是厂房柱基与设备基础同时施工,施工后不需要建立内部控制网,一般是将设备基础主要中心线的端点测设在厂房矩形控制网上,然后在设备基础支立模板或埋设地脚螺栓时,局部架设木线板或钢线板,用以测设螺栓组中心线。

中小型设备基础内控制网的设置,其内控制网的标点一般采用在柱子上预埋标板。大型设备基础内部控制网的设置,由于大型连续生产设备基础中心线及地脚螺栓组中心线很多,为便于施工放线,可将槽钢水平焊接在厂房钢柱上,然后根据厂房矩形控制网。将设备基础主要中心线的端点投测于槽钢上,以建立内部控制网。

最后进行设备基础中心线标板的埋设于投点工作,它是设备安装或砌筑时确定中心线的重要依据。标板埋设位置务必正确,且应牢固,一般按以下规定进行埋设:

①联动设备基础的生产轴线,应埋设必要数量的中心线标板。
②重要设备基础的主要纵、横中心线上应埋设中心线标板。

利用经纬仪采用正倒镜法,将仪器安置在厂房矩形控制网边线上的中线端点,在埋设好的标板上进行中线投点;或者将仪器安置于厂房矩形控制网边线上的中线端点桩上,照准中线上的对应端点,在标板上完成中线投点工作。

五、工业厂房预制构件安装测量

装配式单层厂房主要由柱子、梁、吊车轨道、屋架、天窗和屋面板等主要构件组成。在安装这些构件时,必须使用测量仪器进行严格检测、校正,才能正确安装到位。表12-4为安装测量容许误差。

一般工业厂房都采用预制构件在现场安装的方法进行施工。为了配合施工人员做好施工,一般都要进行以下测设工作。

厂房预制构件安装测量容许误差　　　　　　　　　　　表12-4

项　　目			容许误差(mm)
杯形基础	中心线对轴线的偏移		10
	杯底安装高程		+0,-10
柱	中心线对轴线偏移		5
	上、下柱接口中心线偏移		3
	垂直度	≤5m	5
		>5m	10
		≥10m 多节柱	1/1000 柱高,且不大于 20
	牛腿面和柱高	≤5m	+0,-5
		>5m	+0,-8
梁或吊车梁	中心线对轴线偏移		5
	梁上表面高程		+0,-5

1. 柱子的安装测量

(1) 柱子安装测量的精度要求

①柱子的中心线与柱列轴线之间的平面尺寸容许偏差为 ±5mm。

②柱的垂直度容许偏差为柱高的 1/1000,且不超过 20mm。

(2) 柱子安装前的准备工作

①对基础中心线及其间距,基础顶面和杯底高程进行复核,符合设计要求后,才可以进行安装工作。

②柱子安装前,首先将柱子按轴线编号,向下用钢尺量出柱子的尺寸是否符合图纸的要求并画上"▲"号的标志,以便校正时使用。

③在柱子的三面弹出柱子的中心线,并在中心线画上、中、下三点水平标记,并量出各标记间的距离。

④在杯形基础上,由柱列轴线控制桩用经纬仪把柱列轴线投测到杯口顶面上,并弹出墨线,用油漆画上标志,作为柱子吊装时确定轴线的依据。当柱子中心线不通过柱列轴线时,还应在杯形基础顶面四周弹出柱子中心线,并画上标志,用以检查杯底高程是否符合要求,然后用砂浆水或细石混凝土抹平,使牛腿面符合设计高程。如图 12-29 所示。

(3) 柱子安装时的轴线测量

柱子在安装时可在基础上定出柱列轴线。测设方法为:首先用钢尺在矩形格网各边上每隔柱子的设计间距(或其整数倍,如 12m、24m、48m 等)钉出距离指标桩,然后根据距离指标桩按柱子间距或跨距定出柱列轴线桩(或称轴线控制桩),在桩顶钉上小钉,标明柱列轴线序号,作为基坑放样的依据,如图 12-30 所示,A、B、C…和①、②、③…轴线均为柱列轴线。

2. 吊车梁的安装测量

吊车梁的安装测量的工作是使安置在柱子牛腿上的吊车梁的平面位置、顶面高程及梁端面中心线的垂直度均符合设计要求。

(1) 吊车梁安装时的中线测设

根据厂房矩形控制网或柱中心轴线端点,在地面上定出中心线控制桩,然后用经纬仪将吊车梁中心线投测在每根柱子牛腿上,并弹以墨线,投点误差为 ±3mm。吊装时使梁中心线与牛腿上中心线对齐。

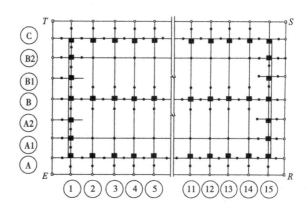

图 12-29 投测柱列轴线示意图　　图 12-30 工业厂房柱列轴线测量

(2) 吊车梁安装时的高程测设

吊车梁顶面高程,应符合设计要求。根据高程线,沿柱子侧面向上量取一段距离,在柱身上定出牛腿面的设计高程点,作为修平牛腿面及加垫板的依据。同时在柱子的上端比梁顶面高 5～10cm 处测设一高程点,据此修平梁顶面,梁顶面置平之后,应安置水准仪与吊车梁上,以柱子牛腿上测设的高程为点依据,检测其高程是否符合设计要求,其容许误差不应超过 ±3～±5mm。

(3) 吊车梁的安装应满足下列要求

梁顶高程与设计高程一致,梁的上下中线应和吊车轨道的设计中心线在同一竖直面内。具体做法如下:

①牛腿面抄平。用水准仪根据水准点检查柱子高程,如果检测误差不超过 ±5mm,则原高程不变;如果误差超过 ±5mm,则重新测设高程位置,并以此结果作为修正牛腿面的依据。

②吊车梁的中心线投点。根据控制桩或杯口柱列中心线,按设计数据在地面上测出吊车梁的中心线点,钉木桩标志。然后安置经纬仪于一端后视另一端,抬高望远镜将吊车梁中心线投到每个牛腿面上,如果与柱子吊装前所画的中心线不一致,则以新投的中心线作为定位的依据。

③吊车梁的安装。在吊车梁安装前,已在梁的两端以及梁面上弹出梁中心线的位置。因此,使梁中心线和牛腿面上的中心线对齐即可。

3. 吊车轨道的安装测量

进行吊车轨道安装,其测设工作主要是进行轨道中心线和轨道高程的测量,使其符合设计要求。

(1) 投测柱列轴线

根据轴线控制桩用经纬仪将柱列轴线投测到杯形基础顶面作为定位轴线,并在杯口顶面上弹出杯口中心线作为定位轴线的标志,如图 12-31 所示。

(2) 在吊车梁上测设轨道中心线

①用平行线法测定轨道中心线。吊车梁在牛腿上安装好后,第一次投在牛腿上中心线已被吊车梁所掩盖,所以在梁面上须投测轨道中心线,以便安装吊车轨道。如图 12-32 所示。

②根据吊车梁两端投测的中线点测定轨道中心线,并且根据地面

图 12-31 投测柱列轴线

上柱子中心线控制点或者厂房矩形控制网点,测设出吊车梁中心线点。然后根据此点用经纬仪在厂房两端的吊车梁面各投一点,两条吊车梁共投4点,其投点容许误差为±2mm。在用钢尺丈量两端所投中线点的跨距,看其是否符合设计要求,如果超过了±5mm,则以实测长度为准予以调整。将仪器安置于吊车梁一端中线点上,照准另一端点,在梁面上进行中线投点加密,一般每隔18～24m加密一点。若梁面过窄,则不能安置三脚架,应采用特殊仪器架来安置仪器。

图12-32 吊车轨道安装测量

轨道中心线最好在屋面安装后测设,否则当屋面安装完测设后,应重新检查中心线。在测设吊车梁中心线时,应将其方向引测在墙上或屋架上。

(3)吊车轨道安装时的高程测设

吊车轨道中心线安装就位后,可将水准仪安置在吊车梁上,水准尺直接放在轨道顶上进行检测,每隔3m测一点高程,与设计高程相比较,误差应在±3mm以内。最后还要用钢尺检查两吊车轨道间跨距,与设计跨距相比较,误差不得超过±5mm。

在吊车轨道面上投测好中线点后,应根据中线点弹出墨线,以便安装轨道垫板。检查时,现在柱子侧面测设出一条±50cm的高程线,用钢尺自高程线起沿柱身向上量至吊车梁顶面,求得高程误差,梁面垫板高程测设时的容许误差为±2mm。高程和垂直度都存在误差,可用梁底支座处加以垫铁纠正。测设出的垫板高程,使其符合设计要求,以便安装轨道。

(4)吊车轨道的校核

在吊车梁安装吊车轨道以后,必须对轨道中心线进行检查和验证,以校核其是否成一直线;还应进行轨道跨距及轨顶高程的测量,看其是否符合设计要求,记录检查结果,以此作为竣工验收时的资料,轨道安装竣工检验校核测量容许误差应满足以下各检查要求:

①轨道中心线检查。安置经纬仪与吊车梁上,照准预先在墙上或屋架上引测的中心线两端点。将仪器中心移到轨道的中心点上,检查轨道的中心点是否在一条直线上,若超过时,应及时调整,使其达到要求为止,其容许误差为±2mm。

②跨距检查。在两条轨道对称点上,用钢尺精密丈量其跨距尺寸,测值与设计值相差不超过±3～±5mm,否则应予以调整。当安装调整后,必须保证轨道安装中心线与吊车实际中心线偏差小于±10mm。

③轨顶高程检查。吊车轨道安装后,必须根据柱子上端测设的水准点检查轨顶高程,其检测时必须在两轨接触之地测设一点,其容许误差为±2mm。

4.屋架安装测量

屋架吊装前,用经纬仪或其他方法在柱顶面上放出屋架定位轴线,并应弹出屋架两端的中心线,以作为屋架定位的依据。屋架吊装就位时,应使屋架的中心线与柱顶上的定位线对准,其允许误差为±5mm。

在厂房矩形控制网边上的轴线控制桩上安装经纬仪,找准柱子上的中心线,然后用望远镜来观察屋架上的中心线是否在同一竖直面内,以此校正。若观测有困难时,可在屋架上安装3

把卡尺,一把安装在屋架上旋中点附近,另外两把安置在屋架的两端,然后在地面上距屋架中心线为1m处安置经纬仪,观测3把尺子的1m刻画是否都在仪器的竖丝上,以此判断屋架的垂直度。若屋架竖直向偏差较大时,可用机具校正,最后将屋架固定。如图12-33所示。

5. 烟囱、水塔施工测量

烟囱和水塔的形式不一样,但都有一个共性,其特点基础小,主体高,其对称轴通过基础圆心的铅垂线,在施工过程中的主要目的是要严格控制它们的中心位置,确保主体竖直,烟囱的施工测量与水塔的施工测量相近,现以烟囱为例加以说明。

(1) 中心定位测量

在烟囱基础施工测量中,按照设计要求,利用与已有控制点或建筑物的尺寸关系,进行基础定位,如图12-34所示,利用场地已有的测图控制网、建筑方格网和原有建筑物,采用极坐标法和直角坐标法,先在地面上测设出基础中心点O。然后将经纬仪安置在O点,测设出的O点正交的两条定位轴线AB和CD,其方向的选择以便于观测和保存点位为准则,轴线的每一侧至少应设置两个轴线控制桩,用以施工过程中投测筒身的中心线位置,桩点至中心点O的距离不小于烟囱的1.5倍为宜。也可多设计几个轴线控制桩,控制桩应牢固耐久,并妥善保护,以便长期使用。

图12-33 屋架安装测量示意图(尺寸单位:mm)

1-卡尺;2-经纬仪;3-定位轴线;4-屋架;5-柱;6-吊木架;7-基础

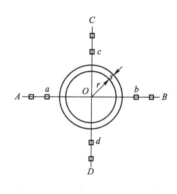

图12-34 中心定位测量示意图

(2) 基础施工放样

当基础开挖到一定深度时,应在坑壁上放样整分米水准桩,控制开挖深度。当开挖到基地时,向基地投测中心点,检查基底大小是否符合设计要求。浇筑混凝土基础时,在中心面上埋设铁桩,然后利用轴线控制桩用经纬仪将中心点投测到铁桩顶面上,然后用钢锯锯刻"+"字形中性标记,作为施工时控制垂直度和半径的依据。

(3) 筒身施工测量

烟囱筒身向上砌筑时,筒身中心线、半径、收坡要严格控制,不论是砖烟囱还是钢筋混凝土烟囱,筒身施工时都需要随时将中心点引测到施工作业面上,引测的方法主要有垂线法和导向法。

①吊垂线法。吊垂线法是在施工作业面上安置一根断面较大的方木,另设一带刻画的木杆插于方木交接在一起,如图12-35所示,此杆可绕交接点转动,交接点下设置的挂钩用钢丝吊一个质量为8~12kg的大锤球,烟囱越高,使用的锤球应越重,投测时,先调整钢尺的长度,然后在调整作业面上的方木位置,使锤球尖对准标志的"+"字交点,则钢锯上端的方木交

接点就是该工作面的筒身中心点。在工作面上,根据相应高度的筒身设计半径转动木尺杆画圆,即可检查筒壁偏差和圆度,作为指导下一步施工的依据,烟囱每升高一步架,要用锤球引测一次中心线,每升高5~10m还要用经纬仪复核一次,复核时把经纬仪先后安置在各轴线控制点上,找准基准侧面上的轴线标志,用盘左盘右取中的方法将轴线投测到施工面上,并作标志,然后按标志拉线,两线交叉点即为烟囱中心点,依经纬仪投测的中心点为准,作为继续向上施工的依据。

吊垂线法是一种垂直投测的传统方法,使用简单,但易受风的影响,有风时吊垂线发生摆动和倾斜,随着筒身增高,对中的精度会越来越低,因此,该方法仅适用于高度在100m以下的烟囱。

图12-35 吊垂线法

②激光导向法。高大的钢筋混凝土烟囱常采用滑升模板施工,若任采用吊垂线法或经纬仪投测烟囱中心点,无论是投测精度还是投测速度,都难以满足施工要求,采用激光铅直仪投测烟囱中心点,能克服上述方法的不足,投测时,将激光铅直仪安置在烟囱底部的中心标志上,在工作台中央安置接收靶,烟囱模板滑升25~30cm浇筑混凝土,每次模板滑升前后各进行一次观测,在施工过程中,要经常对仪器进行激光束的垂直度检验和校正,以保证施工质量。

(4)高程传递

烟囱砌筑的高度,一般是先用水准仪在烟囱底部的外壁上测设出某一高度的高程线,然后以此线为准,用钢尺直接向上量取。筒身四周水平,应经常用水平尺检查上口水平,发生偏差应及时纠正。

第四节 变 形 测 量

一、建筑物变形观测的意义和特点

对于一些高大重要的建筑物,在施工过程和使用期间,受建筑地基的工程地质条件、地基处理方法、建筑物上部结构的荷载等多种因素的影响,会发生不同程度的变形,这种变形在一定的范围内,可视为正常现象,但超出某一限度就会影响建筑物的正常使用,对建筑物的安全产生严重的影响,或使建筑物发生不均匀沉降而导致倾斜、裂变、坍塌等危险。因此,为了建筑物的安全使用,在建筑物的设计、施工和运营管理期间需要进行建筑物的变形测量。

变形测量点分为控制点和观测点(变形点)。控制点包括基准点、工作基点以及联系点、定向点等。基准点应设在变形影响范围外便于长期保留的稳定位置;使用时,应作稳定线检查及检验,应以稳定或相对稳定的点作为测定变形的参考点,工作基点应选在靠近观测目标且便于联测观测点的稳定或相对稳定的位置,使用前应利用基准点或检核点对其进行稳定性检测,当基准点与工作基准点之间需要进行连接时应布设联系点,选设其点位是应顾及连接的构型,位置所在处相对稳定,对需要定向的工作基点或基准点应布设定向点,并应选择稳定且符合标准要求的点位作为定向点。观测点应选设在变形体上能反映变形特征的位置,可以从工作基点或邻近的基准点和其他工作点对其进行观测。

变形测量的首选观测应适当增加观测,并提高初始值的可靠性。不同周期观测时,宜采用相同的观测网形和观测方法,并使用相同类型仪器测量,固定观测人员,选择最佳观测时段,在基本相同的环境和条件下观测。

另外,在建筑物的施工过程中,修建高层建筑、地下车库时,往往要在场地中进行深基坑的垂直开挖,需要采用支护结构对基坑边坡土体进行支护。由于在施工中荷载的不断增加,会使深基坑从负向受压变为正向受压,造成支护结构失稳或变坡坍塌的严重事故,因此在深基坑开挖和施工中,都应对深基坑的支护结构、周围的环境和建筑物的设计进行变形观测。

通过对支护结构及周边环境的变形观测,可得到相应的变形数据,因此可以分析周边环境和监测基坑的变形情况,才能对周边环境和基坑工程的安全性有全面的了解,以确保工程安全进行,当发现异常时可以及时分析原因,采取有效措施,确保工程安全进行。

变形测量就是对建筑物及其地基或一定范围内岩体和土体的变形(包括水平位移、沉降、倾斜、挠度、裂变等)所进行的测量工作。进行变形观测时,一般在建筑物或基础支护结构的特征部位埋设变形监测标志,在变形影响范围之外埋设测量基础点,定期对相应基础点进行变形量。变形测量的意义是,通过对变形体的动态监测获得精确的观测数据,并对监测数据进行综合分析,及时对基坑或建筑物施工过程中的异常变形可能造成的危害作出预报,以便采取必要的技术措施,避免造成严重后果。这就需要采取支护结构对基坑边坡土体加以支护,了解变形的机理对下一阶段的设计和施工具有指导意义。

二、建筑物变形观测的内容和技术要求

1. 变形观测的内容

深基坑施工中,变形测量的主要内容包括:支护结构顶部的水平位监测;支护结构的垂直沉降监测;支护结构倾斜观测;邻近建筑物、道路、地下管网设的沉降、倾斜、裂缝监测等。在建筑物主体结构施工中,建筑物变形测量的主要内容是沉降观测、倾斜观测、裂缝观测和挠度观测。

通过在建筑物的设计阶段,在调查建筑物地基负载性能、研究自然因素对建筑物变形影响的同时,应该制订变形观测方案,并将其作为工程建筑物的一项设计内容,以便在施工时,就能观测标志和设备埋置的设计位置上,从开始施工就能进行变形观测,一直到工程的结束。

变形监测要求及时对观测数据进行分析判断,对深基坑和建筑物的变形趋势作出评价,起到指导安全施工和实现信息施工的重要作用。

2. 变形测量等级及精度要求

对于同类工程建筑物,根据其结构、形状的不同,要求的精度也有差异。即使同一建筑物,不同部位的精度要求也不同。普通的工业与民用建筑物,变形观测的主要内容是基础沉陷和建筑物本身的倾斜。一般来讲,对于有连续生产线的大型车间(钢结构、钢筋混凝土结构的建筑物),通常要求观测工作能反映出 2mm 的沉陷量,因此,对于观测点高程的精度,应在 1mm 以内。特种工程设备(例如高能加速器,大型天线),要求变形观测的精度高达 0.1mm。

变形监测要求及时对观测数据进行分析判断,对深基坑和建筑物的变形趋势做出评价,起到指导安全施工和实现信息施工的重要作用。变形测量按不同的工程要求分为四个等级,其精度与等级要求见表 12-5。

建筑变形测量的等级及精度要求 表12-5

变形测量等级	垂直位移测量		水平位移测量	适用范围
	变形点的高程中误差(mm)	相邻变形点高差中误差(mm)	变形点的点位中误差(mm)	
一等	±0.3	±0.1	±1.5	变形特别敏感的高层建筑、工业建筑、高耸构筑物、重要古建筑、精密工程设施等
二等	±0.5	±0.3	±3.0	变形比较敏感的高层建筑、高耸构筑物、古建筑、重要工程设施和重要建筑场地的滑坡监测等
三等	±1.0	±0.5	±6.0	一般性的高层建筑、工业建筑、高耸构筑物、滑坡监测等
四等	±2.0	±1.0	±12.0	观测精度要求较低的建筑物、构筑物和滑坡监测等

注：①变形点的高程中误差和点位中误差，系相对于最近基准点而言；
②当水平位移变形测量用坐标向量表示时，向量中误差为表中相应等级点位中误差的 $1/\sqrt{2}$；
③垂直位移、测量，可视需要按变形点的高程中误差或相邻变形点高差中误差确定测量等级。

观测的周期取决于变形值的大小和变形速度，以及观测的目的。通常观测的次数应既能反映变化的过程，又不遗漏变化的时刻。在施工过程中，观测频率应该大一些。到了竣工阶段时，频率应小一些。除了系统的周期观测以外，有时还应进行临时观测。

三、建筑物的沉降观测

建筑物的沉降观测是用水准测量的方法，周期性的观测建筑物上的沉降观测点和水准基点之间的高差变化值，以测定基础和建筑物本身的沉降值。

1. 水准基准点布设、监测点设置及高精度水准网建立

水准点是进行建筑物沉降观测的依据，因此水准基点的埋设要求和形式与永久性水准点相同，必须保证其稳定不变和长久保存。水准点与观测的距离过大，为保证观测的精度，应在建筑物或构造物附近，另行埋设水准基点。水准点帽头宜用铜或不锈钢制成，应注意防锈。水准点埋设须在基坑开挖前15d完成。水准基点可按实际要求，采用深埋式和浅埋式。两种建筑物和构筑物沉降观测的每一区域，必须有足够数量的水准点，规定要求不得少于3个。对水准基点要定期进行高程检查，防止水准点本身发生变化，以确保沉降观测的准确性。

在布设水准点时必须注意以下因素：
①水准点应尽量与观测点靠近，其距离不应超过100m，以保证观测的精度。
②水准点应布设在建筑物、构筑物基础压力影响范围内及受振动范围以外的安全地点。不受施工影响。
③检测单独建筑物时，至少布设3个水准点，对建筑面积大于5000m^2或高层建筑，则应适当增加水准点的个数。
④一般水准点应埋在冻土线以下0.5m处，设在墙上的水准点应埋在永久性建筑上，且离开地面高度约为0.5m。
⑤距离铁路、公路和地下管道应该至少5m。
⑥水准点标志的构造，必须根据埋设地区的地质条件、气候情况以及工程的重要程度进行设

计。对于一般建筑物以及深基坑沉降监测,参照水准测量规范中的规定进行标志和埋设;对于高精度的变形监测,可设计专门的水准基点标志。对精度要求较低的建筑物也可按三等水准施测。

监测点的数目和位置应能全面反映建筑物沉降的情况,这与建筑物的大小、荷重、基础形式和地质条件有关。一般情况下,沿房屋四周每隔10~15m布置一点,在最容易变形的地方,如设备基础、柱子基础、伸缩缝两旁、基础形式改变处、地质条件改变处等位置,应设立观测点。观测点的埋设要求稳固,通常采用角钢、圆钢或铆钉作为观测点标志,分别埋设在砖墙、钢筋混凝土柱子和设备基础上,如图12-36所示。

图12-36 立墙和水平基础上的观测点(尺寸单位:cm)

沉降观测点的布设数量和位置,需要全面反映建筑物的沉降情况。点位布设既要考虑均匀性,又要保证在变形缝两侧、基础深度或地质条件变化处、荷重和纵轴墙交接处,周边每隔10~20m处均匀布点。对于工业建筑,应在房角、承重墙、柱子和设备基础点布点,沉降观测点的结构形式及埋设方式如图12-37所示。

图12-37 沉降观测点的布设(尺寸单位:cm)

2. 观测点的布设

根据编制的工程施测方案及确定的观测周期,首次观测应在观测点设置稳固后及时进行。观测点是设立在变形体上能反映其变形特征的点。点的位置和数量应根据地质情况、支护结构形式、基坑周围环境和建筑物(或构筑物)荷载等情况而定。通常由设计部门提出要求,具体位置由测量工程师和结构工程师共同确定。点位埋设合理,就可全面、准确地反映变形体的沉降情况。深基坑支护的沉降观测点应埋设在锁口梁上,一般20m左右埋设一点。在支护结构的阳角处和原有建筑物离基坑很近处加密设置观测点。

建筑物上的观测点可设在建筑物四角,或沿外墙间隔10~15m布设,或在柱上布点,每隔2~3根柱设一点。烟囱、水塔、电视塔、工业高炉、大型储藏罐等高耸建筑物可在基础轴线对称部位设点,每一构筑物不得少于4点。此外,在建筑物不同的分界处,人工地基和天然地基的连接处,裂缝或沉降缝、伸缩缝两侧,新旧建筑物或高低建筑物的交接处以及大型设备基础等处也应设立观测点,即在变形大小、变形速率和变形原因不一致的地方设立观测点。

观测点应埋设稳固,不易遭破坏,能长期保存。点的高度、朝向等要便于立尺和观测。锁口梁、设备基础上的观测点,可将直径 20mm 的铆钉或钢筋头(上部锉成半球状)埋设于混凝土中作为标志。墙体上或柱子上的观测点,可将直径 20～22mm 的钢筋按图的形式设置。

3. 沉降观测

沉降观测多用水准测量的方法,一般高层建筑物或大型厂房,应采用精密水准测量的方法,按国家二等水准技术要求实施,将各个观测点设置成闭合或附和水准路线,对小型厂房建筑物,可采用三等水准测量的方法实施。

沉降观测应先根据建筑物的特征、变形速率、观测精度和工程地质条件等因素综合考虑,确定沉降观测的周期,并根据沉降量的变化情况适当调整。深基坑开挖时,锁口梁会产生较大的水平位移,沉降观测周期应较短,一般每隔 1～2d 观测一次,如果中途停工时间较长,应在停工前或复工前各观测一次,浇筑地下室底层后,可每隔 3～4d 观测一次,至支护结构变形稳定。竣工后应根据产沉降的快慢来确定观测,每月、每季、每年观测一次,以每次沉降量在 5～10mm 为限。当出现暴雨、管涌、变形急剧增大时,要增加观测次数。

沉降观测的精度要求对观测水准路线较短的闭合差一般不许超过 1～2m。

二等水准测量高差闭合差容许值为 $\pm 0.6n(\text{mm})$,n 为测站数。

三等水准测量高差闭合差容许值为 $\pm 1.4n(\text{mm})$。

4. 沉降观测的成果整理

每次观测结束后,应检查观测手簿中的数据和计算是否合理、正确,精度是否合格等。然后将各观测点的历次高程列入表 12-6 中,计算两次观测之间的沉降量和累计沉降量,并注明观测日期或荷重(楼层)情况。

沉降量观测记录 表 12-6

观测点	第 1 次 2005 年 5 月 24 日			第 2 次 2005 年 7 月 24 日			第 3 次 2005 年 9 月 24 日			第 4 次 2006 年 3 月 24 日			第 5 次 2006 年 9 月 24 日		
	高程 (m)	沉降量 (mm)	累计沉降 (mm)	高程 (m)	沉降量 (mm)	累计沉降 (mm)	高程 (m)	沉降量 (mm)	累计沉降 (mm)	高程 (m)	沉降量 (mm)	累计沉降 (mm)	高程 (m)	沉降量 (mm)	累计沉降 (mm)
1	138.765			138.746	-10		138.739	-7	-17	138.736	-3	-20	138.734	-2	-22
2	138.774			138.763	-11		138.757	-6	-17	138.754	-3	-20	138.753	-1	-21
3	138.775			138.764	-11		138.757	-7	-18	138.754		-21	138.753		-22
4	138.777			138.766	-11		138.759	-7		138.756			138.755	-1	-22
5	138.747			138.735	-12		138.732	-3	-15	138.731	-1	-16	138.731	0	-16
6	138.740			138.729	-11		138.725	-4	-15	138.723	-2	-17	138.722	-1	-18
7	138.763			138.753	-10		138.745	-8	-18	138.741	-4	-22	138.740		-23
8	138.754			138.743	-11		138.737	-6	-17	138.735	-2	-19	138.734	-1	-20

由于观测存在误差,有时会使沉降量出现正值,应正确分析原因,判断沉降是否稳定,通常当 3 个观测周期的累计沉降量小于观测精度时,可作为沉降稳定的限值,观测示例见表 12-7。

在高精度沉降观测中,还广泛采用了液体静力水准测量方法,它是利用静力水准仪,根据静力的液体在重力作用下保持在同一水准面的基本原理,来测定观测点的高程变化,从而得到沉降量。其测量精度不低于国家二等测量。

建筑物沉降观测成果 表12-7

观测点		CT-1			CT-2			CT-3			CT-4			施工进展	荷重(t/m²)
次数	观测日期	高程(m)	本次沉降(mm)	累计沉降(mm)	高程(m)	本次沉降(mm)	累计沉降(mm)	高程(m)	本次沉降(mm)	累计沉降(mm)	高程(m)	本次沉降(mm)	累计沉降(mm)		
1	04-9-1	21.5386	0.0	0.0	21.5623	0.0	0.0	21.5472	0.0	0.0	21.5846	0.0	0.0	1层楼完	3.0
2	04-9-16	21.5373	1.3	1.3	21.5607	1.6	1.6	21.5457	1.5	1.5	21.5832	1.4	1.4	3层楼完	8.0
3	04-10-1	21.5352	2.1	3.4	21.5589	1.8	3.4	21.5433	2.4	3.9	21.5815	1.7	3.7	5层楼完	13.0
4	04-10-16	21.5319	3.3	6.7	21.5562	2.7	6.1	21.5405	2.8	6.7	221.5781	3.4	6.5	7层楼完	18.0
5	04-11-1	21.5262	5.7	12.4	21.5516	4.6	10.7	215358	4.7	11.4	21.5739	4.2	10.7	9层楼完	23.0
6	04-11-16	21.5218	4.4	16.8	21.5472	4.4	15.1	21.5319	3.9	15.3	21.5698	4.1	14.8	11层楼完	28.0
7	04-12-1	21.5186	3.2	20.0	21.5429	4.3	19.4	21.5278	4.1	19.4	21.5662	3.6	18.4	13层楼完	33.0
8	04-12-16	21.5156	3.0	23.0	21.5397	3.2	22.6	21.5249	2.9	22.3	21.5635	2.7	21.1	15层楼完	38.0
9	05-1-1	21.5135	2.1	25.1	21.5378	1.9	24.5	21.5227	2.2	24.5	21.561	2.5	23.6	17层楼完	43.0
10	05-1-16	21.5117	1.8	26.9	21.5359	1.9	26.4	21.5208	1.9	26.4	21.5594	1.6	25.2	18层封顶	47.0
11	05-3-15	21.5098	1.9	28.8	21.5338	2.1	28.5	21.5185	2.3	28.7	21.5568	2.6	27.8	2个月后	47.0
12	05-5-15	21.5076	2.2	31.0	21532	1.8	30.3	21.5167	1.8	30.5	21.5555	1.3	29.1	4个月后	47.0
13	05-7-15	21.5063	1.3	32.3	21.5305	1.5	31.8	21.5151	1.6	32.1	21.5517	1.8	30.9	6个月后	47.0
14	05-9-15	21.5053	1.0	33.3	21.5294	1.1	32.9	21.5146	0.5	32.6	21.5527	1.0	31.9	8个月后	47.0
15	05-10-15	21.5049	0.4	33.7	21.5291	0.3	33.2	21.5142	0.4	33.0	21.5525	0.2	32.1	竣工	47.0

四、建筑物的水平位移观测

建筑物的水平位移观测是指对位于特殊岩土地区的建筑物的地基基础、受高层建筑物基础施工影响的建筑物及工程设施等在规定平面上的位移进行观测。目前，根据施工现场的地形条件，当要观测某一特定方向（譬如垂直于基坑维护体方向）的位移时，经常采用基准线法、小角度法等观测方法。但当变形体附近难以找到合适的工作基点或需同时观测变形体两个方向位移时，则一般采用前方交会法。水平位移观测观测实践中利用较多的前方交会法主要有两种：测边前方交会法和测角前方交会法。另外还有极坐标法以及一些困难条件下的水平位移观测方法。

1. 基准线法

在基坑开挖或打桩过程中，常常需要对施工区周边的水平位移进行监测。基准线法的原理是在水平位移垂直的方向上建立一个固定不变的铅垂面，测定各观测点相对该铅垂面距离的变化，从而求得水平位移。基准线法适用于直线形建筑物。

在基坑监测中，如图12-38所示，在支护结构的锁口梁轴线两端基坑的外侧分别设立两个稳定的工作点A和B，两个工作点的连线即为基准线的方向。锁口梁上的变形监测点应埋设在基准线的铅垂面上，偏离的位置不大于2cm。观测点标志可埋设16~18mm的钢筋，将钢筋顶部锉平后，画上"+"字标号，一般每隔8~10m设置一个变形监测点。观测时，将精密经纬仪安置于一端的工作点B，此视线方向就为基准线方向，通过量测观测P点偏离视线的距离，即可得到监测点水平位移偏距，通过两次偏距的比较发现该点的水平位移量。

选用基准线法测位移比较直观方便，但要求仪器架设在变形区外，并且测站与位移监测点距离不宜太远。

2. 小角法

小角法测量水平位移的原理与基准线法相类似，也是沿基坑周边建立一条轴线，如图12-39所示。通过测量固定方向与测站至变形监测点方向的小角变化$\Delta\beta$，并测得测站至变形位移点的距离D，从而求出监测点的位移量，即

$$\delta = \frac{\Delta\beta}{\rho''} \times D$$

图12-38 基准线法测位移　　　　　图12-39 小角法测量水平位移

工作基点在观测期间也会发生位移，因此，工作基点应尽可能远离开挖边线，同时，两个工作基点延长线上应分别设置后视点。为减少中误差，必要时工作基点可做成混凝土台，在台上安置强制对中设备。

此方法简单易行，便于实地操作，精度较高。但需场地较为开阔，基准点应该离开监测区域一定的距离之外，设在不受施工影响的地方。

3. 前方交会法（测边前方交会，测角前方交会）

如果变形观测点散布在变形体上或者在变形体附近无合适的基准点可供选择时，人们常用前方交会法来进行观测，这时，基准点选择在面对变形体的远处。

(1) 测角前方交会

如图 12-40 所示,用经纬仪在已知点 A、B 上测出 α 角和 β 角,计算待定点 P 的坐标。

其前方交会点 P 的点位中误差的公式为:

$$m_P = \pm \frac{m_\beta \cdot S}{\rho'' \sin^2 \gamma} \sqrt{\sin^2 \alpha + \sin^2 \beta}$$

式中,m_β 为测角中误差,$\rho'' = 206265$,S 为 A 与 B 间的距离。对该式的进一步分析表明:当 $\gamma = 90°$ 时,点位中误差不随 α、β 的变化而变化;当 $\gamma > 90°$ 时,对称交会时的点位中误差最小,精度最高;当 $\gamma < 90°$ 时,对称交会时点位中误差最大,对精度不利。

(2) 测边交会

如图 12-41 所示,P 表示位移点,A_1、A_2 表示工作基点。设 A_1 坐标为 (X_1, Y_1),A_2 坐标为 (X_2, Y_2),P 坐标为 (X_P, Y_P)。观测 S_1、S_2 边,求交会点 P 的坐标。用测距仪在 A_1 点测得 A_1 到 P 点的平距为 S_1,在 A_2 点测得 A_1 到 P 点的平距为 S_2。基线平距 S_3 在首次观测后即可以将其固定。由上图可得:

图 12-40 小角法

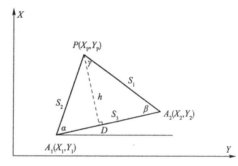

图 12-41 测边交会

$$X_P = X_1 + D_{AD} \times \cos\omega - h\sin\omega$$
$$Y_P = Y_1 + D_{AD} \times \sin\omega + h\cos\omega$$

式中,$D_{AD} = (S_1^2 + S_3^2 - S_2^2)/2S_3$,$h = \sqrt{(S_1^2 - D_{AD}^2)}$。

设 P 点的位移为 ΔX_P、ΔY_P,相应的水平距离变化分别为 ΔS_1、ΔS_2。

$$\Delta X_P \approx \frac{\sin(\beta - \omega)}{\sin\gamma}\Delta a - \frac{\sin(\alpha + \omega)}{\sin\gamma}\Delta b$$

$$\Delta Y_P \approx \frac{\cos(\beta - \omega)}{\sin\gamma}\Delta a - \frac{\cos(\alpha + \omega)}{\sin\gamma}\Delta b$$

设边长 S_1、S_2 的测距中误差分别为 m_{S1}、m_{S2},则测边交会的点位精度可用下式表示:

$$m_P = \pm \frac{\sqrt{m_{S1}^2 + m_{S2}^2}}{\sin\gamma}$$

设交会边长 S_1、S_2 的观测误差分别为 m_{S1}、m_{S2},则 $m_{\Delta S1} = \sqrt{2}m_{S1}$,$m_{\Delta S2} = \sqrt{2}m_{S2}$,可得位移中误差公式如下:

$$m_{\Delta XP} = \pm \frac{\sqrt{2}}{\sin\gamma} \sqrt{[\sin(\beta - \omega) \cdot m_{S1}]^2 + [\sin(\alpha + \omega) \cdot m_{S2}]^2}$$

$$m_{\Delta YP} = \pm \frac{\sqrt{2}}{\sin\gamma} \sqrt{[\cos(\beta - \omega) \cdot m_{S1}]^2 + [\cos(a + \omega) \cdot m_{S2}]^2}$$

位移点 P 的位移误差 $m_{\Delta P} = \pm \dfrac{\sqrt{2}}{\sin\gamma}\sqrt{m_{S1}^2 + m_{S2}^2}$

前方交会法相对于其他水平位移观测的方法如基准线法、小角度法等具有以下优点：①基点布置有较大灵活性。前方交会法的工作基点一般位于面向测点并可以适当远离变形体，而视准线法等方法的工作基点必须设置在位于变形体附近并且必须基本与测点在同一轴线上，所以前方交会法工作基点的选择更具灵活性。特别是当变形体附近难以找到合适的工作基点时，前方交会法更能显出其优点。②前方交会法能同时观测 2 个方向的位移。③观测耗时少。当测点较多，并分布在多条直线上时，前方交会法的耗时较视准线等方法少。其缺点为：前方交会法由于受测角误差、测边误差、交会角及图形结构、基线长度、外界条件的变化等因素影响，精度较低。另外，其观测工作量较大，计算过程较复杂，故不单独使用，而是常作为备用手段或配合其他方法使用。

4. 极坐标法

极坐标法属于边角交会，是边角交会的最常见的方法。

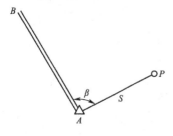

图 12-42　极坐标法

如图 12-42 所示：在已知点 A 安置仪器，后视点为另一已知点 B，通过测得 AB—AP 的角度以及 A 点至 P 点的距离，计算得出 P 点坐标。设 A 点坐标为 $A(X_A, Y_A)$，A—B 的方位角为 $\alpha_{A\text{-}B}$，则 P 点坐标 $P(X_P, Y_P)$ 的计算公式为：

$$X_P = X_A + S \cdot \cos(\alpha_{A\text{-}B} + \beta)$$
$$Y_P = Y_A + S \cdot \sin(\alpha_{A\text{-}B} + \beta)$$

由微分公式可得：

$$\Delta X_P = \cos(\alpha_{A\text{-}B} + \beta) \cdot \Delta S - \sin(\alpha_{A\text{-}B} + \beta) \cdot \Delta S \cdot \Delta\beta/\rho$$
$$\Delta Y_P = \sin(\alpha_{A\text{-}B} + \beta) \cdot \Delta S + \cos(\alpha_{A\text{-}B} + \beta) \cdot \Delta S \cdot \Delta\beta/\rho$$

设测边中误差为 m_S，测角中误差为 $m_{\beta a}$ 则待定点的点位中误差为：

$$m_P^2 = m_S^2 + S^2 \left(\dfrac{m_a}{\rho}\right)^2$$

两个方向的水平位移中误差为：

$$m_{\Delta XP} = \pm \sqrt{2} \cdot \sqrt{m_S^2 \cdot \cos^2(\alpha_{A\text{-}B} + \beta) + \sin^2(\alpha_{A\text{-}B} + \beta) \cdot S^2 \cdot m_\beta^2/\rho^2}$$
$$m_{\Delta YP} = \pm \sqrt{2} \cdot \sqrt{m_S^2 \cdot \sin^2(\alpha_{A\text{-}B} + \beta) + \cos^2(\alpha_{A\text{-}B} + \beta) \cdot S^2 \cdot m_\beta^2/\rho^2}$$

其中，m_S 为测距中误差，m_β 为测角中误差，$\alpha_{A\text{-}B}$ 为 $A-B$ 的方位角，$\rho = 206265$。

其优点为：使用方便，尤其是利用全站仪进行测量可以直接测得坐标，简单快速。

其缺点为：精度较低，适用于精度不是很高的水平位移监测工作。

五、建筑物的倾斜观测

建筑物的倾斜观测是指对建筑物的倾斜度进行观测。建筑物主体倾斜观测，应测定建筑物顶部相对于底部或各层间上层相对于下层水平位移与高差，分别计算整体或分层的倾斜度、倾斜方向以及倾斜速度。

建筑物产生倾斜的原因主要是地基承载力不均匀、建筑物体型复杂形成不同荷载及受外力风荷、地震等的影响引起的建筑物基础不均匀沉降。倾斜观测一般采用水准仪、经纬仪、垂球或其他专用仪器来测量建筑物的倾斜度 α。

1. 水准仪观测法

建筑物的倾斜观测可采用精密水准仪进行监测,其原理是通过测量建筑物基础来确定建筑物的倾斜度,是一种间接测量的倾斜方法。

定期测出基础两端点的沉降量,并计算出沉降量的差 Δh,测量两点间的距离 L,即可计算出建筑物基础的倾斜度 α,其值为 $\alpha = \Delta/H$。若知道建筑物的高度 H,同时可以计算出建筑物顶部的倾斜位置 $\Delta = \alpha \times H = \Delta h/L \times H$。如图 12-43 所示。

2. 经纬仪观测法

利用经纬仪法可以直接测出建筑物的倾斜度,其原理是用经纬仪法测量出建筑物的顶部倾斜位移值 Δ,则可以计算出建筑物的倾斜度 $\alpha = \Delta/H$。

经纬仪观测法是一种直接测量建筑物的倾斜方法。

3. 悬挂垂球法

悬挂垂球法是直接测量建筑物倾斜的最简单的方法,适合于内部有垂直通道的建筑物。从建筑物的上部悬挂锤球,根据上下应在同一位置上的点,直接量出建筑物的倾斜位移值 Δ,最后计算出倾斜度 $\alpha = \Delta/H$。

图 12-43 基础倾斜观测

六、建筑物的挠度和裂缝观测

1. 挠度观测

建筑物在应力作用下产生弯曲和扭曲时,应进行挠度观测。对于平置的构件,在两端及中间设置 3 个沉降点进行沉降观测,通过 3 个点在某时间段内的沉降量 h_a、h_b、h_c,则该构件的挠度值为

$$\tau = \frac{1}{2}(h_a + h_c - 2h_b) \cdot \frac{1}{s_{ac}}$$

式中:h_a、h_c——构件两端点的沉降量;

h_b——构件中间点的沉降量;

s_{ac}——两端点间的平距。

图 12-44 铅垂线法测量直立构件的挠度

对于直立的构件,要设置上、中、下 3 个位移观测点进行位移观测,利用 3 点的位移量求出挠度大小。在这种情况下,我们把建筑物垂直面内各不同高程点相对于低点的水平位移称为挠度。

挠度观测的方法通常采用正垂线法,即从建筑物顶部悬挂一根铅垂线,直通至底部或基岩上,在铅垂线的不同高程上设置观测点,借助光学或机械式的坐标仪器量测出各点与铅垂线最低点之间的相对位移。如图 12-44 所示,任意点 N 的挠度 S_N 按下式计算:

$$S_N = S_0 - S'_N$$

式中:S_0——铅垂线最低点与顶点之间的相对位移;

S'_N——任一点 N 与顶点之间的相对位移。

2. 裂缝观测

当基础挠度过大时,建筑物就会出现剪切破坏而产生裂缝,当建筑物发生裂缝之后,应进行裂缝观测。裂缝观测通常是测定

建筑物某一部位裂缝发展情况,观测时,应先在裂缝的两侧各设置一个固定标志,然后定期量取两标志的间距。间距的变化即为裂缝的变化,通常是两块大小不同的白皮铁钉在裂缝的两侧。并将两铁皮自由端的端线相互投到另一铁皮上,用红油漆作标记。有时还要观测裂缝的走向与长度。

墙面上的裂缝,可采用在裂缝两端设置石膏薄片,使其与裂缝两端固连牢靠。当裂缝裂开或加大时石膏亦裂开,监测时可测定其裂口的变化和大小。还可采用两铁片,平行固定的裂缝两侧,使一片搭在另一片上,保持密贴,其密贴部分涂上红色油漆,露出部分涂白色油漆,如图12-45 所示,这样既可定期测定两铁片错开的距离,又可监视裂缝的变化。

对于比较平整的裂缝,可用千分尺直接量取裂缝的变化。

图12-45 设置两金属片观测裂缝

裂缝观测应测定建筑物上裂缝的分布位置、走向、长度、宽度及其变化程度。观测裂缝的数量视要求而定,主要的、变化大的裂缝应进行观测。对需要观测的裂缝应进行统一的编号,每条裂缝至少布设两组观测标志,一组在裂缝最宽处,另一组在裂缝末端。每组标志由裂缝两侧各一个标志组成。

对于数量不多易于量测的裂缝,可视标志类型不同,用比例尺、小钢尺、游标卡尺或读数显微镜等工具定量标志间的距离,求的裂缝的变化值对于较大面积且不便于人工量测的众多裂缝,宜采用近景摄影测量的方法。

七、竣工测量

竣工测量是指各种工程建设竣工、验收时所进行的测绘工作。竣工测量的最终成果就是竣工总平面图,它包括反映工程竣工时的地形现状、地上与地下各种建筑物、构筑物以及各类管线平面位置与高程的总现状地形图和各类专业图等。竣工总平面图是设计总平面图在工程施工后实际情况的全面反映和工程验收时的重要依据,也是竣工后工程维修、改扩建的重要基础技术资料。因此,工程单位必须十分重视竣工测量。竣工测量包括室外测量工作和室内竣工平面图编绘工作。

1. 竣工测量的意义

(1)在工程施工建设中,一般都是按照设计总图进行,但是,由于设计更改、施工误差及建筑物变形等原因,使工程实际竣工位置与设计位置完全不一样,因而需要进行竣工测量,反映工程实际竣工的位置。

(2)在工程建设和工程竣工后,为了检查和验收工程施工的质量,因此需要进行竣工测量,从而提供成果、资料,是检查、验收的重要依据。

(3)为了全面反映设计总图经过施工以后的实际情况,并且为竣工后工程维修、运营以及日后改建和扩建提供重要的技术资料,在其基础上编制竣工总平面图。若没有所要修改的,则竣工测量结果一般都与其设计的数据吻合,超额或者缺少都会显示出施工定位的优劣,若有变更设计,则和原来一样都与其相吻合,只不过要附加变更设计资料。

2. 竣工测量的内容

测定工业厂房建筑物和构筑物的墙角、铁路和公路、地下管网、窨井中心和架空管网等重要的物点坐标;测定主要的建筑物室内的地坪、上下水管道等的高程,编制竣工总平面图,分类图和高程明细表。这些点的坐标和高程与施工时所测量的应相同。

3. 室外测量

(1) 主要厂房及一般建、构筑物墙角和厂区边界围墙角的测量

对于较大的矩形建筑物要测 4 个主要房角坐标,小型房屋可测其长边两个房角坐标,并量其房宽注于图上。圆形建筑物应测其中心坐标,并在图上注明其半径。

(2) 架空管线支架测量

要求测出起点、终点、转点支架中心坐标,直线段支架用钢尺量出支架间距及支架本身长度和宽度等尺寸,在图上绘出每一个支架位置。如果支架中心不能施测坐标时,可施测支架对角两点的坐标,然后取其中数确定,或测支架一长边的两角坐标,量出支架宽度标注于图上,如果管线在转弯处无支架,则要求测出临近两支架中心的坐标。

(3) 电信线路测量

对于高压、照明及通信线路需要测出起点、终点坐标及转点杆位坐标,高压铁塔要测出基础两对角点的坐标,直线部分的电杆可用交会法确定其点位。

(4) 地下管线测量

上水管线应施测起点、终点、弯头三通点和四通点的中心坐标,下水道应施测起点、终点及转点井位中心坐标及井底高程,地下电缆及电缆沟应施测其起点、终点、转点的中心坐标。

(5) 交通运输线路测量

厂区铁路应施测起点、终点、道岔中心、进厂房点和曲线交点的坐标,同时要求标出曲线元素,包括半径 R、偏差 I、切线长 T 和曲线长 L。

厂区和生活区主要干道应施测交叉路口中心坐标,公路中心线则按铺装路面量取。

对于生活区建筑物一般可不测坐标,只在图上表示位置即可。

4. 竣工总平面图的编绘

编绘竣工总平面图的室内工作主要包括竣工总平面图、专业分图和附表等的编绘。

总平面图编绘应遵守以下原则:

①总平面图既要表示地面、地下和架空的建构筑物平面位置,又要表示细部点坐标、高程和各种元素数据,图面相当密集。因此,比例尺的选择以能够在图面上清楚地表达出这些要素、用图者易于阅读、查找为原则,一般选用 1∶1000 的比例尺,对于特别复杂的厂区可采用1∶500的比例尺。

②对于一个生产流程系统,如炼钢厂、轧钢厂等,应尽量放在一个图幅内,如果一个生产流程的工厂面积过大,也可以分幅,分幅时应尽量避免主要生产车间被切割。

③对于设施复杂的大型企业,若将地面、地下、架空的建构筑物反映在同一个图面上,不仅难以表达清楚,而且给阅读、查找带来很多不便。尤其现代企业的管理是各有分工的,如排水系统、供电系统、铁路运输系统等,因此除了反映全貌的总图外,还要绘制详细的专业分图。

④竣工总平面图上应包括建筑方格网点、水准点、厂房、辅助设施、生活福利设施、架空与地下管线、铁路等建筑物或构筑物的坐标和高程,以及厂区内空地和未建区的地形。有关建筑物、构筑物的符号应与设计图例相同,有关地形的图例应与国家地形图图式符号一致。

⑤总图可以采用不同的颜色表示出图上的各种内容,如厂房、车间、铁路、仓库、住宅等以黑色表示,热力管线用红色表示,高、低压电缆线用黄色表示,通信线用绿色表示,而河流、池塘、水管用蓝色表示等。

⑥在已编绘的竣工总平面图上,要有工程负责人和编图者的签字,并附有下列资料:
a.测量控制点布置图、坐标及高程成果表。
b.每项工程施工期间测量外业资料,并装订成册。
c.对施工期间进行的测量工作和各个建筑物沉降和变形观测的说明书。

思考题

1.建筑场地平面控制网的形式有哪几种?分别适用于什么场合?

2.施工高程控制网应如何布设?

3.民用建筑施工测量工作主要包括哪些内容?

4.已知 A、B 为施工场地的两个控制点,其坐标方位角为 $\alpha_{AB}=20°00'00''$,A 点的坐标为 $(14.22,86.71)$,现将仪器安置于 A 点,用极坐标法测设 $P(42.34,85.00)$ 点,试计算所需的测设数据,并说明测设过程。

5.某建筑场地有一水准点 A,其高程 $H_a=39.317\mathrm{m}$,预测设高程为 $40.000\mathrm{m}$ 的室内地坪(± 0.000)高程,设水准仪在水准点 A 所立的水准尺中丝读数为 $1.134\mathrm{m}$,试绘图说明其测设方法,并计算其相应的测设数据。

6.在工业建筑的定位放线中,现场已布设好建筑方格网作为控制网,为何还要测设厂房矩形控制网?

7.试述吊车轨道的吊装测量过程,具体有哪些检查测量工作?

8.为什么要进行建筑物变形测量?变形测量主要包括哪些内容?

9.建筑物沉降观测时,如何布设水准基点和观测点?

第十三章 GNSS 测 量

第一节 概 述

GNSS 的全称是全球导航卫星系统(Global Navigation Satellite System),它是泛指所有的卫星导航系统,包括全球的、区域的和增强的,如美国的 GPS、俄罗斯的 Glonass、欧洲的 Galileo、中国的北斗卫星导航系统(Compass),以及相关的增强系统,如美国的 WAAS(广域增强系统)、欧洲的 EGNOS(欧洲静地导航重叠系统)和日本的 MSAS(多功能运输卫星增强系统)等,还涵盖在建和以后要建设的其他卫星导航系统。国际 GNSS 系统是个多系统、多层面、多模式的复杂组合系统。为更全面精准地实现点位的定位,且不单独依赖 GPS 系统的导航能力,现大多测量仪器不仅带有 GPS 全球定位系统,还会伴随伽利略等系统,因此用 GPS 来统称已不合适,GNSS 则更准确些。该计划分两步实施:第一步是建立一个综合利用美国的 GPS 系统和俄罗斯的 GLONASS 系统的第一代全球导航卫星系统(当时称为 GNSS-1,即后来建成的 EGNOS);第二步是建立一个完全独立于美国的 GPS 系统和俄罗斯的 GLONASS 系统之外的第二代全球导航卫星系统,即正在建设中的 Galileo 卫星导航定位系统。

发射入轨能正常工作的 GPS 卫星的集合称为 GPS 卫星星座。GPS 卫星星座的空间部分是由 24 颗 GPS 工作卫星所组成。这些 GPS 工作卫星共同组成了 GPS 卫星星座,其中 21 颗为可用于导航的卫星,3 颗为活动的备用卫星。这 24 颗卫星分布在 6 个倾角为 55°的轨道上绕地球运行。卫星的运行周期约为 11 小时 58 分钟。每颗卫星可覆盖全球 38% 的面积,卫星分布可保证在地球上任意地点、任意时刻,在高度 15°以上的天空能同时观测到 4 颗以上的卫星,如图 13-1 所示。每颗 GPS 工作卫星都发出用于导航定位的信号,GPS 用户正是利用这些信号来进行工作的。现在研制中的新型 GPS-3 卫星星座包括 32 颗卫星,将取代现有的由 24 颗卫星组成的星座。第一阶段计划在 2013 年前发射 8 颗卫星。第二阶段将在 2016 年前发射另外 8 颗卫星,最后的 16 颗卫星计划第三阶段在 2019 年前发射。

GLONASS 项目是俄罗斯在 1976 年启动的项目,GLONASS 星座由 27 颗工作星和 3 颗备份星组成,所以 GLONASS 星座共由 30 颗卫星组成。27 颗星均匀地分布在 3 个近圆形的轨道平面上,这三个轨道平面两两相隔 120°,每个轨道面有 8 颗卫星,同平面内的卫星之间相隔 45°,轨道高度 2.36 万 km,运行周期 11 小时 15 分,轨道倾角 56°。该系统由卫星星座、地面监测控制站和用户设备三部分组成。地面控制部分全部位于前苏联领土

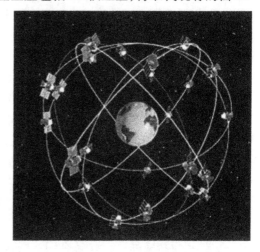

图 13-1 GPS 卫星星座

境内,地面控制中心和时间标准位于莫斯科,遥测和跟踪站位于圣彼得堡、Ternopol、Eniseisk和共青城。

Galileo 卫星导航计划是由欧共体发起,并与欧洲空间局一起合作开发的卫星导航系统计划。Galileo 卫星导航计划将由非军方控制管理,在提供高质量民用的同时,也保证它在许多敏感领域运用的延续性。Galileo 系统能够与美国的 GPS、俄罗斯的 GLONASS 相互合作,提供高精度、高可靠性的全球定位服务。该计划被视为美国 GPS 全球卫星定位系统的潜在竞争对手。30 颗中轨道卫星(MEO)组成 Galileo 的空间卫星星座。卫星均匀地分布在高度约为 23616km 的 3 个轨道面上,每个轨道上有 10 颗,其中包括一颗备用卫星,轨道倾角为 56°,卫星绕地球一周约 14 小时 22 分钟,这样的布设可以满足全球无缝隙导航定位。卫星的设计寿命为 20 年,每颗卫星都将搭载导航载荷和一台搜救转发器。卫星发射采用一箭多星的发射方式,每次发射可以把 5 颗或 6 颗卫星同时送入轨道。

北斗卫星导航系统[BeiDou(COMPASS)Navigation Satellite System]是中国正在实施的自主发展、独立运行的全球卫星导航系统。北斗卫星导航系统由空间段、地面段和用户段三部分组成,空间段包括 5 颗静止轨道卫星和 30 颗非静止轨道卫星,地面段包括主控站、注入站和监测站等若干个地面站,用户段包括北斗用户终端以及与其他卫星导航系统兼容的终端。计划在 2020 年左右,建成覆盖全球的北斗卫星导航系统。北斗卫星导航系统致力于向全球用户提供高质量的定位、导航和授时服务,包括开放服务和授权服务两种方式。开放服务是向全球免费提供定位、测速和授时服务,定位精度 10m,测速精度 0.2m/s,授时精度 10ns。授权服务是为有高精度、高可靠卫星导航需求的用户,提供定位、测速、授时和通信服务以及系统完好性信息。

第二节 GPS 测 量

GPS 全球定位系统(Global Positioning System)是 1973 年由美国国防部历经 20 年,耗资 300 亿美元,于 1993 年成功建立的一套高精度卫星导航和定位系统。GPS 利用卫星发射的无线电信号进行导航定位,具有全球性、全天候、高精度、快速实时的三维导航、定位、测速和授时功能,以及良好的保密性和抗干扰性。它的始建初衷主要是为了满足美国军方的需要,但随着社会的发展,加之人们对 GPS 认识的越来越全面,更多的领域都开始使用这项全新的技术。特别是最近几年,GPS 在工程建设上得到了前所未有的发展,这主要依赖于 GPS 系统可以向全球任何用户全天候地连续提供高精度的三维坐标、三维速度和时间信息等技术参数。GPS 定位坐标系统由空间卫星群、地面监控系统和用户接收系统三大部分组成,其工作原理主要是借助空间卫星群采用距离交会法进行定位。在 GPS 测量中通常采用两类坐标系统:一类是在空间固定的坐标系统;另一类是与地球体相固联的坐标系统,称为地固坐标系统(如 WGS-84 世界大地坐标系和 1980 西安大地坐标系)。我们使用 GPS 测的坐标是空间三维坐标,这类坐标不能用于指导施工,所以还需要用 GPS 自带的数据处理软件进行坐标转换,才能最终得到我们想要的坐标系下的点位坐标。

与常规的测量方法比较,GPS 测量具有以下几个方面的优点:

(1)测站之间无需通视。

(2)定位精度高。一般双频 GPS 接收机基线解精度为 5mm + 1ppm,而一般全站仪的标称精度为 5mm + 5ppm,GPS 测量精度与全站仪相当,但随着距离的增长,GPS 测量优越性愈加突出。

（3）观测时间短。采用 GPS 布设控制网时每个测站上的观测时间一般在 30~40min，采用快速静态定位方法，观测时间更短。

（4）操作简便。GPS 测量的自动化程度很高。目前 GPS 接收机已趋小型化和操作傻瓜化，观测人员只需将天线对中、整平、量取天线高、打开电源即可进行自动观测，利用数据处理软件对数据进行处理即求得测点三维坐标。而其他观测工作（如卫星的捕获、跟踪观测等）均由仪器自动完成。

（5）全天候作业。GPS 观测可在任何地点、任何时间连续进行，一般不受天气状况的影响。

一、GPS 全球定位系统的组成

全球定位系统主要由 GPS 空间卫星部分、地面监控部分和用户设备部分组成。

对于导航定位来说，GPS 卫星是一动态已知点。星的位置是依据卫星发射的星历——描述卫星运动及其轨道的参数算得的。每颗 GPS 卫星所播发的星历，是由地面监控系统提供的。卫星上的各种设备是否正常工作，以及卫星是否一直沿着预定轨道运行，都要由地面设备进行监测和控制。地面监控系统另一重要作用是保持各颗卫星处于同一时间标准——GPS 时间系统。这就需要地面站监测各颗卫星的时间，求出钟差。然后由地面注入站发给卫星，卫星再由导航电文发给用户设备。GPS 工作卫星的地面监控系统包括一个主控站、3 个注入站和 5 个监测站。

（1）主控站。主控站有一个，设在美国本土科罗拉多、斯平士的联合空间执行中心 CSOC。它除了协调管理地面监控系统外，还负责监测站的观测资料联合处理，推算卫星星历、卫星钟差和大气修正参数，并将这些数据编制成导航电文送到注入站。另外它还可以调整偏离轨道的卫星，使之沿预定轨道运行或启用备用卫星。

（2）注入站。注入站的作用是将主控站计算出的卫星星历和卫星钟的改正数等信息注入到卫星中去。注入站现有 3 个，分别设在印度洋的迪哥加西亚、南大西洋阿松森岛和南太平洋的卡瓦加兰。注入站的主要设备包括一台直径为 3.6m 的天线、一台 C 波段发射机和一台计算机。

（3）监测站。现有 5 个地面站均具有监测站的功能，除了主控站外，其他 4 个分别位于夏威夷、阿松森群岛、迪哥加西亚、卡瓦加兰，监控站的作用是接收卫星信号，监测卫星的工作状态。

二、用户设备部分

用户设备是指用户 GPS 信号接收机。其任务是能够捕获到按一定卫星高度截止角所选择的待测卫星的信号，并跟踪这些卫星的运行，对所接收到的 GPS 信号进行变换、放大和处理，以便测出 GPS 信号从卫星到接收机天线的传播时间，解译出 GPS 卫星所发送的导航电文，实时地计算出测站的三维位置，甚至三维速度和时间。

静态定位中，GPS 接收机在捕获和跟踪 GPS 卫星的过程中固定不变，接收机高精度地测量 GPS 信号的传播时间，利用 GPS 卫星在轨的已知位置，解算出接收机天线所在位置的三维坐标。而动态定位则是用 GPS 接收机测定一个运动物体的运行轨迹。GPS 信号接收机所位于的运动物体称为载体（如航行中的船舰，空中的飞机，行走的车辆等）。载体上的 GPS 接收机天线在跟踪 GPS 卫星的过程中相对地球而运动,接收机用 GPS 信号实时地测得运动载体的状态参数(瞬间三维位置和三维速度)。

接收机硬件和机内软件以及 GPS 数据的后处理软件包,构成完整的 GPS 用户设备。GPS 接收机的结构分为天线单元和接收单元两大部分。对于测地型接收机来说,两个单元一般分成两个独立的部件,观测时将天线单元安置在测站上,接收单元置于测站附近的适当地方,用电缆线将两者连接成一个整机。也有的将天线单元和接收单元制作成一个整体,观测时将其安置在测站点上。

GPS 接收机一般用蓄电池作电源。同时采用机内和机外两种直流电源。设置机内电池的目的在于更换外电池时不中断连续观测。在用机外电池的过程中,机内电池自动充电。关机后,机内电池为 RAM 存储器供电,以防止丢失数据。

近几年,国内引进了许多种类型的 GPS 测地型接收机。各种类型的 GPS 测地型接收机用于精密相对定位时,其双频接收机精度可达 5mm + 1PPM. D,单频接收机在一定距离内精度可达 10mm + 2PPM. D。用于差分定位其精度可达亚米级至厘米级。目前,各种类型的 GPS 接收机体积越来越小,重量越来越轻,便于野外观测。GPS 和 GLONASS 兼容的全球导航定位系统接收机已经问世。

三、坐标转换

为了计算出测区内 WGS—84 坐标系与测区坐标系的坐标转换参数,至少要有两个及以上的 GPS 控制网点与测区坐标系的已知控制网点重合。坐标转换计算通常有 GPS 附带的数据软件完成。

四、GPS 系统

GPS 定位系统包括基准站、流动站、无线电通信链接三部分。其原理是在已有精确地心坐标的点上安放 GPS 接收机(称为基准站),利用已知的地心坐标和星历计算 GPS 观测值的校正值,并通过无线电通信设备(称为数据链)将校正值发送给运动中的 GPS 接收机(称为流动站)。流动站利用校正值对自己的 GPS 观测值进行修正,以消除误差,从而提高实时定位精度。

现以徕卡公司出产的 GS15 为例,介绍 GPS 的构造及使用方法。

GS15 的基准站和流动站的组件在外形上并无区别,硬件构造如图 13-2 所示。

基准站及移动站设备安装情况,如图 13-3、图 13-4 所示。基准站的设备需要电缆连接。

仪器可以通过 Windows 设备上的网页浏览器来操作仪器中的网络服务器程序进行预编程序。在这种方式下,按下开/关按钮并保持 2s 便可开机,而关机时按下开/关按钮并保持 2s 即可。电源指示灯发出稳定的绿光,说明接收机处于开机状态。仪器内置蓝牙端口,用于连接外业控制手簿。使用过程中 LED 灯状态解析见表 13-1。

图 13-2 基准站、移动站主机构造图
1-RTK 设备仓,包含端口 P3;2-RTK 设备 LED;3- 电池仓 2;4- LED,开/关键和功能键;5-LENIO 端口 P1,包含 USB 端口;6-QN一连接头,用于外接 UHF 或数字便携式电话天线;7-LENIO 端口 P2;8-电池仓 1,包含 SD 卡插槽;9-机械参考面(MRP)

图 13-3　基准站主机及手簿

图 13-4　移动站主机及手簿

LED 灯状态解析　　　　　　　　　　　　　　　　　　　　表 13-1

指示灯	状　态	说　明
蓝牙 LED	绿色	蓝牙处于数据模式且已准备好连接
	紫色	蓝牙正在连接
	蓝色	蓝牙已连接
存储 LED	关闭	未插入 SD 卡或未开机
	绿色	SD 卡已插入,但未开始记录原始数据
	闪烁绿色	正在记录原始数据
	闪烁黄色	正在记录原始数据,但内存只剩 10%
	闪烁红色	正在记录原始数据,但内存只剩 5%
	红色	SD 卡已满,没有原始数据记录
	快速闪烁红色	未插入 SD 卡,但已设置记录原始数据
定位 LED	关闭	未跟踪到卫星或未开机
	闪烁黄色	跟踪的卫星少于 4 颗,无可用定位信息
	黄色	导航定位解可用
	闪烁绿色	仅测距码定位解可用
	绿色	RTK 固定解可用
电源 LED	关闭	电池未连接、没有电量或未开机
	绿色	电量在 40% ~ 100%
	黄色	电量在 20% ~ 40%
	红色	电量在 5% ~ 20%
	快速闪烁红色	电量 < 5%
RTK 流动站 LED	关闭	处于 RTK 基站模式或者 GS10/GS15 未开机
	绿色	处于流动站模式。通信设备接口现在没有接收 RTK 数据
	闪烁绿色 G	处于流动站模式。通信设备接口正在接收 RTK 数据
RTK 基站 LED	关闭	处于 RTK 流动站模式或者 GS10/GS15 未开机
	绿色	处于 RTK 基站模式。当前没有 RTK 数据被传送到通信设备的 RX/TX 接口
	闪烁绿色	处于 RTK 基站模式。数据正被传送到通信设备的 RX/TX 接口

开机键及功能键的功能见表13-2。

开机键及功能键的功能 表13-2

按 键	功 能
功能键 ▽	<1s。基准站和流动站之间切换
	3s。基站模式下,使用下一个可用位置解,更新当前存储的RTK基站位置坐标。流动站模式无反应
	5s。流动站模式下,将会连接已配置好的RTK基站(GSM拨号)或Ntrip服务器。基站模式无反应
	流动站模式,且未进行拨号或Ntrip设置,则无反应
功能键 ▽ 开关键 ⏻	<1s。基准站和流动站之间切换
	3s。基站模式下,使用下一个可用位置解,更新当前存储的RTK基站位置坐标。流动站模式无反应
	5s。流动站模式下,将会连接已配置好的RTK基站(GSM拨号)或Ntrip服务器。基站模式无反应
	流动站模式,且未进行拨号或Ntrip设置,则无反应

五、GPS基本操作

静态测量一般分无手簿测量和有手簿测量两种情况。两种情况下需要进行内业设置和外业观测操作,其中内业设置一般仅需设置一次即可,以后每次作业无需更改。

在内业设置阶段主要进行卫星跟踪设置(如星座、截止角、采样率等)、原始数据记录设置(记录位置)、蓝牙连接设置(仅第一次需要配置,以后开机自动连接)。手簿实为掌上电脑,可以实现与移动站主机的无线数据通信,如与PC机连接,可以实现手簿与PC机间的文件传输操作。有手簿时数据可选记录在手簿,无手簿时数据只能记录在主机且是测量开始于开机之后。现许多公司已开发手机软件来代替手簿实现简单的操作,极为方便。

以静态观测有手簿为例,要在流动站的模式设置。

1. 内业设置

打开主机和手簿,在手簿主菜单选择仪器,如图13-5所示。选择连接仪器,如图13-6所示。

图13-5 GPS开机界面　　　　　　图13-6 GPS连接仪器图

蓝牙连接设置过程,先选择GPS连接,如图13-7所示。再勾选使用蓝牙,点击搜寻,从蓝牙设备列表中选择正确的仪器,等待蓝牙连接,连接过程中手簿将设置上传至仪器。点击确认退到主菜单。以后每次开机蓝牙自动连接,无需再进行设置。

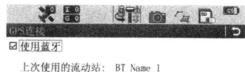

图 13-7 GPS 蓝牙连接设置图

2. 外业观测操作

外业安置好仪器于测量点,严格对中、整平。将仪器卫星高度角设置成大于 15°,以保证接收到足够的卫星数量。打开仪器,蓝牙自动连接成功后,主菜单选择"项目 & 数据",如图 13-8a)所示。选择外业项目,如图 13-8b)所示。设置名称、描述、创建者和设备,如图 13-8c)所示,可以根据自己的需要将项目存储于 SD 卡、CF 卡、内存或 USB。换页到坐标系统界面,选择坐标系统为:WGS84,设置完毕后,点击保存,如图 13-8d)所示。内业所有设置完毕。

图 13-8 GPS 内业设置图

回到主页面,选择开始测量,如图 13-9a)所示,再选择测量,如图 13-9b)所示,设置正确的点号和天线高,点击观测,开始静态测量,如图 13-9c)所示。

图13-9 GPS外业设置图

完成以上设置,即可进行数据采集工作。观测成果的外业检核是确保外业观测质量和实现定位精度的重要环节。所以外业观测数据在测区时就要求及时进行严格检查,对外业预处理成果,按照规范要求严格检查、分析,根据情况进行必要的重测和补测。确保外业成果无误后方可离开测区。

内业处理一般采用 GPS 配套的软件处理系统,主要工作内容有基线解算、观测成果检核及 GPS 网平差,内业数据处理完毕应写 GPS 测量技术报告并提交有关资料。

1. 目前 GNSS 包含的卫星系统种类有哪些?
2. 简述 GPS 的基本功能。
3. GPS 工作系统由哪几部分组成?

参 考 文 献

[1] 中华人民共和国行业标准.GB/T 15314—94 精密工程测量规范[S].北京:中国标准出版社,1994.
[2] 中华人民共和国国家标准.GB 50026—2007 工程测量规范[S].北京:中国计划出版社,2008.
[3] 中华人民共和国国家标准.GB/T 7929—1995 1:500,1:1000,1:2000地形图图示[S].北京:中国计划出版社,2007.
[4] 中华人民共和国国家标准.GB/T 18315—2001 全球定位系统(GPS)测量规范[S].北京:中国计划出版社,2001.
[5] 中华人民共和国行业标准.JTG G10—2007 公路勘测规范[S].北京:人民交通出版社,2007.
[6] 中华人民共和国行业标准.JTG G10—2007 工程勘测细则[S].北京:人民交通出版社,2007.
[7] 中华人民共和国行业标准.JTG D20—2006 公路路线设计规范[S].北京:人民交通出版社,2006.
[8] 李仕东.工程测量[M].北京:人民交通出版社,2009.
[9] 许娅娅.测量学[M].北京:人民交通出版社,2009.
[10] 张项铎,张正禄.隧道工程测量[M].北京:测绘出版社,1998.
[11] 周忠谟,等.GPS卫星测量原理与应用[M].北京:测绘出版社,1992.
[12] 陈久强,刘文生.土木工程测量[M].北京:北京大学出版社,2006.
[13] 许娅娅,张碧琴.公路施工测量百问[M].北京:人民交通出版社,2002.
[14] 潘威.公路工程实用施工放样技术[M].北京:人民交通出版社,2003.
[15] 覃辉,等.建筑工程测量[M].北京:中国建筑工业出版社,2007.
[16] 刘培文.公路施工测量技术[M].北京:人民交通出版社,2003.
[17] 聂让,许金良.公路施工测量手册[M].北京:人民交通出版社,2000.
[18] 苗景荣.建筑工程测量[M].北京:中国建筑工业出版社,2009.
[19] 张国辉.工程测量实用技术手册[M].北京:中国建筑工业出版社,2009.
[20] 聂让.全站仪与高等级公路测量[M].北京:人民交通出版社,1997.